李華驎・鄭佳綾 著

公司的品格

22個案例,了解公司治理和上市櫃公司的財務陷阱

作者序
台灣的公司治理現狀

李華騂

　　在大學時代影響我最深的老師曾經說過，台灣所有的財經教科書，包含他自己的著作，都是翻譯、抄襲外加一堆研究生的作業而成。整本書唯一會是作者自己寫的只有序文。所以一本書唯一值得看的就是序文。

　　如果光是這段話已經讓你火大，請先不要激動。首先，我只是轉述老師的話，說這段話的人，雖然在台灣學術和財經界有相當地位，後來卻因背信罪被抓去關了。其次，社會科學不像自然科學可以放諸四海皆準，或是調整幾個參數就有新的發現。再加上台灣不受國際重視，就算真的從台灣挖掘出了什麼獨步全球的觀點，基本上也不會有太多人關注，在這樣的前提下，「引進國外觀點」其實是再正常也不過的事了。因此這本書也不例外，只能算是彙集各家說法意見再加上一點點個人想法而成。套句網路用語，這本書的完成「要感謝Google、Wikipedia 和 Copy & Paste」。

　　一年多前我受邀參與這本書的寫作時，其實我連什麼是公司治理都不知道。大半年過去，寫完了十幾個教案後，我覺得對公司治理已經充分掌握。但又過了幾個月後，公司治理到底是什麼，我再度茫然……

　　先撇開那段時間我在發高燒的可能。我之所以茫然，是因為我們

的政府口口聲聲高談推動公司治理的同時，真正的作為卻讓人不知所以。舉個例子，2012 年有一家上市公司因為經營權之爭，在股東會當天，公司高層以匪諜潛伏意圖破壞國家秩序為由，哦！寫錯了，是不法份子混入其中，企圖干擾股東會進行，一大早派了保全堵在股東會場門口，所有進場股東都要經過嚴密查核，可是自己人卻早已進場。等市場派和一般股東花了很長時間通過層層安檢進場時，公司派早就變更了議程，選出新的董監事。

　　這個案子經亞洲公司治理協會點名，我猜已經被天橋底下說書的編成八段，在亞洲各國不停放送而成為「台灣之光」了吧！這麼誇張的事，你猜主管單位有任何處置嗎？答案是沒有。如果看一下這家上市公司老闆的背景，你不得不相信這就是江湖上傳說的「年年繳黨費，勝過安太歲」。

　　當然，這可能是少數的「個案」。那我再講另一個故事。

　　有一家上市公司長期掌舵者被關了，引發旗下二派人馬爭奪公司經營權。雙方人馬都找上政府單位支持。主管單位也很頭痛，於是由部長大人出面說了一套大義凜然的公司治理原則，話說完，官股自己卻找了第三方合組團隊參與該公司經營權之爭。這像什麼？這就像足球比賽前，裁判覺得現有兩隊都不夠好，於是聯合了第三隊下來爭奪冠軍盃。結果不意外，裁判聯軍隊獲得了冠軍。有趣的是，三年後裁判和隊友鬧翻，這次裁判自己組一隊下來踢球（但他還是裁判哦！），慘的是這次裁判隊居然輸了，冠軍隊知道方丈為人很小氣，得罪了方丈別想跑，最後把董事長讓給了裁判。每次我看到這個故事，我總懷疑我們的問題到底是出在公司治理，還是國家治理？

　　對於上述指控，我們行政部門最常見的回應就是「無法可管」。事實上，自當今　聖上即位後，除了「謝謝指教」外，「依法行政」也是　聖上最常用的字眼。所以我們理所當然要來檢視一下我國立法委員們的作為。

　　在台灣，大家應該都清楚感受到立法委員們偉大之處。從買到的泡麵裡有蟲，到超速被多開了一張罰單，都有立法委員出面開記者會幫你討公道。打開任何一個新聞頻道也幾乎都有立委的畫面。立委大人在台灣簡直是包公再世，不但白天為民伸冤，晚上還可以斷鬼神（上節目），只是在這些偉大光環下，立法委員大人們「似乎」很少做的就是立法和修法。

　　「（歪國人）立委都是很 nice 的，這其中一定是有什麼誤會！」

　　2007 年，有一家上市公司企圖以惡意購併的方式，吃下另一家同業的上市公司。要被併的公司當然不甘心，找了一群學有專精的律師指導後，在股東會上祭出全額連記投票制。最後這家想吃下別人的公司花了數十億買了對方超過 40% 股權，就因為這個投票制，連一席董事都拿不到。然後呢？在 2007～2011 年同一批專家，用同樣的手法至少順利幫三家上市公司擊退對手。拿下 40% 以上股權，卻連一席董事都拿不到，這種鳥事除了台灣大概只有烏干達會發生，而我們的立委大人們經過四年後才了解這個道理，在 2011 年修法把股東會投票改為強制使用「累積投票制」。

　　「不管怎樣，反正還是改了嘛！」你可能這麼想。那我再講一個故事。

　　2011 年有一家上市公司董事長聯合第二大股東，企圖買下這家公司多數股權，將這家公司私有化並下市。當時台灣幾乎所有的財金媒體都指責這位老闆貪心和野蠻，刻意長期壓低公司股價，在公司前景轉佳時卻用低價來回購公司，瘦了股東、肥了老闆。在台灣輿論一面倒的批評這個老闆居心不良的同時，就是沒有一家媒體敢說出真話：「這位老闆所做的事其實全都是合法的。」他之所以敢用低價公開收購，是因為台灣的法令就是這樣訂的。

　　事實上，在這個案例之前，台灣已經有三家上市公司做過同樣的事，其中兩家成功，一家被否決。而這個案例的出價已經是四家公司中溢價比最高的了。最後這個案子在我們政府機關一貫喜歡打落水狗

的態度下，以不是理由的理由給否決了。但這不是重點。重點是，如果今天這位仁兄有興趣再搞一次，或是另一個吳董、張董想做一樣的事，情況仍是一樣的。因為雖然經過了兩年多，我們的相關法令一個也沒改過。這種結果其實一點都不讓人意外，因為敝國從基層民眾到政治高層，一向的風格就是「今天公祭，明天忘記」。除非再有一個 × 董得罪了媒體被大肆宣揚，否則不會有人記得這件事對小股東是多麼不公平。

　　再講一個小故事，2012 年台灣有一家上市公司董事長因為掏空公司十幾億資金被判刑。在公司董事會上有一位獨立董事提案，董事長被判刑應該辭職。結果呢？想也知道，當然是這位提案的獨立董事「被主動請辭」了。董事長則是在董事會一片鞏固領導中心的呼籲下，勉為其難地留任了。這應該扯不上立委吧？事實上，董事會中之所以沒有人敢對董事長開砲，關鍵就在我國特有的「法人董事代表制」。透過這個制度，董事會的成員就像服下了日月神教的三尸腦神丸，董事長要怎麼亂搞，都沒有董事敢反抗。台灣公司治理常見的問題都是基於這個制度而起。這個問題你知、我知，連獨眼龍都知道，可是不管是我們政府部門還是立法部門，就是沒人敢提議修改這個條款。

　　談完了行政和立法部門，再談一下我國司法部門在公司治理上的貢獻。我大學入學時進了法學院，除了本系的租稅法，我讀過法學緒論、憲法、民法和商事法。這四科老師中後來有一位當上大法官。當然這不是重點，重點是即便我唸過這些法律，遇到事情想查六法全書，我卻完全看不懂。因為我們的法條除了多如牛毛外，還是用半文言文寫的。每一次打開六法全書，我都忍不住想看一下第一頁是否寫著「恢復帝制，還我大清」的字樣。用簡單的話說，我國法律並不是要給老百姓看的，而是用來讓法律系畢業生可以輕易找到工作的。

　　照例講一個故事，我在國中時讀過一篇課文叫〈差不多先生〉。

或許很多人還記得這篇課文的內容。但不知你記不記得，差不多先生後來是怎麼死的？答案是，差不多先生得了急症，找了一個醫牛的大夫來治他。這篇課文我當年覺得很有趣，但如果我告訴你，我們的司法對於財金相關案件用的就是同樣的手法，你可能會笑不出來。

首先，在我國只有台北地方法院才有財金專業法庭，換言之，在台北之外地區如果犯了財金相關案件，審你的法官可能是專判離婚的專家，看來住台北的人要多注意一點。但其實也不必擔心，因為財金專業法庭只有一審，只要上訴到高等法院，不管是在台北還是台東，你都有非常大的機會遇到非財金專業的法官。其次，我們的法官很多時候也都是用醫牛的方法來定金融犯罪，最常見的例子就是內線交易罪。相較於一般民刑法，內線交易最大的特色就是沒有明顯的受害人。翻開台灣過去內線交易判例，除了有一半被判無罪外，剩下一半的有罪判決 90％都是：「念 ××× 有悔意，在追回不法所得 ××× 萬後，判處緩刑。」看來這些金融犯罪人如果不是個個都出於一時糊塗，我本善良，不然就是法官佛心來著。你也可以想想，金融犯罪利大罪輕，不正是鼓勵大家朝此方向努力嗎？

看完上列差不多 PH3.0 的心得，如果已經讓你腦門充血想買下或燒掉這本書，我勸你最好至少看完一章再決定。這本書裡的教案主要是作為實際教學之用，我無意挑起學生對社會的反動思想，所以大多數的酸文到此為止。

對我們來說，這本書有兩個特色：首先，教案裡的標的公司都是台灣本土企業；其次，除了莊頭北外，全部教案公司都是現存的公司。

作這樣的決定其實有點傻，第一，應該寫一些外國公司的範例，或是如現在流行的，從市場考量寫一些中國大陸公司教案，好讓這本書看起來國際化一點，或是可以賣到更多地方。第二，台灣過去相關教案談及台灣企業時，都愛寫一些像力霸或是博達這種惡性重大的故

事。理由很簡單，因為這些公司都倒了，一方面毫無爭議，都是很明顯的失敗例子，更重要的是，這些公司負責人不是落跑了就是被關了，任憑你怎麼寫，他們都不會出來告作者。

寫了這段表示我們並不是不清楚可能的後果。**但是我還是選了一條很笨的路，因為相較於外國的案例，台灣本地的案例更能讓讀者感同身受，並從中知道相關問題所在。**同樣的理由也適用在為什麼我們選擇「活的公司」上，我希望大家可以了解，**並不是只有已經破產倒閉的公司才會犯錯，錯誤會存在任何一家公司中**，特別是這本書寫了一年多，不少公司在撰寫教案時都在股價高峰，大家可以從中回顧這些公司後來的股價表現。也藉此告訴大家，公司治理其實並不只是學術理論，套句華爾街名言：「要投資怎麼樣的股票，端看你想吃得好還是睡得好而定！」一家公司治理良好的公司不見得讓人吃得很好，但肯定可以讓你睡得安穩。

當然，我也可以想像自己的公司被人家列為失敗案例的感受。如果你真的很不爽，請先靜下心來。「失敗學」過去幾年一直是美國最熱門的顯學之一，一家公司應該在意的不是失敗經驗被人家拿出來討論，而是自己如何能從失敗中記取教訓而更為強大。如果您的公司不幸地被寫進這本書中，除了生氣我汙衊了您的公司，是否也可以想想，這或許也是您向投資人展現公司銳意改革的機會。當然，如果這段說法還是不能平息你的怒氣，讓我發揮一點個人專長，再講一個歷史故事。

清朝有一位戮力改革，為後世奠定根基卻背負歷史罵名的皇帝。對，他就是雍正。很多人總以為，雍正之所以這麼黑是因為改革擋人利益，其實並不是，這一切完全是他自己搞出來的。雍正年間發生了一件事，有個二楞子加憤青唸了幾本黨外雜誌，就在民間到處散布雍正得位不正、弒母殺兄、貪財好色這些傳言，甚至還跑去找四川總督岳鐘麒勸他造反，反清復明。不過，這位岳將軍雖然號稱是岳飛後代，還是很識時務的，馬上把這批人綁起來送到雍正處。雍正看了傳言，

一時氣不過,親自寫了一本書叫《大義覺迷錄》,把這些傳言一一列舉,再一一反駁,並通令全國各地方政府和書院都要讀這本書。結果你猜發生了什麼事?在那個資訊不發達的年代,這本書成了二百多年前的壹週刊。大抵今天你聽到有關雍正的傳言都來自於此。爾後,只要有人對於媒體報導不實而生氣時,我都勸他想想雍正的例子。

最後,如同所有的序文一樣,這本書的完成有許多該感謝的對象。

我第一個要感謝的是台大 PTT-Stock 板和我個人部落格的讀者。除了我每天都花不少時間在 PTT 相關板面上外,本文中不少資料來源和奇言佳句都是來自 PTT 鄉民的貢獻。例如在我問起:「上市櫃公司發股利會同步扣掉權息,還要繳稅,對股東並不利,為什麼小股東還是偏好股利而不是現金回購?」時,有一位鄉民回答:「股利音同鼓勵,只有發股利的公司對股東才是真正的鼓勵。」讓我忍不住把這句話收進這本書中。(PS. 這位先生請和我連絡,如不棄嫌,送上本書一本。)

PTT 的鄉民多半是在學學生或 35 歲以下的年輕人,有很多的熱情和對現況的不滿,但也代表著台灣未來的希望。對我來說,與其對著公司高階主管們高談公司治理的重要,我更有興趣教育年輕人早日理解這些想法的重要性。也基於此,除了教案外,我特別列出一個叫「鄉民提問」的專欄,由我部落格讀者和 PTT 鄉民提出他們想知道的問題,再由我來回答,希望能藉由簡單的提問(例如:「公司經營不善,董事長為何不用下台?」)和更活潑的筆法,讓這個枯燥的話題可以簡單有趣一點,也讓一些公司治理的論點更為年輕人所接受。

除此之外,我真的要非常感謝我部落格的讀者。在我第一次與出版社洽談後有點心灰意冷時,是你們,這群我從來沒有見過面的人,幫我把這個想法散布出去,也因此才有了和圓神出版事業機構合作的機會。沒有你們,或許就沒有這本書,或者會是一本連我自己都不認

識的書。我不認識你，但我真的很謝謝你！

　　第二個要感謝的是星巴克。先聲明我並沒有任何星巴克或統一集團股票。事實上在我過去人生的多數時間裡，我一直認為去星巴克喝咖啡是一種浪費錢的行為。這個想法在我寫完十幾個教案後發生了變化。我寫作陷入了低潮，接連數個月寫不出任何東西。這個情形在某次踏進星巴克後改變了，從此之後，在每一次寫作沒有頭緒時，星巴克就成了我必去的地方。而且見鬼的是，我試過幾次別家咖啡廳或是買星巴克咖啡豆在家喝就是沒效。我最常去的是西門町漢中街的星巴克，這是我全世界去過的星巴克中最吵的一家，但也是我完成最多教案的咖啡廳。雖然很詭異，還是要謝謝你們。

　　最後，要謝謝我的家人，我的父母和太太，他們一直不知道我到底在幹什麼。謝謝你們對我的支持和包容。也希望透過這本可能賣得不太好的書，能夠看到我過去時間的努力。

　　最後的最後，身為熱愛自由的射手座，隨著這本書的完成，公司治理這個議題也該在我的人生告一個段落了。我一直對政府財政問題抱持濃厚興趣，但一直苦無有人可以幫我匯總龐大而繁雜的政府相關統計資料。如果您是立委辦公室或政府部門，和我一樣關心這個題目，也有辦法提供我想要的資料，我很樂意與您合作，用我的淺顯文字讓更多人可以了解並關心這個議題。在此先行感謝！

Rus 李華驎
Thousand Oaks，CA

作者序

以案例為借鏡，
傳遞公司治理的價值

鄭佳綾

　　台積電董事長張忠謀，曾在演講中談及挑選員工的優先選項是「具備正直品格」，並特別強調：「若員工有正直品格卻缺乏自信，還可以培養；但沒有正直品格，我會炒他魷魚。」同樣地，投資人在挑選股票時也應抱持著同樣的標準，而公司治理的良窳便凸顯一家公司的經營之道，反映了公司的品格。宏碁集團創辦人施振榮曾提出公司治理的八字箴言：「誠信、透明、公平、負責」。簡單地說，一家具備誠信態度，且能充分展現知行合一、言行一致之正派格局的公司，才值得投資人的信任。

　　然而，我國長期以來推動公司治理都是以防弊為前提，往往在企業發生重大弊案之後，才匆忙針對弊端建立起防弊機制。同樣地，多數企業對於公司治理的態度，也只是消極地遵循主管機關規定，並未將公司治理視為能健全企業營運、提升企業價值，有助於引領企業邁向永續的重要過程。

　　這也正是本書的切入點，本書嘗試以眾多台灣企業的個案來歸納台灣重大公司治理問題的形態，引導投資人從中認識公司治理，並將公司治理的觀念融入選股策略。投資人若能挑選具備「品格」的公司，自然不必成天提心吊膽，擔心踩到地雷股，這也是保護自己的最佳策略。

　　這本書在撰寫過程中，多數個案曾做為研究所課程個案分析的教材，在與同學的討論與激盪中，使本書內容更臻完善與豐富，這群學生功不可沒。

導讀
拆解品格地雷

孔繁華

　　台灣企業多由中小型家族企業起家，隨著公司規模逐漸擴大走向資本市場，成為上市上櫃公司，公司的所有權也由原本集中於家族成員，轉為分散於眾多的小股東手上。然而多數投資人無法親自參與經營，必須委託經營團隊代為處理公司事務，形成經營權由一群僅持有少數股份的經營團隊支配，投資人只能處於被動地位，透過公開資訊了解公司經營的狀況。在這種情況下，很難保證不會有少數貪婪的經營團隊利用資訊優勢，以企業資源謀取自身利益，進而損害投資人的利益。公司治理所扮演的角色便是建立一個適當的法律環境與市場機制，透過管理與監督來解決投資人與經營團隊之間的利益衝突，確保投資人得到合理的對待。

　　本書透過台灣企業的實務案例，指出公司治理意涵，並連結至相關法規與實務守則的探討，使讀者可以輕鬆透過深入淺出的個案分析，增強對公司治理的認知，藉以判斷「公司的品格」。

接班人計畫確保企業長青

　　家族企業造就了台灣經濟成長，但傳承與追求永續也成為挑戰。根據《天下雜誌》的調查，台灣百大企業超過半數並沒有適當的接班人計畫，顯示多數企業低估了接班危機可能會對公司造成的殺傷力。本書個案 1〈誰是接班人？〉強調培育接班人的目的絕不僅在傳承企

業，更重要的是企業智慧資本的移轉與延續。企業若欠缺培養接班人
的文化或流程，不僅增加企業的風險及不安定，減損企業價值，甚至
影響經營績效。個案 12〈禿鷹與狼的鬧劇〉中，企業拔擢尚未準備
好的接班人，後果往往造成家族內鬨、內部鬥爭，而經營權的爭奪過
程犧牲了股東利益，也容易使得有心人士介入，甚至遭到掏空。從公
司治理的角度來看，董事會應扮演制定接班計畫的角色，建立接班地
圖，藉以設計接班人培養流程，儲備充裕的內部人才庫，並定期評估
接班制度的成效。

高層薪資誰說了算？

　　企業提供高薪「胡蘿蔔」的誘因，希望能激勵管理階層創造更好
的經營績效，使管理階層與股東利益趨於一致，分享相同目標。近年
來，貪婪的「肥貓」坐領離譜高薪引發爭議，如何設計高層薪酬制度
使其能與公司策略結合，成為重要議題。本書個案 2〈高階主管獎酬
計畫是激勵還是誘惑？〉描述高階主管獎酬計畫，因多為強調短期績
效的股權與紅利津貼，使高階主管有著「短線操作」獲利心態，犧牲
長期績效，短視決策以求短期獲利，甚至操弄盈餘，徒增公司風險。
此外，薪資合約中陸續加入許多額外福利，例如優厚離職福利的「黃
金降落傘」、限制型股票、退休福利等隱藏的特殊協議，由於多數並
未公開揭露，一般投資人根本無法一窺究竟，也令投資風險加大。

發揮董事會的功能

　　股東雖為公司實際上的所有者，然而隨著股東人數越來越多，
多數股東並未參與公司經營，公司的經營權掌握在董事及經營團隊手
上，股東只保有對公司有重大影響事項的決定權，包括參與股東會，
投票選出董事代表股東來監督管理階層，保護股東的利益免於被管理
階層剝削。因此，股東會雖為最高權力機構，但其權力的執行則是委
由董事會代行，使董事會擁有相當大的營運決策權，掌握了董事會等

同取得公司的實質經營權。

本書在個案 6〈另類台灣奇蹟〉描述原本用意良善的委託書制度，使無法親身參加股東會之投資人，有機會藉由委託書行使議決權，達到監督經營團隊之目的。然而，卻遭到有心人士用以爭奪董事席次，做為掌控公司經營權之工具。此外，個案 5〈一場荒謬的股東會〉、個案 9〈全額連記法與累積投票制〉與個案 20〈用你的錢來爭奪經營權〉描述公司控制股東如何為爭奪董事席次，不惜以阻撓股東參與股東會，臨時變更議程、增加臨時動議等侵害股東權益的不法手段。然而，種種股東會的亂象，卻未見監理機關積極採取對應行動，建立有效的監理機制實已刻不容緩。

董事會對於企業經營目標、重要制度及重大議案等，具有強大影響力，因此董事會的運作及董事人選的能力與誠信，皆對企業經營與發展扮演著重要的角色。本書在個案 4〈誰才是真正的老大？〉、個案 14〈餐桌上的董事會〉及個案 16〈帝國夢碎，股東買單〉描述讓董事會無法發揮功能的常見問題，包括董事關係密切、專長未能互補、議事規範未落實等，並強調強化董事會職能，包括確保董事履行審慎職責、迴避利益衝突，並引進外部董事發展具獨立性、多元性與專業性的董事會，才能對公司經營成果產生正向影響。

為了強化董事監督的誘因，公司設計合適的董事薪酬水準，企圖使股東與董事利益趨於一致。本書在個案 7〈什麼是合理的董監酬勞？〉說明合理董事薪酬水準會隨著營運風險與環境複雜度，以及監督管理階層的程度而改變，並強調公司建立董事會績效評估機制的重要性。

保障股東權益

由於股東承擔了一家公司的最終經營風險，因此保障股東權益是董事會的重要職責，也是主管機關的首要目標。尤其台灣許多企業的股權仍集中在控制家族與政府手上，造成公司的董事會與經營團隊由

大股東掌控，可能會產生大股東與小股東的利益衝突，使大股東有誘因透過裁量行為或利益輸送交易來圖利自己。本書個案 10〈犧牲「小我」完成「大我」？〉描述大股東如何透過安排關係人交易、挪用公司資金，圖利私己，凸顯大股東誠信的重要。個案 3〈企業分割，小股東任人宰割？〉、個案 17〈從國巨案談台灣的管理層收購〉與個案 19〈買殼與借殼上市〉，描述大股東如何利用合併或分割、自願下市與私募等手段，遊走法律灰色地帶，損害小股東的利益，同時也傷害了公司價值。

個案 11〈砸大錢保股價〉與個案 13〈高獲利低配股的迷思〉探討公司採取庫藏股與股利政策的合理性，投資人應清楚分辨管理階層是否基於自利動機而撒錢買庫藏股或減少現金股利發放，藉以拉抬股價讓大股東出脫持股，或將多餘的現金留在公司裡，以便從事特權消費或掏空等危害股東利益的行為。個案 15〈政治利益與股東利益，孰者為重？〉討論官股大股東的企業肩負著國家政治使命下，沉重的政治包袱與政治酬庸導致企業葬送競爭力，罔顧小股東的利益。

個案 18〈公司的監督力量〉強調除了董事會、內部控制等內部監督外，外部監督力量，包括分析師、會計師、大型投資機構、信評公司、債權人等，對於制衡大股東與經營團隊扮演著重要的角色，驅使公司建構良好的公司治理機制。

實踐企業社會責任

基於企業身為社會的一份子，應秉持與社會共生，致力於保障股東及利害關係人（包括顧客、員工、商業夥伴、地方鄰里等）的權益，履行社會責任爭取大眾的信賴與尊敬，不僅有助於塑造企業的「品格」，也能提升企業價值，推動企業邁向永續經營。此外，重視且積極履行社會責任的公司，因致力於符合利害關係人的道德期望，而會自我約束，抑制進行有違社會期望的活動與行為。

本書個案 22〈企業的社會責任〉描述企業從早期單純基於符合

法規要求的經濟考量從事企業社會責任，逐漸融入企業文化，甚而轉變為道德義務之思維，透過善盡慈善責任與回饋社會，致力於成為優良企業公民。企業也在實踐社會責任過程中體認到，履行社會責任不僅能提升企業整體形象及累積聲譽資本，外部利害關係人也可能會透過消費和投資等行動來獎勵社會形象良好的企業。企業因而受惠於產品銷售的增加或管理成本與政治成本的降低。個案 21〈是慈善公益還是在慷股東之慨？〉則在探討企業應如何在履行社會義務與追求股東利益之間求取平衡。

用故事貫穿理論與實務

這本《公司的品格》，作者李華驎與鄭佳綾用講故事的方式，將公司治理的觀念融入企業的案例，使得原本枯燥而艱澀的理論與法條，讀起來變得淺顯易懂而且有趣，透過作者們鞭辟入裡分析，相信讀者們一定會深受啟發，而能運用在挑選值得投資的公司，判斷一家公司的品格，剖析經營者究竟是本於誠信努力經營，還是為了圖私利而不惜傷害股東利益與公司價值。對在校學子而言，閱讀本書必能在書中實例的引導下，對於公司治理及企業診斷的學習與運用助益良多。

（本文作者為淡江大學會計系副教授）

contents

經濟合作及發展組織（OECD）公司治理原則架構圖

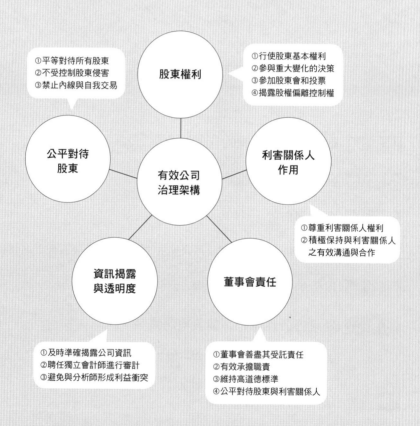

誰是接班人？
——台積電的交棒難題

　　2009 年 6 月 11 日，台灣積體電路公司（以下簡稱台積電）召開記者會，宣布數小時前的董事會決議，將由董事長張忠謀先生重新兼任總執行長工作，而原總執行長蔡力行先生則轉任新事業組織總經理。換言之，張忠謀這位一手創立及推動台積電，並任職 18 年的董事長及總執行長，在交棒四年後又重回了第一線，再次肩負起台積電整個公司日常營運的政策執行。

　　由前任執行長重回領導崗位的，台積電並非同時期唯一的一間公司，由於 2008 年金融風暴引發的產業大變動，在台積電之前，分別有星巴克咖啡董事長霍華‧舒茲，及創立戴爾電腦的麥克‧戴爾重新回到執行長的位子。

鳳還巢、重披戰袍

　　在張忠謀重掌兵符下的台積電的確不負眾望，製程轉換順利、營收重回高速成長軌道，原本緊張的勞資關係也獲得改善，當然相對的股價也隨之水漲船高。但是在所有美好數字的背後，對投資者或是往來客戶，甚至是公司員工這些利害關係人而言，卻不免有個小小疑問：培養了十年的接班人無法如預期掌控全局，還要靠張忠謀回鍋才能穩住局面，如果有一天出生於 1931 年、高齡 83 歲的張忠謀突然倒下了，在目前台積電對於執行長接班人未明確的情況下，屆時公司會不會因為接班人之爭導致分裂？就算台積電有良好的接班計畫，公司又要如何確保新任接班人有足夠的能力和威望，足以接下張忠謀的棒子，領導台積電繼續往前？再者，如果下一任執行長接任後表現又不

如預期，台積電是否有備援計畫？總不能到時再由張忠謀重新回鍋吧① ！

　　對公司利害關係人而言，和台積電有著同樣問題的，還包括掌控波克夏‧哈薩威這家資產高達 4,274 億美元公司的董事長，出生於 1930 年的知名億萬富翁華倫‧巴菲特，現年同樣是超過 80 歲，而他的副手查理‧蒙格甚至比巴菲特還年長 6 歲。以及近年因創新產品大出風頭，已於 2011 年 10 月因癌症去世的前任蘋果公司董事長兼執行長賈伯斯② 。

　　如果比較一下這三位，大家很容易發現其共同的特色在於：他們所屬公司的巨大成功，都和這三位主事者的領導風格具有高度關係。因此很自然的，所有利害關係人會將這些明星領導者和公司畫上等號。一旦這些領導者健康出現問題或疑慮時，不免會令人擔心，失去了明星領導者的公司是否也會因而失去了光芒？

　　依據《天下雜誌》在 2012 年 3 月份所做的調查，國內前 30 大集團有高達六成無明確接班計畫，公開發行以上公司則有近三成完全沒有接班計畫。對於這些企業集團可能高達數十萬的投資人，甚至上百萬的相關利害關係人而言，絕對不是件好事。特別是台灣企業決策模式，雖然形式上是董事會集體決議，但在董事會成員多數都是控制股東代表下，實質決議常常是董事長一言定案。也因此，公司接班人的良窳往往直接影響到公司後續的發展。

　　基於企業永續經營的思維，很早就有歐美企業把企業建立接班人計畫，與高階經理人風險因應計畫（如發生意外或被綁架無法履行職務等非預期情況），一併列入公司風險管理整體規畫之中。主要原因就在於，企業接班人是一家公司未來的掌舵者，如果公司沒有事前做好完善規畫，屆時因而發生公司權力內鬥，或是接班者的能力和威望不夠，都極有可能造成整個企業的重傷害。但基於歐美企業多是經營權和所有權分開的架構，因此歐美企業的接班人計畫，多在於討論企業接班人應該是由內部升任或是外部遴選，以及如何從內部選拔、

考核及決定最適合人選。而近年來，由於企業變化快速，再加上員工對公司的忠誠度也大幅降低，所謂「接班人」的定義更是向下延伸到了各級部門。甚至有企業認為各部門各級主管都應建立起其接班人機制，並負有發掘、訓練公司潛力之星的責任 ③ 。

家族企業接班人之爭

相對於歐美企業，台灣企業由於多半為家族企業，目前掌控公司大權者，仍多數是第一代創辦人或是家族第二代。再加上公司的創立始於家族大家長之手，因此，在思考接班人的問題時，心態上自然有「家天下」的思維，直覺就是子女接班，因而在接班布局上，多半是由子女在集團或公司內分別擔任要職，最後再由長子或某一子女擔任總經理的方式逐步完全交棒，進而形成家族共治模式。

這樣的模式，站在企業主和家族大家長的想法上，除了考量肥水不落外人田，不相信專業經理人會像自家人般用心和認真對待公司事務外，另一方面，這樣的模式也普遍能為台灣社會接受，一般利害關係人也多能認同，較無爭議，所以一般台灣企業的接班模式多具有以下特色：長子為接班人第一優先考量，其他子女則安排於公司主要部門或其他集團子公司擔任負責人；若子女年幼或經驗尚不足，則先由老臣以家族控股公司法人代表模式接任大位，待該子女成熟足以獨當一面時，再由老臣退休讓位。

這樣的模式最大的優點，在於公司相關人對於未來接班人早有共識，有助於接班人本身及早接受相關能力和人脈的訓練和培養，建立起未來接班時的威望。在公司政策也較容易接續上一任領導者的風格與方向，而接班人因為從公司內部做起，或是自幼耳濡目染，對於公司事務也較外部者更容易上手。

然而，這種接班模式也不是沒有潛在問題。首先，子女長期在企業內部歷練佐以老臣輔導的模式，容易讓企業文化缺乏外來刺激而一成不變，對於突發意外事件或新的挑戰，可能較缺乏處理經驗。其次，

在傳統父死子繼的觀念下，接班子女的能力究竟適不適合、個人有沒有興趣，往往都不被視為重要的因素。這其中特別是長子傳家業的傳統，在台灣常引發另一個問題——「兄弟鬩牆」。

台灣早期多數大企業主都子女眾多，甚至分屬不同母親。站在大家長的立場總希望「手心手背都是肉」，大家能「兄弟同心、其利斷金」，大家共同輔佐大哥來鞏固家業。但實務上的結果卻不見得完全能符合大家長原先預期，主要因為在台灣第二代子女多半都受過良好教育，對於企業經營有自己的想法，再加上待在集團中歷練一段時間後，往往也從中建立起了自己的勢力和人馬。因此一旦大家長逝世，兄弟間很可能因為經營管理理念不同或財產分配不均等因素，造成整個公司集團的分裂。例如新光集團即是因為兄弟鬩牆，最後分割為以新光人壽為主體的新光金控（長子吳東進）、新光產險（次子吳東賢），及台新銀行為主體的台新金控（三子吳東亮）、新光化纖和大台北銀行（四子吳東昇）。兄弟間各自擁有不同銀行、證券等金融機構相互競爭，即是一例。

台灣企業接班典範

當然，台灣集團接班史也不全然都是子女爭鬥史。例如國內數一數二的製造業集團——台塑集團，由於事先良好的規畫，即便是創辦人王永慶猝逝美國未留下遺囑，後續爭議也僅停留在家族間的遺產分配問題，公司經營層完全不受影響，實為台灣企業接班之典範。

原本和多數台灣企業一樣，王永慶很早就安排長子王文洋進入集團歷練，由基層做起，逐步往上升。但 1995 年王文洋爆發婚外情事件後，被迫離開台塑集團，意外讓台塑集團接班問題浮上檯面。

市場之所以關注這個話題，一方面當時王永慶年紀已經是 78 歲，其弟王永在 74 歲。另一方面，王永慶娶有三房妻子，王永在有二房，第二代子女共有 17 人，傳統認知中的長子接位觀念被打破了，是否會引發家族內鬥自然引起討論。

　　王氏兄弟在仔細比較過歐美日企業的作法後，訂下了「永不分家」「建立接班制度，制度好，接班人自然浮上檯面」和「只看成績，不看血緣和股權」等幾項原則，陸續展開了台塑集團的接班計畫。

　　集團交叉持股：台塑集團旗下主要有四家大型的上市公司，分別為台塑、南亞、台化和台塑石化。自 2004 年起，分別由這四大公司，以及台塑集團旗下的長庚醫院和秦氏國際及萬順國際兩家投資公司，交叉買下集團內公司股票，讓彼此形成對方的大股東，相互股權持有更為緊密。如此一來，沒有任何一個人可以掌控單一家公司，達到了王氏昆仲預期的「永不分家」目的。

　　集體領導和循序漸進式交棒：2002 年在台塑總管理處下成立了「台塑行政會議」（一般稱為五人決策小組），分別由台塑總管理處總經理楊兆麟、台塑總經理李志村、南亞總經理吳欽仁三位老臣，搭配王永在的兒子台化總經理王文淵和台塑石化總經理王文潮，所有集團內重要決策都經過決策小組討論過後，再提報王氏昆仲。後來再陸續加入王永慶女兒王瑞華和王瑞瑜，形成七人決策小組。待決策小組運作一段時間後，王永慶在 2006 年以 90 歲高齡正式宣布退休，由王文淵擔任集團總裁，王瑞華擔任集團副總裁，台塑集團正式交棒第二代。爾後，雖然發生王永慶先生在 2008 年猝逝美國，長子王文洋透過遺產繼承取得相當股權，企圖重返台塑集團，依然無法撼動最高決策小組的控制權。再次顯現王氏昆仲早期規畫的遠見。

結論

　　因為接班人出了問題而導致帝國崩解，歷史上最知名的例子是在短短十年內建立了橫跨歐、亞、非大陸的馬其頓帝國的亞歷山大大帝，由於英年早逝未能建立接班人，偌大的帝國在亞歷山大大帝逝世三年內，因部下的相互爭鬥最後一分為四，古希臘全盛時期也隨之宣告結束。如果把目光再拉到近代，因為接班問題而造成企業危機的，還有一個更有名的例子——1960 至 1990 年代的王安電腦。

　　美籍華人王安憑著個人的絕頂聰明和勇於開創的精神，在當時資訊處理還使用大型電腦主機和辦公室打字機的年代，開創出微電腦和辦公室用文字處理機而創下風潮，成為當時每個辦公室必備的機器。全盛時期，王安電腦在全球雇有超過 3.3 萬名員工，年營業額超過 30 億美元，王安本人則以超過 20 億美元身價名列全美國第 5 大富豪，連微軟的比爾·蓋茨都說過：「如果沒有王安電腦的策略錯誤，我今天只會是個數學家或工程師」。

　　王安電腦王國的崩塌，除了策略上輕忽了當時 IBM 主導個人電腦的後續成功外，另一個最大的失誤是王安在罹患癌症後，不顧董事會和部屬的反對，認為「虎父無犬子」，堅持由原本負責公司研發部門但績效不佳的長子王烈接任執行長。王烈掌舵公司不到兩年的期間內，王安電腦業績大幅下滑、財務急遽惡化，重要幹部也紛紛離去，最終王安只好在病中宣布解除王烈職務，並向外聘請專業經理人李察·米勒來接任執行長。李察·米勒專精在企業管理，因此上任後就以出售資產和削減成本來改善公司財務，但相對問題卻開始浮現，技術面與電腦產業並非這位經理人的專長，當 IBM 架構的 PC 開始鯨吞王安電腦主力市場時，王安電腦仍一直堅持原有不與 IBM 系統相容的架構，以致無法突破僵局，而原有系統又推不出足以抗衡的產品。再加上李察·米勒與業界淵源不深，威望亦比不上王安，無法讓王安

電腦投資人和客戶信服。最終王安電腦在 1992 年宣布申請破產保護，並在 1999 年為荷商 Getronics 所購併。

綜觀以上，不管是亞歷山大大帝還是王安電腦的例子，其實都清楚告訴企業主同樣的訊息：一個公司要有接班人計畫很重要，而且要能確保這位（群）接班人具有足夠的能力和威望接手公司，是更重要的事。從公司治理的角度來看，上市櫃公司接班人的決定乃至公司因應接班問題的應變計畫，牽涉到的都是數以萬計的公司利害關係人，自然不能等閒視之，或是僅以經營者身體健康尚毋須掛慮帶過。投資者或是相關利害人有權力要求公司應備有相關計畫 ④。

再者，雖然台式企業接班模式主要就是由子女繼承大位，少去了歐美企業董事會費心遴選執行長的過程，一般台灣中大型企業也較少專注在相關議題，但事實上近年來由於社會的多元化，不少企業第三代都表明無意接手家族事業。以中長期來看，台灣企業勢必還是會逐步走向經營權和所有權分開的局面。如何建立一套培養內部接班人機制，將接班人挑選、培養、考核到順利接班形成一套完整機制，擺脫過去由老闆指定接班人的人為模式，這應該是未來台灣企業應加以重視的。也唯有透過完整機制，才能奠定台灣企業永續經營的基礎。

★公司治理意涵★

⊙企業風險管理

企業創辦人多有「創辦人症候群」，而將個人與企業命運綁在一起，難捨「王位」。加上現代人壽命的大幅延長，企業主相對於一般百姓往往可以得到較好的健康檢查和醫療照顧，因此，很多企業主總認為自己的健康十分良好，可以維持公司營運一段時間沒有問題，這段話聽來沒錯，但企業主在思考當下卻往往忽略了「意外」的可能。特別是接班人，對於公司而言不僅只是能力和操守，還包括是否有足

夠的威望可以讓所有人信服，這些事實上都需要長時間的培養。如果只是倉促推出接班人選，反而可能造成公司內部的爭鬥。

　　一個負責任的企業應從風險控管的思維，對於公司重要人事因故無法繼續其工作時，都應有完整的備援計畫，讓公司運作不至於因為個人變故而帶來重大影響。

⊙接班資訊不透明對公司的傷害

　　香港學者曾針對亞洲家族企業接班案例進行研究，結果顯示：家族企業在繼承後的累積股價超額報酬平均減少達六成。

　　不少企業主都低估了接班人計畫的不透明對公司所可能造成的殺傷力。不少投資法人往往循經驗法則，認為對於公司接班不明確，或是公司預定接班人可能無法順利領導公司前進等因素有所疑慮時，最好的作法就是減碼以待，等同是把資訊不對稱增加的投資風險反映在企業價值預期上，結果企業主心中的小事，反而成為投資人對公司價值的減項，甚至大幅抵銷公司的經營績效。這是許多企業主不可忽視的情況。

⊙慎選接班人

　　不少企業主認為自己辛苦的打拚，目的不外是希望能給下一代更幸福的未來，也因此在台灣企業中現任負責人為子女接班預先作好規畫的情況十分普遍。事實上由於社會的多元化，很多大企業主的兒女（特別是長子）卻不見得有興趣和能力承受前人留下來的事業，只是在父執輩的威權下不敢反抗。最後等到真的推上檯面掌控公司營運，反而因為興趣不大或能力不足，造成公司決策錯誤。

　　「克紹箕裘」「虎父無犬子」是亞洲企業普遍最常見的接班人思維。只是在這樣用人唯親的思維下，常常造成血緣而不是能力成為決定接班人最重要因素，而不少企業也因為如此，從鼎盛走向衰弱。建議公司在考量企業未來接班人時，除了應該「及早規畫」和「建立接

班制度」外，更應建立至少兩人以上的人選，並從不同層面考量與考驗其未來領導能力，而不應僅著眼於血緣。應該從公司最大的利益，而非單就控制股東利益為考量，才能符合公司永續經營與公司利害關係人利益最大化的理念。

⊙企業人才庫計畫

　　談到企業接班人，很多人直覺想到公司的總經理或董事長。由於市場的競爭激烈及變化快速，企業間的挖角、員工跳槽都日益形成常態，一個公司重要幹部如果離職或是發生意外，其衍生的損失其實經常不下於公司執行長。因此，企業在規畫接班人時，應該將思維放大，對於接班人議題不再只是局限在某一個職位的養成計畫，而是作為建立全公司人才庫的全方位計畫。從新進員工的培訓、各主管職位代理人的短中期規畫，以至公司潛力之星的發掘與訓練，和各級主管經驗的傳授等，更為廣泛地建立企業內各職位接班人。

注釋

① 台積電已於 2012 年 3 月宣布拔擢三位內部人士為執行副總及營運長，由三位營運長輪流負責公司三大組織營運 6 個月。董事會將從中考核並挑選未來總執行長人選。2013 年 9 月，其中一位宣布退休，同時台積電董事長也不排除向外尋求執行長的可能。原任董事長兼執行長張忠謀則預定在 3 ～ 5 年內退出執行長職務，但仍保留董事長職位，確保公司營運。

② 前蘋果公司 CEO 賈伯斯於 2011 年 10 月 5 日病逝，享年 56 歲。賈伯斯自 2003 年起飽受癌症之苦，曾在 2009 年因接受肝臟移植請假 6 個月，造成蘋果公司股價大跌，《霸榮周刊》因此估算賈伯斯生命約價值 250 億美元（以蘋果公司的市值減少估算）。賈伯斯在 2011 年第三度請病假的同時，機構投資人 Central Laborers' Pension Fund 要求管理階層揭露接班計畫，雖然該提案在 2 月份股東大會上遭到否決，但也讓蘋果公司接班問題浮上檯面。最後在 2011 年 8 月賈伯斯正式辭去執行長職位，董事會任命原營運長提姆·庫克為新任執行長，賈伯斯仍當選為董事會主席。

③ 業界最為推崇的員工接班人計畫為 IBM 模式，包括「板凳計畫」「師徒制」和「特別助理制」等。

④ 依據上市上櫃公司治理實務守則第 37 條之 1，上市上櫃公司宜建立管理階層之繼任計畫，並由董事會定期評估該計畫之發展與執行，以確保永續經營。

IBM 如何培訓接班人

　　談到「企業接班人」，很多人直接想到的就是公司董事長或是總經理，這是因為在傳統企業決策中，經常都是董事長或是總經理一言拍板定案，這個位子繼任者的能力和風格，往往會牽引著整個企業的後續發展，大家也自然會將目標鎖定在這位接班人身上。然而在企業多元分工和彼此競爭激烈的現代發展下，一家公司的重要職位，例如首席設計師或是財務長，甚至只是倉管部主管，如果離職或因故無法繼續其原有工作，而接替人選又無法順利承接時，對公司的影響經常也不下於總經理。也因此，現代管理學對於企業接班人的定義，不再只是鎖定單一職位或單一個人，而是泛指公司內部所有重要幹部，甚至有些大型企業更廣泛地將公司所有主管職均納入其中。因而企業接班人培訓計畫，也不再局限於重要幹部的養成，或是該幹部因故無法繼續工作時的備援計畫，而是從新進員工進入公司後的新生訓練，到發掘公司潛力人才、企業儲備幹部培養、各職位備位人選規畫，以至於最終拔擢出企業未來的領導團隊等一連串的人才庫計畫。

　　企業人才培訓計畫及後續的考核升遷模式，由於涉及每家企業的文化和內部人事制度不同，很難以統一標準來評析好壞。本文僅以備受業界推崇的 IBM 接班人培養模式來介紹。和大多數的企業一樣，IBM 的領導結構呈金字塔型，愈接近頂端的人數愈少，但和其他大企業稍稍不同的是，IBM 的人才計畫偏好從內部拔擢，讓企業領導者由下而上一步一步升上去，因為 IBM 管理層的想法是，只有愈熟悉且認同公司文化的人，才能更為清楚而熟練地帶領公司向前，而這樣的條件要建構於各層級間經驗的順利傳承，以及讓每個員工都能清楚知道公司對自己的職涯規畫。

⊙板凳計畫（Bench Policy）

　　板凳計畫其實是整個 IBM 人才培養計畫的暱稱，這原本是指職業運動中的板凳球員制，由於很接近 IBM 人才養成計畫而以此名之。

　　什麼是板凳球員？熟悉美國職籃 NBA 的人，一定知道這指的是先發主力球員的替補球員。替補球員可能是菜鳥，也可能球場上某個位置的第二或第三好手，他們主要的工作是在先發球員中間休息、受傷，甚至是球賽結果大勢已定時被教練叫上場。除了應盡的替補工作外，教練會從這些球員在真正比賽的臨場表現中找出每位球員的優缺點，或是挖掘出未來的明星球員，例如大家熟知的林書豪就是從板凳球員開始，後來因為原主力球員受傷替補上場，而意外成為明星球員。這個模式也正是 IBM 的人才養成模式。IBM 的板凳計畫有幾個特點：

　　建立接班梯次：所有主管在就任的不久後，就必須提出這個位子的接班人計畫，包括未來 1～2 年的接任人選與 3～5 年後可能的接任人選，及相關的佐證理由。所有重要的主管位置，公司都要求必須至少兩個以上的接替人選，以確保一旦這位主管有一天離職或無法履行工作，公司可以馬上決定接替人選。此外，公司高層也會利用該主管休假或出國開會期間，由預定人選接替職位，以考核其適用能力，確保這位接替人選即便臨時上陣，依然可以確保組織運作無虞。

　　所有主管皆負有挖掘人才和培養部屬的責任：在 IBM，所謂的領導力有明確的定義，不是個人的業績表現良好，而是能夠帶領整個團隊成長。理由很簡單，一個人的表現可能是好運，但一整個團隊的成功就是真功夫。因此，除了業績表現，對於人才的挖掘和帶領也同時會被列入該主管的考績當中。特別是面臨職位升遷時，只有下面部屬可以順利接替自己的主管才可能調升。這種關係就如同成語「水漲船高」，在這樣的前提下，主管當然要戮力訓練其接班人早日成長而獨

立。這樣的模式也等於驅使所有主管必須要更廣泛而深入地挖掘基層人才，另一方面，對於員工來說，透過主管「關愛的眼神」，可以清楚了解自己在 IBM 的未來發展，也等同激勵員工往上爬的動力。

⊙師徒制（Mentor Program）

這個制度也有人譯為良師益友制或導師制。這個計畫主要分為兩部分。一部分是針對公司新進員工，IBM 會透過員工訓練和直屬長官的協助，讓他們快速接受公司文化的洗禮而融入其中；另一部分則是針對公司具有潛力的員工，如何發掘並培養他們成為公司未來的中高階幹部。

IBM 有句名言「不管你進 IBM 前是什麼顏色，最後都會變成藍色」（即 IBM logo 的顏色）。IBM 深知員工了解和認同公司文化對於提升員工向心力和工作效率的重要性，因此一位新進員工進入 IBM 後，除了接受公司安排的培訓逐步了解公司制度和企業文化外，公司會指派同事和資深員工協助其早日適應公司現況。除此之外，員工自進入 IBM 之始，公司即不斷透過其工作表現和教育訓練中的測驗與評量，開始挖掘員工的 DNA。最後公司會將員工區分為技術人才和潛在領導人才兩大類。而這兩類人才透過公司人力資源部門針對個人潛能、關鍵技能和績效成果綜合評比後，達前 20% 的員工將被選為「IBM 明日之星」。

接下來，公司人資部門會要求每一位明日之星在 IBM 資歷為 Band 7 級以上的員工中尋找一位來擔任其導師（Mentor），而這位明日之星則成為導師的學徒（Mentee）。導師和學徒之間是採一對一的學習模式，雙方簽定半年至一年的師徒契約。在這段期間內，導師除了需要定期與學徒面談，了解其工作和生活上面臨的問題予以經驗分享外，還要時時檢視學徒提出的個人目標和學習成果，甚至如果學徒工作上犯了錯，除了本人以外，他的部門主管和相關人員都可能收到來自導師的指正意見。

導師之所以如此嚴格認真對待學徒，要歸因於上述的板凳計畫，帶領學徒的績效牽動著導師的升遷，因此導師必然要對學徒傾囊相授。一個成功的導師隨著職位的節節高升，也自然會桃李滿天下，等到這位導師升到相當職位，他所曾帶領的學徒也最終會成為其領導公司主要助力。而對學徒而言，透過導師一對一的帶領，等於有一個快速學習和諮詢對象，導師也有助於學徒更快地了解公司文化和對於個人生涯規畫理出明確的方向。在這樣的制度下，導師和學徒間成為一種既是師生經驗傳承又是夥伴相互扶持的關係。

⊙特別助理制（Administrative Assistant）

　　特別助理制是整個接班人計畫中針對高階主管的培訓計畫，也等同是師徒制的高級版。這個制度是讓即將出任區域總裁的人在到職前，需先擔任其他區域總裁三個月的特別助理。

　　和許多公司一樣，特助是總裁身旁最重要的助理，舉凡總裁的行程、會議和決策過程特助都要清楚掌握並參與其中。透過跟隨在總裁身旁的見習，除了幫助這位未來總裁提前體會未來工作內容和可能遇到的問題外，從現行總裁的決策中，特助也可以學習到站在總裁高度時，應有的視野和廣度。

　　總歸整個 IBM 的人才培養制度，有以下特點：

（1）透過訓練讓每位員工清楚公司文化，並了解自己在公司未來的發展計畫。
（2）透過考核及升遷制度，使培養接班人及發掘人才這兩件事成為每位主管的核心工作。
（3）透過潛力之星選拔和師徒制，讓真正有潛力的人才可以得到更多的培訓及深入了解 IBM 文化，並從中建立現任領導者和未來領導者的師生情誼。

（4）重要職位上任前，可以先從助理工作中體會未來工作內容，
並從現任者身上學習其決策模式和風範。

IBM 做為一家科技公司，人員流動率卻不高，很重要的原因就在
於透過公司文化的認同和完整的培訓制度牽繫住了員工的心。台灣企
業常常抱怨找不到好人才，可是相對的，台灣企業也很少花錢去培養
自己的人才，總覺得花錢培養人，萬一被挖角了或是這個人任職不久
會形成一種投資浪費。台灣的老闆向來都以精打細算著稱，可是當公
司對員工斤斤計較時，員工很自然也對公司斤斤計較。一家公司的人
才制度，其實也是一家公司長期競爭力的重要指標。當台灣企業規模
愈來愈大時，是否還是要事事從成本考量，或是以投資的角度來建立
公司人才培養計畫，這或許是台灣大老闆們可以好好思量的。

高階主管獎酬計畫
是激勵還是誘惑？

　　2012 年 6 月，宏碁電腦董事會通過「高階主管薪酬管理準則」，主要在強化高階主管薪酬與公司長期績效及股東長期利益的連結。具體的作法包括如：遞延支付獎金，和倘若公司後續發現主管當時決策導致公司後期損失，公司有權向主管要求索回已支付報酬等。宏碁的新方案，雖然引發不少人質疑可能對於人才的吸納造成影響，但事實上這樣的規則並非宏碁首創，反而目前正盛行於發展高階主管獎酬計畫的先驅——美國，特別是在華爾街以金融投資業為主的各大金融機構之中。這個模式在美國一般被稱為「索回（Claw-back）條款」，其主要目的在避免公司高階管理階層為了得到薪酬獎勵，過度追求短期效益而傾向進行風險性決策，讓公司曝露於長期損失的不確定風險之下。由於此時宏碁正與前總經理蔣凡可‧蘭奇（Gianfranco Lanci，以下簡稱「蘭奇」）進行相關訴訟，一般認為此條款乃是針對此一事件所設下的「蘭奇條款」。

蘭奇領導下之宏碁傳奇

　　蘭奇為義大利人，原本任職於德州儀器公司，之後隨著宏碁購併德州儀器的筆記型電腦部門，而於 1997 年進入宏碁擔任義大利地區負責人，並於 2000 年升任宏碁歐洲區總經理。蘭奇上任後，一方面對內力行數字管理，裁撤了數百名員工，另一方面看準了當時歐洲正被戴爾電腦直銷模式席捲，通路商正處於弱勢，認為宏碁要能在眾多品牌中脫穎而出，必須採取與惠普電腦、戴爾電腦完全不同的銷售模式，因而逆向操作，以提供更高佣金的模式，誘使通路商更樂於銷售

宏碁產品。由於策略的成功，讓宏碁在短短 3 年間，由歐洲市場原本個人電腦銷售排名第 8、筆記型電腦排名第 5，在 2003 年一口氣推升到個人電腦排名第 4、筆記型電腦排名第 2 的好成績，也讓歐洲地區的銷售額達到宏碁全球總營收的六成。

2004 年 9 月，宏碁創辦人兼董事長施振榮宣布蘭奇自隔年起接任宏碁全球總經理，也讓這家來自台灣的本土企業，首次迎來了外籍的總舵手。接任總經理的蘭奇延續在歐洲區時力行的數字管理以及經銷商雙贏的策略，先後購併了美國第三大 PC 品牌 Gateway 電腦及旗下品牌 eMachine（美國第五大），Packard Bell（歐洲第三大），並在 2010 年與中國第二大 PC 品牌北大方正結盟，共同開拓中國市場。一連串的購併以及延續原有經銷商雙贏策略的成功，讓蘭奇掌舵六年多內的宏碁，年營收從 3,000 多億，倍增至 8,000 多億。宏碁電腦的出貨量也從原本只是二線的品牌，超越戴爾，成為僅次於惠普的世界第二大個人電腦供應商。相對的，宏碁的股價也從原本 40 多元躍升到 90 多元，在蘭奇領導下的宏碁傳奇頓時成為眾人注目的焦點。

快速成長背後的隱憂

然而，在蘭奇執掌的六年多間，在宏碁光芒的背後，相對的隱憂卻也悄然浮現。

首先是企業內部文化的扞格。蘭奇以一位義大利人挾著戰功入主台灣企業，由於背景差異，本來在某些事情的認知上和台灣經營團隊就不易有共識，而蘭奇凡事重視數字的性格也和台灣企業重情理的文化不同。演變到後來，蘭奇大力拔擢出身歐洲的經理人，並給予較高的薪酬，反而造成亞洲經理人的反彈，公司內部意見不合的消息時有所聞。

其次，由於經銷通路策略的成功，讓蘭奇深信大量且廉價的電腦才是宏碁未來的方向。也因此宏碁不斷縮減自家員工數和極力將產品外包來降低成本，同時將利潤與供應商分享來吸引供應商大力推銷

宏碁產品。最後導致宏碁身為一家品牌供應商，不但淨利率只剩下 2% ～ 3%，遠低於同為品牌商的惠普和戴爾，也不及身為代工廠的鴻海 ① 。圖一為宏碁自 2003 年至 2010 年淨利率，顯示在蘭奇擔任總經理期間，淨利率不斷滑落。另一方面，由於宏碁為求短期盈收表現而大幅縮減研發費用，並集中將資源投入在筆記型電腦之上，造成後續非筆記型電腦的開發遠遜於對手 ② 。表一為宏碁自 2004 年至 2010 年的營業成長率、毛利率及研發比率。

〈圖一〉蘭奇擔任總經理期間宏碁淨利率表現

淨利率

蘭奇擔任執行長期間

〈表一〉蘭奇擔任總經理期間宏碁的營業成長率、毛利率及研發比率

	2004	2005	2006	2007	2008	2009	2010
營業成長率	57.99%	58.75%	71.16%	31.71%	18.22%	5.07%	9.60%
毛利率	4.38%	4.07%	10.88%	10.26%	10.49%	10.16%	10.25%
研發比率	0.04%	0.02%	0.03%	0.02%	0.02%	0.15%	0.19%

　　2007 年蘋果公司推出第一代 iPhone，引爆了全球智慧型手機的風潮。雖然宏碁在 2008 年亦購併了製造智慧型手機的本土廠商倚天資訊，卻一直無法推出殺手級產品。同時間，電腦產品硬體功能日益強大，消費者更換電腦硬體的需求其急迫性卻是日益下降，2010 年蘋果公司推出 iPad，在開賣 80 天內狂賣 300 萬台（第一代 iPad 最終銷售約 1,500 萬台）更是成為壓倒筆記型電腦廠商的最後一根稻草。

傳奇背後的真相

　　2011 年 3 月底，宏碁宣布調降公司第一季財務預測，從原本預估成長 3% 下修為衰退 10%。由於這是繼宏碁去年第四季以來連續二次下修財務預測，因而引發了市場上長期質疑平板電腦等手持式上網裝置對於宏碁產品的殺傷力。三天後，宏碁董事會正式宣布總經理蘭奇與董事會多數成員之間，對於公司未來發展未能達到共識，經數個月溝通仍未見成效，因而宣布蘭奇請辭。洋經理人入主台灣本土企業的傳奇也因而暫時畫下休止符。

　　然而蘭奇與宏碁的關係卻並沒有因為蘭奇的離職而結束。首先，宏碁在新任總經理上任後，宣布第三度調降財測。而在六月份的庫存清查中赫然發現，宏碁過去大量塞貨（trade loading）給歐洲通路商，由於電腦產品市場變化快速，通路商塞滿了過時而無法出清的宏碁產品庫存。最後，宏碁只好認列 1.5 億美元的損失，協助通路商解決庫存問題 ③。

　　其次，在蘭奇離職時，宏碁曾依國際企業慣例支付蘭奇約數千萬美元的離職金，並要求蘭奇簽署不得在一年內挖角宏碁團隊及不得投入競爭對手陣營的競業條款。然而蘭奇在離職當年即投入宏碁最大競爭對手聯想電腦擔任「顧問」一職。並於一年期滿後出任聯想 EMEA（歐洲／中東／非洲）地區總裁。目前該案正由宏碁提出國際訴訟中。

結論

　　蘭奇所帶來的宏碁傳奇，彷彿一場美麗的煙火秀，在短暫和絢麗的驚呼後，卻留下了滿地的垃圾。在這個故事中，我們看到一位經理人為了達到公司世界排名的目標，大力壓縮公司成本，甚至犧牲了攸關公司長期發展的研發成本。在快速成功後，為了能撐持帳面上持續成長的壓力，以至於塞貨給通路商，進行盈餘管理時高估銷貨收入，製造公司成長的假象，甚至在市場發生質變時，仍執著於過去的榮耀而抗拒改變。

　　最終這一切都被戳破，經理人離職，公司也被迫認列龐大損失。在此同時，從簽證會計師到公司董事會卻都未能發揮應有監督功能，宏碁以一家本土型電腦公司到跨足全球的大企業，如何落實公司治理透明度以及加強內部控管機制，這應該是宏碁除了追求銷售及盈餘成長外另一項重要的課題。

★公司治理意涵★

⊙獎酬計畫可能造成經理人過度重視短期效益

　　高階主管獎酬計畫原是近年來西方管理學的顯學，其目的在激勵經理人與股東分享相同目標，進而達到經理人、公司及股東三贏的局面。但由於傳統激勵計畫多半以年度或季度作為評估期間，往往造成經理人為了能在限定期間內最大化其獎酬，而採取符合公司短期目標進而達成私利，卻不利公司長期發展的決策，例如本案例中縮減公司研發費用，或是從事「成王敗寇」的高風險決策。最後的結果是，短期目標可能順利達成，經理人也拿到了應有的獎勵與報酬，卻為公司長期經營埋下了陰影，經理人追求短期績效卻造成公司長期利益的

損害。因此近年來公司所設立獎勵制度中，多半會要求經理人達到公司短期目標後必須和公司長期利益連結，以及建立公司損失追討等措施，這其實是很多台灣企業在推動經理人激勵計畫應一併納入考量的。

⊙內控缺失與會計師責任

在蘭奇離職兩個月後，待新任總經理進行歐洲地區庫存實地查核，才赫然發現過去的宏碁傳奇，居然一部分來自蘭奇的塞貨衝量政策，利誘通路商大量進貨，最後宏碁付出 1.5 億美元的代價，認列通路存貨損失。事情爆發後，宏碁董事會試圖以歐洲事業均掌控在蘭奇和其屬下手中，董事會亦被蒙騙企圖推卸責任 ④。如果真是如此，宏碁內部控制機制很明顯出了問題，以致公司營運的真實數字並無法精確反應在公司財務報表上，否則身為公司最高決策單位的董事會，怎麼可能對於公司內部潛藏的重大缺失一無所知，而任由一位經理人支手遮天？除此之外，宏碁的簽證會計師及所屬事務所，理應能透過查核程序及分析性覆核，察覺宏碁銷貨與存貨的異常，但在宏碁查核報告上並未見會計師對此表示意見，反而年年出具無保留意見 ⑤，最終造成利害關係人重大損失，會計師似有失職之嫌。

⊙總經理兼任董事減損董事會功能

在歐美企業中多有「經營權」與「所有權」分開的觀念，把公司切分為負責重大決策、評估管理經營團隊和召開股東大會的董事會，以及負責實質日常執行的經理人。二者間有監督者與被監督者的明顯區分，也因此多認為董事會成員與經營團隊成員不宜重疊。但由於我國企業發展歷史尚屬年輕，許多企業的董事長即是公司創辦人或是第二代，並未能如歐美大企業建立專業經理人制度，常常出現公司董事長兼任總經理，或是父親為董事長、子女擔任總經理並兼任公司董事，最後形成監督者同時也是被監督者的矛盾情況。

在本案例中，蘭奇除擔任宏碁總經理外，亦為宏碁董事成員之一。由董事長兼任執行長，或是總經理（執行長）擔任董事會成員，有利於董事會內部的溝通與協調，以及避免可能的衝突，提高公司決策效率等優點。但在人和的背後，往往也產生角色混淆、監督不易落實，進而產生可能的舞弊。

公司總經理或執行長是否應兼任董事，其實各有其優缺點，端視公司要著重於效率或是從防弊角度出發，目前實務上並無定論。從公司治理角度來看，能夠確切區分監督者與被監督者的角色，會更有助於公司決策的有效性和透明化。

注釋

① 2010 年蘋果電腦總體淨利率為 21.5%，惠普為 9.5%，戴爾為 4.3%，鴻海為 3%，宏碁電腦僅為 2.3%。

② 蘭奇擔任宏碁總經理期間，宏碁研發費用平均僅占總營收 0.1% ～ 0.2%，低於業界 1.3% ～ 2.7% 的平均水準，更遠低於蘋果電腦的 3%。

③ 宏碁以提供經銷商銷貨折讓的方式吸收經銷商囤積的損失。

④ 宏碁歐洲及美洲地區銷貨皆由孫公司 AEG 及 AAC 統一下單，以致在財報中全年銷貨中超過八成以上為關係人交易。

⑤ 宏碁自 2001 年開始之簽證會計師及查核意見如下頁表，歷年來查核意見均為無保留意見，其中「修正式無保留意見」則是因為新會計準則發布適用。宏碁長期以來皆由安侯建業聯合會計師事務所（KPMG）提供簽證服務，個別會計師擔任多年簽證查核，雖無違法，但有可能影響會計師之獨立性。

宏碁年度簽證會計師查核意見

年度	簽證會計師		查核意見
2001	吳國風	羅子強	無保留意見
2002	吳國風	張惠貞	無保留意見
2003	吳國風	張惠貞	無保留意見
2004	張惠貞	于紀隆	無保留意見
2005	張惠貞	于紀隆	無保留意見
2006	于紀隆	羅子強	修正式無保留意見
2007	張惠貞	于紀隆	無保留意見
2008	張惠貞	楊美雪	修正式無保留意見
2009	張惠貞	楊美雪	無保留意見
2010	張惠貞	楊美雪	無保留意見
2011	張惠貞	施威銘	無保留意見
2012	張惠貞	施威銘	無保留意見

公司被掏空，
簽證會計師難道不用負責任嗎？

　　很多人知道會計師是屬於社會上高收入的一群，頂尖的會計師年收入甚至可以高達新台幣數千萬元，但大多數人可能搞不清楚會計師的工作內容到底是什麼？所以在回答這個問題前，先花點篇幅說明一下會計師的工作，以及何以公司要花錢雇用會計師。

　　事實上會計師的工作稱得上是五花八門，從工商登記、稅務申報、財務報表查核到企管顧問、破產重整等，都屬於會計師的工作範疇。一般約略的分法是將會計師工作分為審計和非審計兩大類。簡單地說，審計的工作是指會計師以獨立公正第三方的角色，基於公司關係人的需求，以其會計專業查核公司相關財務報表，確保這些資訊的正確性，並符合會計準則和相關法令規範。這是一般人熟知的會計師財報簽證。相信這也是提問者問題的關鍵，當外部關係人（投資人、債權人等）因為相信會計師簽核的財務報表而進行交易或投資決策，結果後來發現公司財務報表不實而遭受損失時，到底簽證會計師要不要負起連帶賠償責任？

　　那麼公司為什麼要花錢請會計師來確認財務報表呢？不難理解，公司財務報表就像是一家公司的體檢表和成績單。公司外部關係人因為無法介入公司經營，所以只能依據公司的財報資訊來做為決策依據，問題是公司的財務報表是由公司內部的會計人員編製出來的，除了會計人員，財務和稽核也都是公司的內部人員，他們的雇用、升遷和薪酬都是由公司老闆決定的，在不和自己飯碗過不去的前提下，自然聽命於老闆。套句電影「少林足球」的台詞：「球證、旁證、主辦、協辦都是我的人，你要怎麼和我鬥？」在這種情況下，編製出來的財務報表自然讓人不得不懷疑其可信度。解決之道就是由公司出錢雇用

外部的會計師，以他們的專業和獨立性來查核，確保公司財務報表沒有重大的誤述。

接下來呢？在會計師事務所和受查公司簽訂審計委任書後，會計師會指派旗下 1～2 位資深人員帶領幾位資淺查帳人員進入該公司，展開為期數週到數月的查核工作。這段時間內他們會檢視公司的會計憑證、會計報表，抽查庫存和核對銀行存款等。如果公司相關報告編製均符合會計原則和法規，查核結果會向上呈報事務所的專案副理和經理，經主管們審視無誤再提交給簽證會計師確認後，簽字出具查核報告。

相反的，如果查帳人員發現有異常，則會由事務所的主管和公司財會主管先行溝通，並要求被查核公司提出說明或更正。如果這個層級無法獲得解決，雙方會各自提報上層後，由簽證會計師出面和公司負責人溝通。甚至你還可以想像，如果簽證公司規模更大，問題更嚴重，簽證會計師會再向上提報更資深的會計師或所長，由他們出面和對方董事長或集團總裁進行溝通。不管溝通結果如何，最後簽證會計師會出具一份查核報告，在這份報告中，簽證會計師會明確註明對於這家公司查核後的意見。

從以上看來一切似乎都很清楚了。會計師以公正專業的立場去查帳，所以如果會計師說「沒有問題」（無保留意見），那這家公司就沒問題。如果會計師說「好像有問題」（保留意見、否定意見或無法表示意見），那麼這家公司肯定有問題 ①。不過很可惜，事實並非如此。依過去經驗，通常會計師說有問題的，大都真的有問題，但會計師出具「無保留意見」的公司，卻不能擔保一定不出問題。

會有這樣的情況，主要還是出現在一些制度的盲點上：

會計師並沒有你想像的獨立。前面提過公司內部的財會稽核人員常常是老闆的心腹，所以做出來的會計帳容易受老闆的引導，所以才

要從外面雇用會計師查核。可是別忘了，會計師簽證業務也是很競爭的，很多會計師也是要卯足全力才能爭取到業務，而誰有權力決定要雇用哪位會計師？當然是公司老闆。在這種情況下，會計師在進行審計業務時，除了法令、準則外，當然也要考慮到自己的飯碗。相對的，反而是利用這些財報最主要的依據者，銀行、小股東、往來廠商等和會計師的關係最疏遠。所以現實上的簽證會計師並不是大家想像的正義判官，反而更像是一個協調者，他們會盡可能在不違反法令下，取得業主、主管單位和個人的最大利益平衡。

會計師並不是如你想像的有能力。會計師或是旗下查帳人員進行稽核時，主要是依據一般公認審計原則（General Accepted Auditing Standards，GAAS），這裡面規範了對於公司財報審核一定的流程和方法，並要確保公司會計制度和財報編制符合一般公認會計原則（General Accepted Accounting Principles，GAAP）。但是別忘了，查帳人員所有查核的資訊和會計憑證都是由公司部門提供的。雖然查帳人員還是會進行部分抽查以及和同業進行比較確認一些數據的合理性，但如果公司要造假，一定會做出一套完整的憑證。如果原始會計憑證有錯，後續的結果自然也會有錯。這個問題在近年來愈來愈多公司導入 ERP 以及廣設海外子公司，甚至是多層次孫公司、孫孫公司海外關係人交易後，讓查帳人員要確認這些交易和真實性愈來愈困難。

會計師的專業性有限。很多人以為會計師應該精通所有財金議題，事實上，會計師的專業主要還是在會計和相關法規及稅法上。但是他查核公司的財報牽涉到的交易，除了公司正常營運外，還有公司投資和理財活動。特別是新金融衍生性商品的出現，當中不少投資商品甚至還是為客戶量身打造的，如何認列這些投資商品的成本和收益，會計師不見得有足夠的金融知識可以進行判斷。特別是這些商品

投資往往伴隨著複雜交易（例如公司出售資產卻隱藏附買回交易未揭露），如果公司不主動告訴，會計師在簽證時很有可能不知情或是被誤導低估了該項風險。

人力不足。依證券交易法 36 條規定，公司須在營業年度第 1 ～ 3 季結束後 45 天內，全營業年度結束後三個月內，申報並公告經會計師查核及董事會通過之財務報告（年報需另經監察人通過）。但因為我國多數的公司都採用相同的曆年制，等同是多數的公司都會在差不多的時間同時要求會計師進行查核。這段時間也是各大會計師事務所忙到人仰馬翻的時候。傳統四大會計師事務所由於人員都有千人以上，人力調度上還算過得去，只是因為事務繁忙，人員流動率通常高得驚人。相對的，對中小型會計師事務所來說，人力調度可能就是很頭痛的問題。在這樣的情況下，雖然會計師會擔保其所有流程均符合審計原則，但總不禁讓人懷疑，查帳人員是否有足夠的時間和充分的機會去調查公司可能的潛在問題？這也影響到完成的查核報告是否能真正反映出公司現實情況。

雖然有以上的盲點，但不容諱言的也有不少會計師明知查核公司有問題，卻仍配合及協助公司高層簽發不實查核報告。這在台灣幾個重大掏空案中都可以見到。即便不是掏空案，在幾個具爭議的公司案件，如宏碁採用激進式會計方式認列銷貨，簽證會計師未能提出警告，年年出具無保留意見，最終造成宏碁一次性大幅打消呆帳，造成股價大幅下挫。簽證會計師的作為或許沒有明顯過錯，但肯定有瑕疵，也值得被討論。

事實上，我國現行法規對會計師的懲戒規定還算是完備，主要有行政罰、民事責任和刑事責任三種，只是，如果攤開過去會計師因簽證不實或是違反其職務受懲戒的，仍多集中於行政罰，受民刑事最終判決受罰的少之又少。即便是行政罰，大多數懲戒也集中在警告、申

誡或是 2 個月到一年的停業處分 ② 。試想一下，會計師簽發不實查核報告背後的利益可能高達數千萬到數十億，僅僅只是停業一年處分，對一些不肖會計師而言，根本是本小利大。尤有甚者，還有資深會計師受懲戒後，轉入幕後一樣招攬客戶，再把簽證業務交給旗下會計師，其實也無關痛癢。

從公司治理的角度，會計師的角色同時是一家公司內部和外部的監督者。也因為有了會計師的驗證，才能確保公司資訊的正確性和透明度。會計師存在的價值，除了其專業性，更重要的是其獨立公正性。正因如此，一旦會計師違反其職務道德，就更應該受到嚴重的處罰。但因為台灣現行制度本身就存有不少瑕疵，也自然造就了會計師模糊的操作空間。對於會計師制度的改革，茲建議如下：

提高會計師的獨立性：（1）由公司獨立審計委員會雇用會計師：透過學有專精的獨立董事組成的審計委員會來遴選及決定簽證會計師，避免會計師行事受到公司經營層的干擾。（2）更嚴格執行會計師輪調制度：目前並無法規強制要求會計師輪調，僅在審計準則公報中要求主辦會計師應於一定期間（通常不超過七年）後輪調，但因為簽證業務競爭激烈，多數會計師不願輕易放手得來不易的客戶。因此常見的手法就是由A、B、C、D四位會計師在兩家簽證公司彼此輪調，最終還是脫離不出當初訂定這套規則想規避公司與會計師因為熟識而勾結的可能。茲建議未來在規範會計師輪替制時，可以將單一會計師簽證同一家公司的限制時間拉長，同時也應該把簽證事務所輪替一併納入考量。

提高對會計師的懲戒與其責任：我國現行司法制度，特別針對財金議題普遍存在著法律語意不明 ③ 、審判時間冗長、司法人員對財經專業知識不足和對於財金犯罪處罰過輕等問題。這是一個大結構的問題，自然不是小小篇幅可以完整討論的，只是如果回顧過去台灣歷年

的財金犯罪和犯罪者相對應的處罰,很明顯地台灣司法體制對於財金犯罪需要更為通盤的檢討。

關於會計師的比例賠償,現行會計師法 42 條規定,會計師如果有業務過失造成相關人損失時,受害人可以向會計師及所屬的事務所求償,但求償金額以當年度所收的審計公費十倍為上限。看起來是給公司關係人有了向會計師求償的依據,也加深了會計師的責任,可是如果仔細想想也很不合理。首先,會計師和事務所會針對業務風險進行投保,所以一旦有求償,其實是保險公司支付了多數的賠償金。再者,會計師對於上市櫃公司的審計公費一年從數十萬到數百萬,換算成賠償金額就是數百萬到數千萬,可是一家中大型上市櫃公司如果發生掏空或舞弊,造成的損失可能是數億到數十億,會計師的賠償金額根本是杯水車薪。

解決之道,除了應該調高或廢止會計師賠償上限外,建議應該效法美國,推動小股東集體訴訟制和開放律師成功報酬制(Contingent Fee),就是律師只有官司打贏了,從對方賠償中才能分得酬勞,透過法律和處罰性賠償的壓力,迫使會計師個人和所屬事務所必須更為謹慎處理其業務。

注釋

① 上市櫃公司之財務報表，經會計師出具「保留意見」，股票將變更交易方式，打入全額交割股；若會計師出具「無法表示意見」或「否定意見」，則將面臨停止交易。

② 會計師法第 62 條，會計師懲戒方法有新台幣 12 萬以上 120 萬以下罰款、警告、申誡、停止執行業務二個月以上二年以下和除名五種。現行民刑法判處會計師是否失職，主要從「故意」「過失」和「不知情」三項主觀意識來判決，如會計師有辦法證明其不知情，則簽證公司發生舞弊可不罰。

③ 法令規範不明：和台灣許多法律一樣，現行相關法律對於會計師法律責任認定主要建立在複雜的文字遊戲：「如何認定會計師當下的主觀意圖」？

企業分割，小股東任人宰割？

　　2011 年 3 月 22 日英業達公司宣布：經雙方董事會通過，將以換股模式合併另一家上市公司英華達，換股比例為每 1 股英華達普通股可換取 1.68 股英業達股票，以當日收盤價計算，英華達收購價約為溢價 20%，消息一出市場嘩然。

　　市場對這宗合併案之所以有意見，在於英華達正是十年前（2000 年）從英業達切割獨立的公司，在 2005 年掛牌交易後，股價最高達到每股 238 元，不料短短五年內，由於產品利基不再，訂單流失，業績大幅下滑，股價跌到合併公告前的 20.5 元，而最終還是由母公司購回。

　　對此，英業達發言人徐信群指出，雙方整合是為布局雲端科技市場，英業達為全球最大伺服器代工廠，英華達具備智慧型手機及手持式產品線，雙方是「雲與端的結合」；而英華達的發言人陳烈宏也認為，由於電腦和通訊之間的界限日益模糊，透過公司的合併，不但可以進一步整合採購及研發等部門，也可以截長補短，相輔相成。

　　以上說法聽起來十分合理，只是對於英華達的小股東而言，面對這十年來的物換星移，或許別有番滋味在心頭。

代工 iPod 營收亮眼

　　英華達原本是英業達旗下生產手持設備和科技繪圖機的部門，在 2000 年從英業達切割獨立，為英業達持股 99.99% 的子公司 ①，主要生產當時熱門的 PDA、GPS 衛星導航系統、MP3 音樂播放器和手機等產品。

　　2003 年英華達獨家為蘋果電腦代工第一代的 MP3 音樂播放

器——iPod。受惠於 iPod 的全球熱銷，帶動英華達營業額大幅成長，也連帶帶動了每股盈餘（EPS）的快速攀升。表一為英華達自 2000 年的歷年獲利情況，從 2002 年的 140.6 億，成長到 2003 年的 306.1 億，和後續 2004 年的 760 億及 2005 年的 1,135.8 億元。

在亮麗財報數字的烘托下，2005 年 10 月 25 日英華達正式以每股 108 元掛牌上市交易，由於是首家適用新掛牌交易首五日無漲跌幅限制的公司，當天英華達收盤上漲逾三成，收在 140.5 元，成為眾所注目的焦點，並在隔年的二月份，上漲到每股 238 元的歷史高點。

股東雨露均霑？

旗下轉投資公司股價大幅上揚，媒體紛紛以「母以子貴」推崇英業達的潛在未實現利益，利多題材也進而帶動英業達的股價上揚。可是攤開財務報表大家才發現，原本母公司持有 99.99% 的英華達，早在申請上市前，母公司英業達就以分散股權為由，出售不少持股。

再加上切割獨立公司後，每一年英華達都進行員工分紅認股，五年內不知不覺中，英業達持有英華達股權比例已經下降到低於 50% 了 ②。在原本持有絕對控制權的母公司持股比例大幅下降的同時，對英華達股權持有率節節高升的是另一批人，這些人主要是英華達的管理階層以及英業達本身的大股東。

另一個令人疑惑的數字是，在 2003 年 7 月，那年正是英華達因為代工 Apple iPod 開始大量出貨的第一年，英業達以股權分散為由，用每股約 24 元的單價，大幅出售了英華達股份約 1 億股，認列處分投資利益 5.4 億元，以至於英業達對英華達持股比例降為 50.13%。這個交易價格不管是以英華達 2002 年 3.2 元的每股盈餘或是以 2003 當年度高達 8.2 元的每股盈餘來算，這個交易價格都不免讓人有賤賣股票圖利特定人之疑。英業達僅以高於成本價 5.15 左右的價格出售持股，是否合理？更是引人猜疑 ③。

〈表一〉英華達2000-2010年獲利情況及英業達持股變動

年份	資本額（億元）	營業收入（億元）	每股盈餘（元）	英業達持股（%）
2000	7	26.3	-0.4	99.99
2001	11	71	2.4	95.59
2002	19	140.06	3.2	95.03
2003	24	306.1	8.2	50.13
2004	27	760	7.7	49.13
2005	31	1135.8	9.5	44.84
2006	44	956.5	4.7	44.53
2007	46	753.7	7	44.15
2008	51	625.7	4.3	43.79
2009	54	441.5	0.8	43.79
2010	54	438	1	43.79

公司分割與股東權益

以公司分割而言，形式上主要有三種模式：（1）水平切割，這是指把公司切割為兩個以上規模相似的公司，這種模式亦有人稱為「兄弟分割」；（2）以資產作價和另一家公司合併或合資成立新公司；（3）獨立部門，成為 100% 持股子公司。

以第一種模式來說，近年來最有名的例子為和碩聯合與華碩電腦的切割。華碩電腦從代工起家進軍到自有品牌，兩項業務的並存容易引起代工客戶的質疑，為了擺平代工和品牌間的衝突，於是毅然決然把旗下部門切割獨立為分屬代工和品牌的兩家公司，兩家公司同時重新上市，而原華碩股東，在公司切割後亦同時換取及持有新華碩（品

牌）及和碩聯合科技（代工）兩家公司股票。

第二種模式則較常出現於公司旗下某部門由於市場競爭激烈，部門獲利不佳，甚至可能拖累公司整體表現，因此公司想透過切割或出售該部門與同類型公司合併，來達到市場規模經濟。例如近年來有不少 LED 公司的整合即為此例。

但三者之中最為常見也是爭議最多的，其實是第三種，公司將旗下最有潛力的部門獨立出來，再扶持該公司上市。理論上，這種模式下，原母公司持有該新公司 100% 股權，原公司股東權益未受損。而新公司由於產品的潛力和高收益，往往亦可得到更高的本益比，透過釋股或股價的上升，原母公司股東反而可以得到更高的獲益。

然而，等到潛力部門獨立並上市後，原有公司股東卻往往發現結果並非原母公司管理階層最初宣稱的那樣美好。最重要的因素在於，新公司成立後，由於不像上市母公司般要受公眾監督或是強迫資訊公開等限制，結果這家公司往往最後成為了大股東們的禁臠。或是以激勵員工為名，或是以引進策略夥伴或股權分散等種種理由，以增資或交易模式，陸續將股權移轉或稀釋到特定人手中。最終的結果是，當原母公司小股東引頸企盼子公司上市帶來更高收益時，才驚覺這塊肥肉早已被特定人士咬去了大半。

這樣的例子在台灣股市中，多到不勝枚舉。例如上市公司圓剛科技就是將旗下高獲利部門切割獨立為圓展科技，在 2010 年證交所董事會審查同意上市前，經檢舉發現在 2008 年底和 2009 年中圓剛公司分別以 32 元和 38.6 元轉讓了 568 萬和 1,109 多萬股圓展公司股票，而其中 214.8 萬多股和 141.3 萬多股都是由圓剛公司董事長郭重松等關係人取得。這個交易價格和當時圓展公司興櫃交易價格差價近每股 60 元。

而國內老牌家電大廠──大同公司也不遑多讓，在旗下子公司尚志精密化學申請登錄興櫃前夕，以股權分散為由，將至少七百萬股尚志股票以約每股 15.9 元賣給了股市名人賈文中旗下投資公司，相較於

尚志登錄興櫃後五日均價的 96 元相比，這筆交易價差約新台幣 5 ～ 6 億元。而這些本該屬於母公司全體所有的利益，卻在大股東們利用其控制權以及未上市公司管制少、資訊不透明下，成了特定人口中的肥肉。

結論

　　歐美企業由於發展較早，中大型企業中多半是所有權與經營權分開的模式，公司大股東會以進入董事會的模式來監督負責公司日常營運的專業經理人。在這個情況下，董事會的心態會偏向保守，不喜歡公司從事過於激進的冒險，而對經理人來說，他的薪資獎勵主要來自公司規模和經營績效，所以自然希望公司愈大愈好（理論上，當公司規模愈大，營收和利潤數字也會愈大）。因此在歐美大型企業中常見如奇異電氣和 IBM 這類多產品線、多部門的大型公司，而最常見的部門分割，也多是為了要出售或是合併，較少是為了讓旗下部門成為獨立公司並推動其上市。

　　相對而言，在亞洲和其他新興國家中，由於企業發展時間較短，多數經營者通常也是公司的創辦人（或家族），心態上則會偏好冒險，喜歡旗下公司走向集團化愈多愈好。再加上新興市場中，往往新興事業的投資機會較多，因此不少亞洲企業主在投入某項業務時，都偏好先在自家企業下先設立一個部門，再利用公司和集團的力量分攤該項投資的成本並扶植該部門，如果該行業表現不如預期，直接關閉該部門或是尋求合併出售。相反的，如果該產業成功，就把該部門獨立成為一家公司。

　　這原本只是一種投資模式，但由於股票上市帶動的利益過於龐大，再加上未上市公司在法令規範和資訊揭露要求上本來就遠不及上市公司要求嚴格，因此潛力部門在被切割獨立後，往往因為其灰色地

帶成為了大股東們上下其手的好機會。此時大股東會透過對母公司的影響力，逐步將個人資金投入到新公司中，也就是前期投資風險由公司承受，待確定該部門足以自立有盈利後再介入。對大股東來說，是風險最低而報酬最高的策略。只是這樣的策略，等於讓原母公司股東共同承受新業務的投資風險和先期成本，等到果實成熟要收成時，卻被特定人收去大半，實在不公平。

　　許多支持將公司旗下高獲利部門切割獨立者認為，潛力部門的獨立，除了讓原有母公司更聚焦所屬行業，增加透明度外，也能凸顯該獨立部門的價值而不需受母公司其他部門拖累。這個效果會在許多資本龐大，營收成熟平穩的企業中更為明顯，以及為母公司帶來承銷和後續售股收益、激勵部門員工、吸納更好人才和有助於提升該公司競爭力等好處。可是反過來想，撇開第一種和第二種因現實因素不得不的切割外，一家公司把旗下具有競爭力、享有高本益比的部門獨立出去，不也就等同留下來的都是低成長、低本益比的業務？如果就投資市場效率論點來看，投資人在決定某公司股價時，原本就將該潛力部門納入本益比考量，一旦將該部門獨立，雖然母公司可以立即認列釋股收益，但母公司可以享受的本益比也必然因該部門獨立而向下修正，對母公司小股東而言，並非全然如公司階層宣稱的那麼好。

　　把旗下高獲利部門獨立成一家公司並推動上市，到底是對還是錯，其實並沒有定論。但不容諱言的，在資本市場發達的今天，資產價值帶動的財富效應，早就取代早年靠著公司盈餘分配造就的個人財富，股票成為很多人最快的發財捷徑。然而龐大利益再伴隨法令規範灰色地帶所帶來的誘惑，自然不能僅以道德規範之，主管機關應對此部分訂出更明確的規定，並要求母公司獨立董事和監察人能發揮其作用，才能讓公司在坐享金雞母獨立帶來豐沛利潤的同時，也能讓小股東能雨露均霑。

★公司治理意涵★

⊙子公司透明度

　　相較於上市母公司資訊的透明化，新切割成立的子公司由於並非上市櫃公司，對資訊揭露之要求較低，投資人僅能從母公司財報上去推估該公司營運況。因此，原母公司大股東在謀取私利的誘因下，自然很容易利用資訊不對稱做為掩護，而對子公司上下其手。再加上董監事和管理階層多來自原有母公司，由於手持著金雞母，涉及龐大利益，不禁令人質疑其董監事能否善盡善良管理人之責。而主管機關除了道德上的勸誡，應要求母公司財報上予以更詳盡的揭露，並針對母公司關係人與獨立子公司股權交易部分作出更明確的規範。

⊙股東權益的保障

　　這個教案中最明顯的爭議是：英業達把旗下高潛力高獲利的部門在申請上市前，以分散股權為由以不合理的價格出售。但是反過來想，當英華達營運開始走下坡時，此時英業達提出溢價購併的提議難道就合理嗎？對英業達小股東而言，英華達未成氣候前，使用公司資源，母公司需認列其費用和虧損，在產品逐步被市場接受時，母公司將其獨立成為持股 99.99% 子公司。而待接獲大訂單正要享用投資果實前，公司卻以 24 元左右出售近半數持股予以特定人，等到英華達訂單被侵蝕，股價大幅下跌後，公司又再回頭以 20% 溢價回購。對於英業達長期投資人真是情何以堪？更何況兩家公司合併後，英業達股本將增加 18% 以上，是否合併能帶動盈餘的同步上揚，也值得討論 ④。

⊙特定人認購

　　現行規定，公司在申請上市前，都必須達到股東人數達一定數目及股東分散的要求。原本用意在於避免股權過於集中，失去了股票流通的意義，也規避造成大股東炒作自家股票的誘因。但這樣的政策常常變成被公司大股東拿來圖利特定對象的機會。大股東往往藉此將認股機會鎖定特定人，或是在子公司辦理現金增資時，刻意放棄母公司認購，讓現金增資由特定人認購，造成母公司股東權益受損。

　　2008年櫃買中心通過上櫃股票審查準則修正案中即明確規定，上市櫃公司分割子公司申請上櫃前兩年，進行股權分散作業時，不得有圖利特定人而損及原有股東權益情事。而且母公司在分割子公司一年內，進行分散股權時，不論是自行處分或洽特定人認購現金增資，只要釋出持股達總股權20%時，母公司均應召開股東會通過釋股案。有違反以上情況的，櫃買中心可以引述不宜上市上櫃條款，否決其上市櫃申請案。

　　這樣的規範的確對於大股東假股權分散之名圖利特定人行為有一定嚇阻作用。只是追溯時間似乎過短，建議兩項期間均可延長到三年以上，並建議可增訂追回條款，即便該公司已完成上市櫃，但事後發現申請之初有違反該項規定時，櫃買中心仍有權要求其下市櫃，並予以索賠。

⊙子公司交易價格的合理性

　　以本案例中所舉的三個例子，最大的爭議點都在於母公司以分散股權為由，將子公司股權以偏低的股價售與特定人，造成母公司股東權益不合理損失。未上市公司因為資本額通常較小、資訊不夠透明、經營風險可能較高，要評斷其股價本來就不是件容易的事。目前實務上推估未上市公司股價的方式主要有兩種，一種是國稅局以公司每股淨值計算；另一種則是參考現行同類型上市櫃公司股價均價再打一定折扣估算。這兩種估價法或許並不足以完整呈現某特定上市公司價

值，但絕對具有參考性。建議未來上市櫃公司旗下子公司股權出售或是有關係人交易疑慮時，應要求其揭露每股淨值或是第三方公正單位估價報告，以避免不合理售價造成小股東權益受損。

注釋

① 由於我國公司法對於股份有限公司訂有最低股東數和董事監察人數限制，因此公司切割獨立後仍需要其他股東參與，造成母公司對新獨立公司持股變成 99.99%，本文部分敘述為了方便起見，還是寫成 100%。

② 依據 2003 年英業達年報，英業達於 2002 年 6 月辦理現金增資，依公司法保留 10% 股份由員工承購，導致英業達持股比例由 99.99% 降至 95.59%。2002 年 11 月英資達與英華達合併後消滅，使得英業達對英華達持股比例降為 95.03%。另外，英業達於 2003 年 5 月 30 日經股東會決議配合英華達上市案股權分散需求，於 2003 年 7 月轉讓英華達股票約 1.05 億股，認列處分投資利益 5.4 億元，致使其持股比例降為 50.13%。

③ 依據 2002 年英業達年報，英業達持有英華達的每股帳面金額為 18.925 元，持股比率 95.03%（長期投資帳面金額 $4226,211,000，股數 223,312,000 股），反算回來，英業達出售英華達交易價格約為每股 24 元左右。

④ 依據 100 年第一季的財務報告估算合併後將稀釋英業達第一季每股盈餘約為 $0.03。

為什麼台灣上市櫃公司
喜歡把旗下金雞母分割上市？

「甲公司決議將旗下部門切割獨立為子公司」「子公司遞件申請上市，乙公司可望母以子貴」，常看財經雜誌的朋友應該很熟悉這樣的文字。甚至在台股中還有特定的「母以子貴」概念股，意指因為子公司上市或預期未來子公司在上市後，母公司可以從承銷利益中大賺一筆，連帶帶動母公司的股價。在市場的推波助瀾下，許多上市櫃公司大老闆掐指一算，一個賺錢的部門留在公司內一年頂多貢獻數千萬到數億元的盈餘，如果推動分割上市，馬上可以貢獻數億到數十億的售股利益，何樂而不為？於是乎，切割旗下金雞母再推動上市，成為很多台灣上市櫃公司最熱中的「理財活動」。

為什麼要把旗下部門切割出來成為一家獨立的公司？以經營策略管理的角度來看，其動機包括：

（1）企業內部各部門的營業內容相互牽制和衝突，影響到公司成長。例如宏碁與華碩的自有品牌影響客戶對代工部門的下單。

（2）公司營業內容過於多角化，造成管理上的困難，或是外部關係人對公司財報的透明度有所疑慮。

（3）公司主營業務已趨成熟，具有高成長部門留在公司內部績效不易凸顯。分割上市除了能發揮激勵該部門員工及吸納更多人才的作用外，母公司也能藉由上市獲取承銷利益，將公司隱含價值化為實質收益。

（4）各部門切割獨立為子公司，讓各公司專注於特定業務，有助

於分散母公司風險，並能提高各公司決策的效率。

（5）其他包括節稅考量等因素。例如嘉新水泥為了因應土地增值稅減半優惠到期，將旗下不動產部門獨立為嘉新資產管理公司。

既然把旗下部門切割為一家子公司有這麼多好處，那麼為什麼近年來股價漲幅落後大盤的惠普，或是曾為世界市值最大的奇異公司不這麼做？如果惠普把旗下毛利最高的企業諮詢部門（主要來自購併 EDS 公司）切割出來，不是一樣可以母以子貴？或是奇異為何不把這幾年拖累股價的 GE Capital 切割出來以分散風險？

事實上，歐美大企業切割旗下部門再獨立上市並不是罕見的事。較為常見的有以下情況：

法令的規範或規避法令：最常見的就是為了因應壟斷影響整個經濟競爭力的反拖拉斯法（Anti-trust）。石油巨頭標準石油和電信龍頭 AT&T 就是因此被強制分割數間公司，再分別上市。

希望能更專注於特定產業：例如惠普在 1999 年為了能更專注於主力的電腦業務，而將旗下從事電子儀器及通訊零組件的部門獨立成為安捷倫。

公司原本主力業務趨於沒落，不希望拖累高成長部門：例如 3Com 將 PDA 部門獨立為 Palm 公司；摩托羅拉將半導體和手機通訊分割為兩家獨立公司。

但相較於以上三種情況，歐美企業更常見的作法是把較不具有競爭力的部門賣掉。換句話說，歐美企業是把較不賺錢的或是非核心的部門切割出去，但是台灣企業卻是喜歡把賺錢的部門切割出去。為什麼二者間有如此大的差異？關鍵就在經理人制度。

歐美企業多由專業經理人管理。經理人的獎勵主要來自所管理企業的績效，在追求個人效用的誘因下，自然會希望所經營的企業愈大

愈有競爭力愈好。因此，在決策時會傾向汰弱換強，或是藉由併購壯
大自己。反觀台灣企業多為家族型態，企業所有人身兼管理者，且掌
權者多為第一代創業者。這些人多半有強烈「家天下」思想，認為是
「有了我，才有這間公司」。比較積極的創業型經理人，希望透過推
動子公司上市形成集團，擴大自己的事業版圖，同時也可以讓追隨自
己的愛將們另創山頭，共享上市後股票增值帶來的富貴。然而，也有
不少企業主是抱著「印股票換鈔票」的心態，透過子公司對母公司的
持股，除了可以幫助自己鞏固經營權，也可以在子公司獨立後，透過
內部員工激勵計畫或是釋股計畫，幫助擁有決策權的母公司高層拿到
另一個賺錢的管道。

　　再者，美國企業如果分割旗下部門獨立，多半採取原股東同比例
持有新公司股權。這樣的作法（俗稱「兄弟分割」）或許會因新公司
未上市使得股票流動性不足，亦可能造成原公司因分割金雞母而損及
股價，但是對小股東而言，卻是最透明也是最公平的作法。反觀國內，
最常的作法是直接由母公司 100% 持有子公司（俗稱「母子分割」）。
理論上，這樣作法最簡單，原母公司股東權益亦不變，但等子公司上
市後，原母公司股東在期待持有股票可能因此上漲之際，往往才發現
手上所持有的該金雞母的股權，早就在上市前一次次的員工激勵計畫
和股權分散計畫中被稀釋了。

　　最後，受媒體的影響，台灣投資人常常認為把金雞母切割出去再
上市可以一次賺到一大筆錢，如果金雞母持續經營良好，未來母公司
還可以三不五時賣賣股票「貼補家用」，何樂而不為？但是反過來想，
如果一家公司一直把賺錢的部門切出去，不就代表著留下來的都是些
不太有競爭力的部門？這對公司長期的發展會是好事嗎？

　　台灣上市公司中有兩家最熱中於把金雞母切割獨立上市的企業，
分別是聯電和凌陽。在子公司承銷過程中，這兩家公司也許賺得了大
筆的售股利益，回頭看看這兩家公司的股價，或許已經說明了一切。

個案 4

誰才是真正的老大？

　　2010 年富邦集團總裁蔡萬才在接受媒體訪問時砲轟金融監督管理委員會（簡稱金管會）管太多：「根本活在威權時代」「人民都可以罵總統了，何況小小的金管會」，此話一出引發了不少爭議。因為金管會雖然算不上大部會，卻是以金融業為核心的富邦集團之主管單位。國會殿堂上不少立委紛紛質詢要求金管會主委要好好「處理」一下富邦！

　　令人尷尬的是，身為我國金融最高主管機關的金管會，對於富邦金控上自金控董事長，下到證券分行櫃檯打單小姐都有法可管，但偏偏就是管不了這位「總裁」！管不了的原因倒不是金管會官員畏懼富邦總裁的政商實力，而是翻遍了我國的相關財金法條，就是沒有一條告訴你，總裁到底是一家公司什麼位子的人！

藏鏡人——影子董事

　　常識告訴你，總裁就是企業或集團最大的老闆吧！很抱歉，依據我國公司法，公司的負責人是指董事會，而以董事長為代表人。如果指執行工作業務，負責的是總經理、執行長或其他高階經理人 ①。事實上，即便你翻開富邦集團任何一家公開發行公司董監事或是高階主管名單，你也看不到蔡萬才擔任任何一個職位。換言之，所有人都認為蔡萬才握有富邦集團主要經營方向的決定權，但從法律角度來看，他只不過是富邦集團的一位股東，他的意見僅代表富邦金控數萬名股東其中之一的意見，金管會的確無權也無法可管。

　　蔡總裁並不是台灣唯一的特例。除了集團總裁，台灣上市櫃公司還有為數不少的會長、總監、榮譽董事長、最高顧問等，名稱雖然不

盡相同，實質卻相去不遠，他們掌控了公司（集團）大發展方向，所有人都知道他們才是公司真正的老大，但從公司的董監名單上卻看不到這個人，相較於檯面上擔任實質董事（de facto director）的人，這些人被稱為影子董事（shadow director）。類似的例子還有常在媒體上被提到的，辜仲諒掌控的中信金控，辜仲瑩掌控的中華開發金控，馬志玲家族掌控的元大金控（馬維辰擔任金控一席董事）等。

為什麼這些大老闆不自己做董事長，反而去擔任法令上不存在的頭銜呢？理由很多，除了總裁聽起來可能比董事長威風外，最常見的原因多是旗下企業眾多，大老闆們希望能跳脫單一企業繁瑣的例行工作，能有更多時間思考及整合集團企業間的大方向和資源調配。具有這種思維的大老闆多半年事較高，除了希望能讓自己專注在大格局外，另一方面也多半有穩住軍心輔佐接班人的意味。第二種常見的理由則是因為法律限制，例如原中信金控副董事長辜仲諒、開發金控總經理辜仲瑩、元大證券董事長馬維建就分別因為紅火案、金鼎證券購併背信案和二次金改案被主管機關勒令不得再擔任原職務。不過，除了以上理由，很多大老闆不擔任董事長還有一個重要的原因：依公司法規定，董事長為公司法定負責人，因此公司大大小小的事，董事長就是當然的代表人 ②。每年例行的股東會議，董事長就是當然的主席；有法律訴訟，董事長就是當然的被告。對於許多事業有成又年事已高的大老闆來說，想到要在股東會上被一些小股東抨擊或是站上法庭當被告，自然還是覺得當當有權無名的總裁要好多了。

法人董事代表

反過頭來想，把董事長寶座或是董事席次拱手讓人，難道大老闆們不擔心底下企業的董事會聯手起來背叛他嗎？事實上大老闆之所以可以這麼有恃無恐，這一切都要感謝台灣公司法特有的「法人董事代表制」③ 和法令對於集團公司間複雜的股權結構的寬容。

何謂法人代表？由於公司股東可以是自然人，也可以是另一家公

司（法人），當法人持有一定股數足以當選董事時，當然要由該公司推派代表來擔任董事，這就是所謂的法人董事代表。法人董事和自然人董事不同的是，自然人董事如同區域立委一般，除非犯罪被褫奪公權，否則是有任期保障的，因此執行權力時較有可能表現出獨立的一面。而法人董事就如同不分區立委，只要不迎合上意，隨時可以被換掉 ④。也因此打開台灣上市櫃董監事名單，大多數董監事都是法人代表自然就不讓人意外了。原本股東選任董事是希望透過董事們的專業幫忙監督及管理公司運作，但到頭來，藉由法人董事代表，董事會裡的董事在實質上全成為真正老大的分身。法人董事代表制如同日月神教的三尸腦神丸般，讓董事們不敢有異心，也確保了背後影武者「東方不敗」的地位。

糾纏不清的股權結構

　　光有法人董事代表制並不足以讓真正大老闆們完全為所欲為，畢竟很少有一位老闆有足夠的股權可以支持所有自家人馬當選董事。但實際上也沒有必要，因為只要透過「適當」的股權安排，再加上改選董監事前委託書的徵求，根本不用很多的股權就可以讓大老闆掌控大多數的董事席次。常見的模式有以下幾種：

　　金字塔股權結構：這是一種在台灣相當常見的以少數股權，透過層層的間接持股就可以從上而下達到控制大企業的模式。舉例來說，甲君家族實際有二千多萬元資本，分別成立 A、B 兩家資本額二千萬元的公司，由甲分別持股 51%。由於甲持股過半而得以實質控制 A、B 兩家公司。之後，A 可能再成立兩家同樣為二千萬公司 A1、A2，A 公司因為持有 51% 股權，同樣控制 A1、A2 公司。而 B 公司則可能透過借款融資取得一千萬元資金後，成立 B1、B2、B3 三家公司，一樣各占 51% 控制三家公司（詳圖一）。依此類推，甲君實質僅出資二千萬，透過層層轉投資和融資卻因而控制資本額數億元的公司，

形成了控制權和持有股數不相當的局面，而累積的層次愈多，也就愈
難追查到最上層的實質控制者。

〈圖一〉金字塔股權結構

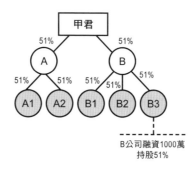

B公司融資1000萬
持股51%

交叉持股：指同一個集團各企業之間相互持有彼此公司股權。以
上例來說，可能由 A2 和 B1 相互投資，亦可能 B1 與 B2、B3 相互投
資（詳圖二），如此一來，上層公司甚至連 51% 的持股都不用就可
以控制下游公司了。

〈圖二〉交叉持股

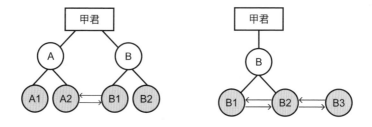

　　交叉表決權：指兩個沒有從屬關係的公司（集團），透過現金增資模式相互持有對方股權，雙方並達成默契在相關議題投票時彼此相互支持對方。在商業上一般稱為「策略聯盟」。只是從圖三中大家可以清楚發現，在此聯盟架構下，所謂的現金增資，往往並未為公司帶來真正的現金流。特別是近年來不少公司喜歡以私募方式達成此目的，最終的結果反而是原本股東的權益遭到稀釋。

〈圖三〉交叉表決權

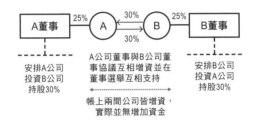

　　財團法人與公益團體：打開台灣集團公司的股權結構，除了上述的投資公司多，法人董事多外，另一個特色就是往往有財團法人和公益團體持有主體公司股權，甚至是占有相當大比例股權。這些財團法人和公益團體多半不是基金會，就是學校和醫院。特別是愈大的集團愈可能出現這些財團法人董事。尤有甚者，以台塑集團為例，旗下長庚醫院還是集團內幾家主體公司前三大股東。

　　為什麼這些大財團偏好由這些財團法人回過頭來擔任自家董事呢？首先，不管是公益基金會、醫院或大學都有回饋鄉里、幫企業形象加分的效果，甚至還可以透過學校幫企業建立產學協同或是訓練企業人才的功能。不過更重要的因素在於財團法人有受法律約束不得任意解散和處分資產的限制，再加上捐助財團法人依法可以抵稅，而財團法人所孳生的獲利又是免稅，因此不少大老闆喜歡透過捐贈股權給財團法人，除了可以節稅，另一方面可以鞏固所有權避免爾後家族爭

產分家造成集團的分崩離析。再加上企業、公益基金會、醫院、大學在我國現行制度上分屬經濟部、內政部、衛生署和教育部所管，各自規定均不相同，透過將財團法人併入企業的金字塔結構或水平交叉持股的架構之下，一般人更難窺探整個集團的全貌。

規範影子董事

針對這些有實權但無名義的公司實質掌舵者，我國於 2011 年 12 月修訂公司法第 8 條，新增第 3 款正式將影子董事納入公司法規範。除了正式定義影子董事為「公開發行股票之公司之非董事，而實質上執行董事業務或實質控制公司之人事、財務或業務經營而實質指揮董事執行業務者」外 ⑤，同時也明訂影子董事之責任應與「本法董事同負民事、刑事及行政罰之責任」。至於影子董事如何認定？依經濟部解釋，未來若涉及民事責任，由被害人負責舉證，若涉及刑事責任，則由檢察官起訴後，由法院裁決。

此外，立法院亦同時考慮修訂公司法第 154 條，未來如果公司因掏空、舞弊等產生重大債務時，將由實質負責人全額擔負，以規範不少公司負責人刻意成立低資本額（例如新台幣 100 萬）公司，透過對上市櫃公司影響力讓該私人公司以法人代表擔任上市櫃公司董事。一旦企業涉弊遭訴，依公司法規定該私人公司只要宣告破產，賠償僅以資本額（如新台幣 100 萬）為限的問題。

以上的法條看似完整定義和規範了影子董事及其責任，但從實務上來看，對影子董事的認定和後續處罰卻有很大的困難。舉例來說，除非窩裡反，否則有哪一位董事或公司財會人事主管會出來指證某某為公司實質控制之人？事實上，只要透過控制董事會，董事會再控制總經理，要下達人事財務命令也根本不勞總裁親自動手。再者，這些指派上市櫃公司董事法人代表的投資公司，除了有複雜的股權結構外，多半是未公開發行公司，相關規範較為寬鬆，主管機關又要如何去追查源頭具有實質控制權之人？至於經濟部解釋的負責舉證部分更

是荒謬，以過去東帝士和力霸集團案為例，檢調費盡心力投入鉅額人力物力都要花上數年才能釐清集團內複雜關係，一般民眾哪有能力去舉證誰是真正的影武者？最後結果必然是全台灣的人都知道誰才是某集團的真正的老闆，只有法官不知道。最終還是倒楣的法人董事代表被當作人頭頂罪！

結論

公司治理中要求影子董事實質化的目的，在於影子董事「權責不符」和可能造成「獨裁」及謀取私利。一個有權無責的負責人自然很容易有誘因進行舞弊與掏空公司，而傀儡式的董事會則容易變成一言堂，讓公司決策偏向一個人獨裁。追本溯源造就這一切的，正是我國公司法中獨有的法人代表制和複雜股權結構的不透明化。政府在大談公司治理時，明明知道根本問題所在，卻受因於財團威脅遲遲不敢碰這一部分，實在讓人搖頭嘆息！

★公司治理意涵★

⊙廢除法人代表制

世界各主要先進國家均已要求不得以法人代表擔任公開發行公司董監事，主要理由就如同前面所述，容易形成一人式的董事會，增加公司舞弊或趨於獨裁的風險，唯獨台灣還堅守這個漏洞百出制度，任由上市公司董事如木偶般任由背後真正大老闆操弄。透過這樣的制度，讓真正的控制股東壟斷了權力卻不用負任何責任，不論從現代民主精神或是公司治理來看都是一大隱憂。台灣想要增進公司治理，毫無疑問的首要工作就是廢除這個世界獨一無二的法人董事代表制。

⊙嚴格限制交叉持股和母子公司投票權

　　為了避免部分人士透過上述金字塔結構或交叉持股模式形成少數股權卻掌控整個企業，致使權力與責任偏離而造成舞弊和掏空的可能，許多國家對於母子公司相互持股都有嚴格的規範，例如美國、日本與韓國均嚴禁母子公司相互持股，或是如法國，要求母公司持有子公司達一定比例股權以上，子公司即不得再持有母公司股票。在我國要求則相對較為寬鬆，依現行公司法第 167 條規定，禁止母公司透過其持股達50% 以上之子公司買回母公司股票 ⑥。另外，第 179 條規定，母公司持有子公司股權達 50% 以上，或是母子公司共同投資他方公司合計占有股權達 50% 以上，則其所持有的母公司股票不具有投票權 ⑦。以 50% 股權做為分界或許簡單易於釐清，但實質上從上述的例子就可以清楚了解，透過多家公司複雜的層層持股，其實母公司很容易就可以把股權分散到多家公司去，一樣可以達到控制目的。因此建議主管單位針對母子公司或交叉持股公司，應採取更嚴格標準認定其投票權。

⊙從嚴認定影子董事

　　由於股權結構的複雜，如何認定影子董事，不僅在台灣，在世界各國都是件困難的事，也同樣都會面臨舉證上的困難。對此，我們建議主管單位強制要求公開發行公司在年報上揭露影子董事，若主管單位認定公司有不實揭露或未完全揭露，則有權要求該公司提出說明。如此一來，公司相關監管機制，如簽證會計師、內部稽核及獨立董事自然就負有確認與遵循的壓力，外部監督力量也可以依此進行追蹤。

注釋

① 依公司法第 8 條說明公司負責人為董事、監察人，以及符合公司法第 31 條有為公司管理事務及簽名之權的經理人。至於總裁一詞則在我國公司法並無此職稱的規定，且與外國企業常用之總裁在職務上亦不相同。

② 公司法第 208 條規定，董事長對外則代表公司，對內為股東會、董事會及常務董事會之主席。

③ 依照我國現行法規，法人代表可隨時改派，且不必揭露訊息。

④ 公司法第 27 條允許法人為股東時，亦得由法人代表人當選為董事或監察人。

⑤ 政府為發展經濟、促進社會安定或其他增進公共利益等情形，對政府指派之董事所為之指揮，則不適用。

⑥ 公司法第 167 條限制轉投資之從屬公司（持股超過五成）買回控制公司股票。

⑦ 公司法第 179 條限制下列表決權：（1）公司持有自己之股份；（2）被從屬公司（持股超過五成）持有之股份；（3）控制公司及其從屬公司直接或間接持有他公司股份已超過五成。

一場荒謬的股東會
—— 中石化經營權之爭

　　2012 年 6 月 27 日股票上市公司中國石油化學工業開發股份有限公司（以下簡稱「中石化」）依慣例在苗栗頭份廠召開年度股東大會。由於這場股東會恰逢三年一度的董監事改選，再加上早在股東會前公司派與市場派兩派人馬紛紛以公司治理不佳相互叫囂，甚至登報指責對方，因而被視為中石化近年來最受矚目的一場股東會。

民營化釋股

　　中石化成立於 1969 年，原本是台灣中油公司所屬子公司，並在 1991 年掛牌上市。在 1990 年代，由於台灣政府為了追求經營效益而大力推動國營企業民營化，因而中油在 1994 年釋出持有之中石化股份，由京華證券以包銷模式負責向公開市場銷售 ①，但是銷售結果卻出人意料之外，中石化和另一家國營企業中華工程公司在同為京華證券包銷下，公親變事主，最後雙雙成為京華證券所屬威京集團旗下公司。

　　中石化主要從事中油公司在煉製石油後，相關石化產品中後段的再提煉。其主要產品包括樹酯、工程塑膠、人造纖維、己內醯胺、硫酸、醋酸等石化製品。其中己內醯胺（CPL）為石化下游產品尼龍重要的原料，由於取得生產技術不易及投入成本高，中石化為台灣唯一一家的製造商。也因此，台灣最大尼龍產品製造商，亦為中石化下游重要客戶——力鵬企業（力麗集團旗下子公司），為了能夠鞏固貨源，年年都和中石化簽定採購合約並以公司閒置資金持續購入中石化股權。

爭奪經營權之導火線

2011 年 7 月 20 日中石化董事長馮亨無預警地以健康因素請辭，改由威京集團主席沈慶京出任董事長。由於馮亨自 2000 年以來一直以專業經理人自居，帶領中石化從一家股價不到 5 元且負債累累的公司，到了 2011 年成為負債比率低於 30%，營收不斷創新高，股價超過 40 元的績優生（如表一所示）。

〈表一〉中石化營收與財務表現

單位：新台幣百萬元

	2007	2008	2009	2010	2011
營業收入	36,049	30,535	25,702	39,149	42,597
本期損益	2,868	（3,201）	2,065	6,323	10,926
每股盈餘	1.45	（1.62）	1.05	3.20	5.53
負債比率	48.26%	52.49%	47.42%	35.52%	28.99%

注：每股盈餘以元為單位。

在此營運績效與獲利都蒸蒸日上之際，原董事長突如其來的請辭，再加上新任董事長過往一向以作風大膽激進、以小搏大著稱，著實引發了市場不少的議論。

同年 11 月 28 日，中石化公司經營階層在董事會中以大陸發展太快，如不西進可能影響公司競爭力為由，提議要以總金額約 340 億元前往江蘇投資成立石化專區，並預計以海外籌資方式，於第一階段投入約 115 億。這樣的金額，以中石化接近 200 億的資本額，以及加計過去五年盈餘約 172 億來看，實屬相當大膽且具有風險性的投資，再加上海外籌資也會造成原有股東股權的稀釋，因此提案一出，當下就有二席董事表明反對立場，但由於 9 席董事中威京集團占了三分之二

的 6 席，因此本案仍在董事會中通過。也因而埋下了後續公司派與市場派爭奪公司經營權的導火線。

市場派垂涎

　　除了大陸投資案，另一端的爭議即發生在中石化和力鵬之間。在 2011 年 11 月，力鵬以景氣不佳為由與中石化協商，願以增加訂貨量來獲得額外 3% 的折扣，然而到該月底力鵬實際提貨量只有合約的 20%，因而造成中石化庫存大增，最後只能以折價方式將庫存轉給其他客戶，進而讓中石化當月營收較上月下滑 25%，股價也從 11 月初的每股 35.65 元，一路下滑到 12 月中的每股 24.6 元，跌幅近三成。

　　2012 年 2 月，中石化決定停止對力鵬供貨合約，並針對力鵬未依合約取貨對中石化造成的損失提出 2.4 億元損害求償。針對中石化的指控，力鵬除一方面解釋係因十月份歐債問題造成訂單急凍及自身庫存過高外，同時控訴中石化如此對待力鵬，完全是因為力鵬對中石化大型石化投資案有疑慮，拒絕將持有中石化股權委託書交付公司派，才會引發中石化公司報復。就這樣，力鵬結合了原中石化董事中同樣反對大陸投資案的盧燕賢和劉俊杰，企圖以聯合持有近三成股權向中石化經營階層挑戰。

兩派大打公司治理牌

　　就中石化的股權結構而言，代表公司派的威京集團以董監持股而言不到公司總股數的 3%，如果彙總檯面下可能持股也約計占 8% 左右股權 ② 。因此，無論是公司派或市場派都沒有絕對力量可以扳倒另一方。其他股東特別是外資法人的支持就成為雙方的必爭之地，而爭取股東們支持的主要議題就在於，「誰的公司治理比較好？」或者以後續雙方的手法來看，更精確地說，應該是「誰的公司治理比較爛？」

　　市場派提出的論點包括：

　　・威京集團檯面上對中石化持股比例不到 3%，卻占有 9 席董事

中的 6 席，完全掌控董事會，董事席次和持股比例偏離。

・自沈慶京就任董事長以來，董事會成員異動頻繁。

・大型投資案可能會造成公司營運風險增加，且在公司董事改選前提出，時機並不適當。

・向海外募資對象不明，對原有股東可能造成傷害。

而公司派也不甘示弱，對於市場派提出的反擊包括：

・力鵬企業本身為中石化客戶，若力鵬取得經營權，可能不利於其他尼龍業者。

・力鵬企業與力麗企業曾在 2010 年因短期進出自家公司股票違反證券交易法，被主管機關裁定行使歸入權的不良紀錄。而且為求入主中石化，力麗集團董事長郭紹儀無視自家公司現金需求，不惜動用公司資金購入中石化股票，公司治理紀錄不佳。

・郭紹儀於 4 月前往新加坡針對中石化進行常規路演（NDR）③ 對海外法人宣稱「每年 6.5% 現金殖利率是很容易達成」，此舉違反我國證交法中「對於上市櫃公司重大訊息之查證及公開處理程序」。

簡言之，市場派認為公司派以少數股權控制整個公司，違反了股權比例原則，而公司派則反諷以上市公司力麗和力鵬為首的市場派本身公司治理也好不到哪裡去，而且如果力鵬入主中石化，可能引發不公平競爭等。

兩派互嗆不正當

2012 年 5 月，隨著股東會的逼近，兩造人馬也開始從登報相互叫囂和法律上互告轉化成實際行動。5 月 7 日，中石化宣布由於力麗及力鵬企業多次向中石化股務代理公司統一證券質疑其公正性及干擾其正常運作，自即日起將股務代理工作收回由中石化公司自辦。這個理由聽起來是為了平息市場派的抗議，但很明顯地，透過股務回收自辦，公司派等同取得了停止過戶後最後底定的股東名單，一方面有助

於公司派掌握敵我股權的虛實，另一方面也取得了向特定人士徵求委託書的連絡方式，甚至也包括取得對於有爭議委託書的解釋權。

接下來，在 5 月 14 日中石化公司受理獨立董事推薦截止前一天晚上 9 點，中石化以部分股東要求加強公司治理為由，要求被推薦獨立董事人選除原本要求的學經歷證明外，還需提供良民證、個人信用報告等額外文件，由於是截止日前一天才公告，而部分文件如良民證，都無法當天馬上取得，最終中石化公告經審議後，市場派所推薦包括前金管會副主委呂東英、學者馬嘉應以及法人董事蓁輝股份有限公司所提名的學者沈中華三人都以「應備文件不齊全而未通過形式審查」，以及呂東英身為大同獨立董事以及馬嘉應身為宇環科技監察人而該公司都曾有過違反公司治理爭議為由，將三名提名人都以資格不符刷下來，所有獨立董事提名人中，僅有中石化公司派提名的前經濟部長陳瑞隆和前政務委員朱雲鵬符合資格。

這樣的手法和理由，自然無法讓市場派人士信服，於是由力麗代表向台北地方法院提出告訴。最終在股東會召開前 4 天，台北地院裁定中石化公司不得以文件未齊備為由，剔除力麗集團提名獨立董事人選。

荒謬的股東會

2012 年 6 月 27 日終於到了股東會召開的日子，過去幾個月來雙方不停透過登報相互叫罵或是法律途徑控訴對方等種種手段試圖干擾對方，眼見都要隨著股東會的表決畫下句點。然而事實卻非如此。

在股東會召開前 35 分鐘，中石化公告前一天董事會決議，董事長沈慶京因身體不適無法出席股東會。當日股東會主席則由公司董事沈春池文教基金會新推任董事「掌握公關顧問總經理」白旭屏來擔任。同時，為使股東會議順利進行，決議將原本排於第八案的董監事改選案，提前為第一案。正當市場派還來不及反應時，到了股東會現場正準備進場時，才赫然發現中石化頭份廠大門緊閉只留下約僅容一

個人通過的入口，而現場還有多名保全負責維持秩序，中石化公司的說法是，由於接獲檢舉有黑道人士企圖干擾會議，因此要嚴格盤查股東身分。結果是所有股東都必須在豔陽下排隊陸續進股東會場，而且效率極慢，平均 20 ～ 30 分鐘才放行一位股東進場。

　　就這樣，公司派人士均已安坐於會場，而市場派和一般小股東卻遲遲無法進場下，在 9 點 35 分會議主席發現報到人數已達總流通股數 50% 以上時，即以會議拖延過久，宣布開會並進行第一案董監事選舉。最後結果自然不讓人意外，待市場派人士陸續進場後，中石化已完成了重頭戲的董監事選舉，公司派大獲全勝，囊括六席董事，二席獨立董事及三席監察人，市場派則僅獲一席董事。而這場股東會也創下我國史上首次有公司技術干擾股東進場以及首次有就任不到 24 小時的董事主持股東會而股東會後就離職的紀錄。

結論

　　民主的機制即在於透過公平、公開和人人平等的原則推選出最多人心中合適的方案。而對公司而言，這樣的精神就反映在董事席次的分配上。任何透過不公平手段取得的勝利，往往也讓人不甘心。

　　中石化股東會的景像，除了凸顯出公司派可利用其「主場優勢」任意修改遊戲規則之外，另一個值得省思的是，我們現行法規的未盡完備以及司法判決的曠日費時，恐怕才是助長這樣風氣的主要原因。

★公司治理意涵★

⊙少數股權控制整個公司

　　回顧中石化的爭議事件起源於威京集團以不到 10% 持股卻控制

了公司三分之二以上的董事席次。當公司提出重大投資計畫可能危及公司營運及牽涉原有股東股權稀釋時,自然引發相對持股較高股東的不滿,甚至想取而代之。從公司治理的角度來看,公司經營階層僅持有公司少數股權的確容易誘發中飽私囊或是傾向進行高風險性決策的可能,甚至是為了鞏固經營權,不惜做出圖利特定大股東或是「吞食毒藥丸」④ 等不利於公司的舉動。根本解決之道除了要落實獨立董事和監察人功能外,還是應該回歸到與股權比例相當之董事席次。

⊙股東平等原則

公司股東會即為現代民主機制的縮影,其精神在於「每一股均應被平等看待」以及「少數服從多數」。在本案例中,中石化公司派由於自身持股比例不高,面對號稱持有三成股權市場派的逼宮,因而利用現有法令未對開會流程、進場方式等進行規範的漏洞,刻意將小股東及反對派排除在外,而達到其鞏固公司經營權目的。此舉不但違背了股東會和民主的精神,也讓敗者不服氣,訴諸法律,等同把雙方的競爭再次拉進延長賽。力鵬一直是中石化最大的客戶,卻也是這次逼宮的主力。如果這場爭奪戰再持續下去,公司經營者勢必要分心處理此事,哪裡還有心思去規畫決策公司經營?到頭來,受害的還是中石化和力麗與力鵬企業的小股東。

⊙現行法規制度的漏洞

在本案例中,中石化巧妙運用我國現行法規中,規範公司更換股務代理僅需提前一個月申請,並經集保公司審查人員、設備及內控符合規定即可轉換自辦,以及董事會可以隨時決議變更議程,在股東會召開前公告即可,和上述所言公司法未對股東會開會方式和進場流程進行規範三項漏洞對市場派形成了不公平競爭⑤。再加上法院審理和事實認定往往曠日費時,等到判決確立,往往也是董監任期快屆滿,已於事無補。這也等同變相鼓勵公司派以鑽漏洞方式排除反對者,再

用訴訟工具來拖延。如何修補現有制度的破洞，以杜絕這樣的歪風，實有待行政立法部門的努力。

⊙獨立董事成為控制公司工具

公司獨立董事的目的，原本在希望透過其「獨立性」，提升董事會運作效能，在公司董事會進行決策時，能扮演好專業不受大股東利益影響的角色。但在本案中，由於二派人馬的競爭激烈，二席的獨立董事卻被視為九席董事中影響公司經營權的二票。以致公司派費盡心思要將對方提名人馬排除在外。中石化新任獨立董事的當選，也是建構在公司派的大力護航下，自然讓人質疑未來在董事會上是否能真的扮演好其「獨立」角色。

⊙應推動電子投票機制

中石化總公司設於台北市，但年年股東會卻刻意選在位處苗栗頭份的廠區，故意造成股東參加的不便。這樣的情事在台灣並非少數案例，本次中石化股東會進場爭議，如果能引入股東會電子投票機制就可以適度解決相關問題。我國目前已修訂公司法第 177 條之 1 增訂，「授權證券主管機關應視公司規模、股東人數與結構及其他必要情況，命其將電子方式列為表決權行使管道之一」。而金管會也規範了資本額 100 億以上上市櫃公司及所有金融機構須率先強制推動電子投票機制，以落實股東行動主義。然而，由於僅限資本額 100 億以上公司，占我國現有上市櫃公司比例不到 10%，另一方面公司法又未明定罰則，形成了制度上的盲點。未來期許金管會應加強力道，將股東會電子投票落實於所有上市櫃公司之中，真正落實保障小股東權益以及公司經營權和所有權相關連，避免年年股東會前委託書滿天飛的情況。

一旦實施電子投票之後，因為股東已經事先上網投票，因此增加臨時動議和修正案的通過難度。對台灣資本市場的公司治理將產生一

定程度的提升。

注釋

① 包銷（firm commitment）指證券承銷商承銷有價證券，在承銷期間結束後，對於銷售剩餘的部分，由承銷商認購，因此發行公司可確定獲得所需資金，而承銷商則需承擔發行風險。

② 依據中石化 2011 年年報，主要股東如下：

股東	持股比率
盧燕賢（包括萬發、商棋、大棋）	15.67%
劉俊杰	3.22%
郭紹儀（包括力麗、力鵬）	5.02%
匯豐銀託管京華山（同中華工程董事長）	2.29%
威京開發投資	1.69%
中華工程	1.67%

③ 常規路演（Non deal roadshow, NDR）或稱為非籌資活動巡迴說明會，為公司定期赴國外與機構投資人舉行之財務或業務說明會。

④ 吞食毒藥丸（Take poison pills）係指公司為避免成為被併購目標，所採取損及公司價值的活動，例如舉借負債、投資其他公司或出售獲利部門。

⑤ 2012 年 11 月金管會為終止公司利用股務收回自辦而進行經營權爭奪的亂象，核定集保結算所修正「股務單位內部控制制度標準規範」，提高公司委辦變更為自辦資格條件之門檻，要求上市櫃及興櫃公司需有合格股務人員及設備外，且需先經股東會通過，再向集保結算所提出申報，自集保結算所審查資格條件合格屆滿 6 個月後，才可自辦股務。

鄉民提問
遊牧救援董事

　　在中國的北方有一群民族，他們居無定所，哪裡水草肥美就往哪裡去。這些人被通稱為遊牧民族，因為沒有人知道下一次再到同一個地方會是什麼時候，或者可能終其一生都不會再來，因此遊牧民族的策略就是在最短時間內擷取最多資源，然後一走了之。另外，在棒球場上有一種投手，他們專門在所屬球隊領先時的最後幾局上場，目的只在為球隊守住勝利果實。因為只被設定投 1～2 局，因此他們投球時不必刻意保留力氣，只求能在最短時間內賺得出局數取得勝利，這樣的投手被稱為救援投手。

　　遊牧民族和救援投手，這二個原本不相干的名詞，在台灣卻有了巧妙的結合。在台灣的上市櫃的公司中同樣有一批人遊走其中，哪裡有需要，他們就往哪裡去。這群人有的是專業律師，有的是前國會議員，還有前主管機關的官員。他們往往在公司經營層有需求時（多半是經營權之爭）出任法律顧問，甚至跳下來擔任公司的董事。除了運用專業知識為大老闆們運籌帷幄外，他們也如同救援投手般，但求在最短時間內解決對方（多半是股東會）。一旦任務結束，不管結局是勝是敗，他們就像美國西部牛仔電影般，任憑美女如何呼喚，頭也不回的帥氣離去，因為他們深知真正的大餅是在下一個戰場。由於學術上並沒有類似的專有名詞，於是結合了這二個名詞，就姑且稱他們為「遊牧救援董事」。

　　就如同不少理財顧問和會計師運用專業知識為有錢人「避稅」般，遊牧救援董事的特色多半在於熟知公司法等相關法令，透過高度的專業知識，知道如何從現有法令的漏洞中，為他們的「臨時雇主」們找出解套或是克敵致勝的要方。有的則是媒體寵兒，知道如何透過

驚悚的言論博取媒體版面，也等同為己方奪得發言的機會。抑或是具有豐沛的人脈，能夠直達主管機關高層，為所代表公司爭取權益。由於戰功彪炳，在過去幾年幾乎大大小小涉及經營權之爭的股東會都可以看到同一批人，有時候這場戰役中甲君代表公司派，乙君代表市場派，幾個月過後的下一役中，你可能又看到原班人馬的甲君代表市場派而乙君代表公司派。只要有需要而且能出得起好價錢，他們樂於為各家公司效命。

　　平心而論，遊牧救援董事們的存在，從市場經濟來看，除非有涉及不當關說或施壓，其實是無可厚非的，但是從公司治理的角度來看，卻是顯得相當突兀。首先，公司董事存在的意義在於對公司重大決策進行決議，等同就是公司負責人。但很明顯地，對這些遊牧救援董事而言，他們的工作就在「驅逐外敵」，這家公司的經營決策乃至於長遠發展，都不會是這些人關心的重點。另一個主因則歸因於台灣獨特的「法人董事代表制」，讓老闆可以像職棒總教練一樣，隨時依需求調度投手上場，但對全體股東來說，卻等同是全部人共同出錢雇用了一個可能連公司在做什麼都不見得清楚的人來擔任董事，十分詭異。

　　相對於這些遊牧救援董事們所扮演的角色與影響力，其實還有另一個議題是更讓人好奇，那就是這些人的酬勞到底是怎麼算的？眾所皆知，公開發行公司的董監事酬勞，除非公司章程另有規定，否則主要都是在年度財報提出時，合併董監酬勞一併由股東會議定①。但是僅擔任數天至數個月的這些「臨時」董事們當然不可能只領這些酬勞，特別是不少都是以整個團隊，十幾位或更多律師進駐協助，如果僅僅只是數十萬或是上百萬的酬勞，恐怕很難餵飽這些大魚。更何況是牽涉到經營權之爭，動輒數億到數百億的利益，相信必然是相當高額的報酬。果真如此，那可能就再牽涉到更進一步的疑問：這筆錢由誰支付？這筆錢是怎麼付的？

　　照道理說，這些「傭兵」是被老闆請來幫自己鞏固經營權的，

所以所有相關費用自當是老闆自掏腰包。但現實狀況是這些錢多半都是由公司買單。所以當股民以看熱鬧心態看著公司派與市場派二方廝殺，或是很得意手中委託書多換了一瓶醬油時，其實真的出糧草打仗的都是公司所有股東。

再者，如前所述，這些人名義上是董事，但實質上可能是十人以上團隊進駐公司，所以費用依常理推測不可能僅是一般董事任職數個月的薪水。那麼公司要怎麼去支付這筆名義外的費用呢？是以超乎市場行情的顧問費，還是旗下其他關係企業或子公司帳戶來支付呢？從另一個角度想，如果老闆可以任意以其他名義挪用公司資金，不代表他也可以用同樣手法挪用款項圖利自己？或許也是另一個值得注意的焦點。

事實上，遊走於我國上市櫃公司之間靠「短期需求」賺錢的還有另一種人，我姑且稱他們為「遊牧救援財務顧問」，他們和上述遊牧救援董事提供公司法律上協助不太一樣的是，他們提供的是財務上的協助。在市場上，他們有一個更通俗的名稱叫「金主」。

一般來說，這些「金主」們主要提供公司短期的資金調度。收取的費用是借款金額 3% ～ 5% 的手續費外加依民間借貸利率（約年息 18% ～ 35%）依天數計算的利息。你或許想，上市櫃公司為什麼不向銀行借款，而要向這些金主借錢？借這麼短的天數又可以幹嘛？答案是「應付查核需要」。這種情況多半發生在公司申請上市櫃時，為了美化財報，或是應付會計師的查核簽證財務報表 ②。這是因為不少上市櫃公司帳上的現金，或因為被挪用或因為掏空，常常造成與帳面數字是不符，也因此大老闆要特別倚重這些金主的短期調度來維持帳面上的一致。

那麼金主難道不怕大老闆們借了錢一走了之嗎？金主們當然不是傻瓜，雙方往往約定將錢存放在彼此都熟識的銀行，在金主借款的同時也會要求公司預先把取款條及取款金額填好並蓋好印章（這筆錢多半講好是不可動用的）。同時，這家分行高層也多半和金主有著特殊

「關係」，一旦借款公司發生問題或是意欲領走這筆資金，分行高層會優先通知金主先行領走，確保債權安全。

靠著遊牧於上市櫃公司賺大錢，這應該算是台灣 360 行外最賺錢的一行。

注釋

① 公司法 196 條規定董事之報酬，未經章程訂明者，應由股東會議定，不得事後追認。

② 依公司法第 20 條及經濟部函釋，資本額達 3000 萬以上的公司，其財務報表應經會計師查核簽證。公開發行公司依證券交易法第 36、37 條及會計師辦理公開發行公司財務報告查核簽證核准準則等有關法令規定，其財務報表簽證須由二位會計師查核簽證。

另類台灣奇蹟
── 台灣股東會亂象

　　每年四月底或五月底，台灣各縣市部分的街頭常會出現一年一度特殊的人潮。以台北市的重慶南路為例，每逢上下班和中午休息時段，就可以看見一大群人手握著上市櫃公司寄發的股東會開會通知書，在擁擠的人群中忙著探尋此處是否有代發自己手中持有股票公司的紀念品，或是想從雜亂無序的人潮中，早一點交出手上的委託書換取紀念品，擁擠的人潮常讓人誤以為置身百貨公司週年慶。台灣史上最著名的例子是 2002 年當時股東人數超過 90 萬人的聯華電子，由於股東人數過於龐大，為了避免混亂，聯電當時還專門租下了台北中山足球場來發放紀念品，龐大的人潮和車潮癱瘓了足球場周邊交通，不但引發媒體關注，還要動員大批警力來疏散人群。台灣是世界上少數上市櫃公司熱衷於發放股東紀念品的地方，股東會前夕股東們為了領取紀念品而萬頭鑽動的場面，可謂台灣奇蹟。

小股東為紀念品因小失大

　　不難理解，股東會最初發放紀念品的意義在於提高小股東參與股東會的誘因，避免股東會因為出席股數不足而流會的尷尬場面。爾後，由於許多小股東或因時間及地點等因素實在無法參加，又不甘心損失領取紀念品的機會，於是開始有公司提供不必到場，只要交付股東會通知書中附加的委託書亦可領取紀念品的貼心服務。一般而言，委託書中均載有本次股東會所有表決事項，小股東即使不出席股東會，仍然可以透過委託書中勾選預定表決議題來表達意見。但或許是台灣多數小股東並不十分在意所投資公司的經營情況，或是認為反正

自己的意見也無關緊要，形成絕大多數回收的委託書都只是蓋了章的空白委託書。演變到最後，由於小股東的怠惰，空白委託書居然成為了「有價證券」，讓不少人發現有機可乘，也因此委託書的爭奪戰成為了每年台灣股東會必定上演的戲碼。

委託書爭奪戰

戲碼一：公司派持股不足、徵求委託書以鞏固經營權

由於台灣上市櫃公司，除公國營企業外，多數都由家族企業起家，因此理論上，公司經營階層應當持有相當大比例的公司股權。然而在實務上卻並非全然如此，不少上市櫃公司平常董監事持股比例就不高，只是透過一些交叉持股方式取得公司經營權，等到要召開股東會甚至是要改選董監事前夕，再以發放紀念品或支付委託書通路商費用模式來取得空白委託書，來避免股東會出席股數不足流會或是取得董監席次。也因為如此，近年來出現了不少上市櫃公司，一般年度股東會不發放紀念品，而每逢三年的董監改選股東會才發紀念品的詭異現象。

戲碼二：透過徵求委託書取得公司經營權

這樣的情況多半發生在公司經營權有所變動（如公營企業民營化），或兩派以上人馬相爭公司經營權時。因為委託書投票時的代表權等同於正式持有的股份，但是取得成本卻遠低於從公開市場購入股份，因此當有股權之爭時，委託書自然就成為當事人又快又便宜取得投票權的捷徑。

依現行規定，委託書徵求不得以金錢或其他利益為條件來取得①。因此，在現實運作中就出現了有趣的變形手法。首先，因為法令規定不得用金錢換取委託書，於是不少公司就用約當是現金的禮券替代，特別是超商或超市禮券，由於採購方便、受者實惠，成為近年來

股東會最熱門的紀念品。再者，因為不能用錢或東西「換」委託書，因此公司派就變相以服務股東為名，「提前」把紀念品發給未能出席的股東，但實際上股東就是必須交付委託書才能拿到紀念品，更有趣的是，因為只有公司派才能發紀念品，因此一旦有經營權之爭，紀念品和股東名單就成為公司派擊退市場派的二大利器。公司派最常見的手法就是透過徵求委託書通路業者的協助，到處擺攤來吸引一般小散戶交出手中委託書，並同時透過手中握有股東名冊的優勢，針對一定數目以上股東再以登門造訪方式另行「加碼」。例如 2009 年開發金控企圖強勢購併金鼎證券時，當年度金鼎證券的股東會紀念品為市價高達數千元的電子血壓計，甚至提供專人到府換取委託書即為一例。也因為如此，在公司經營權之爭時，很多人會莫名其妙地接到陌生人電話，告知要專程拜訪拿紀念品換委託書，讓人不禁懷疑個人資料如何外洩到這些不相干人的身上？

相對而言，企圖爭奪經營權的市場派由於無法取得股東名冊，依法又不得自行提供紀念品來徵求委託書。因此往往採取的策略有二種：一是向法人投資者另行開價或予以承諾來取得委託書（例如取得公司經營權後，未來承銷或特定業務交付該公司承接）；二則是向委託書徵求業者私底下開出更好的條件，換取委託徵求業者或相關通路業者的倒戈相助。

也因為兩派人馬的爭相拉攏，這些委託書徵求業者慢慢地也從單純的通路服務業，搖身一變成為大老闆們的座上賓，尤有甚者，一些「委託書大王」憑藉著手上的委託書，哪怕自身持股不多甚至和公司沒有什麼淵源，靠著和公司派結盟，一樣能進軍公司的董事會，成為公司的經營階層。

股東會黃道吉日

另一個和委託書相近的問題，還有台灣上市櫃公司召開股東會的日期都喜歡挑相同的「黃道吉日」，最著名的例子是 2008 年 6 月 13

日，這一天台灣同時有 637 家上市櫃公司同時召開股東會，再次創下台灣奇蹟。

推論這些公司之所以喜歡選擇同一天開股東會，除了規避一些職業股東的鬧場外，其實也是基於管理層的私心，認為反正所得委託書已達法定出席股數，反倒希望小股東出席人數愈少愈好，好讓議程可以早點結束。可是從另一方面想，股東會是一年僅有一次小股東可以直接面對公司經營層的機會，如果經營層為求自己方便而剝削小股東權益，豈不是公司治理最壞的示範？

針對台灣股東會的「黃道吉日」，金管會已於 2011 年規範採取登記制，限制同一天召開股東會上市櫃公司不得超過 200 家，並在 2012 年再限制為 120 家。不過上有政策下有對策，不少公司高層深知職業股東習性多鎖住特定產業或一定資本額以上公司，經常透過私下串連，把同類型公司股東會開在同一天，讓相關股東無法兼顧或疲於奔命。

除了委託書滿天飛和股東會黃道吉日，台灣上市櫃公司還有另一個喜歡動手腳的地方就是股東會的開立地點。很多公司明明總公司就在市區，但偏偏以場地租借不易或是不想浪費場地租借費用為由，把股東會移到工廠舉辦，而且通常把開會時間都訂在一大早。這些工廠多位於工業區內交通不便，就算少數股東有心提早起床再舟車勞頓地趕到股東會地點，常常也發現股東會因為很少股東出席，在主持人飛快唸完議程也沒有人表示異議下，股東會以超高效率早就結束了。

針對以上亂象，主管機關並非視而不見，開出的解決藥方就是──推廣電子投票。經修正公司法 177 條之 1 增列股東會可以採用電子投票方式後，在 2012 年 2 月金管會作出更進一步規範，要求上市櫃公司資本額在 100 億元以上，前次股東會登記股東在一萬人以上公司強迫要建立電子投票機制。把電子投票和過去的親自出席及委託出席三者同時列為股東針對公司議題進行表決的有效方式，這項規定並於 2014 年起下降為資本額 50 億元以上。同時為了因應電子投票

所需的系統平台，由集保公司和各券商共同成立台灣總合股務資料公司，以「委託書平台」和「電子投票通訊平台」二項機制來提供各上市櫃及有意競逐公司經營權人士一個更為公平公開的平台，也希望透過電子投票機制能化解現行股東因為股東會時間地點因素無法出席，造成股東意志無法表達的情況，讓小股東們能更積極地表達自己意見而落實公司治理。之後，因立委質疑台灣總合有獨家壟斷之嫌，又再由集保公司建立「股票e票通」股東會電子投票平台。

　　不管是台灣總合公司平台或是股票e票通看來都是很好的機制，只可惜在現實中，一方面由於小股東仍偏好領取紀念品，再加上即便有法令要求，加入電子投票的公司家數仍然太少，要能達成透過電子化完成公司治理中的股東民主，看來在台灣還有一段遠路要走。

結論

　　就如同國家由人民組成，股東是一家公司最基本也是最重要的因素。這也是為什麼不管中外，所有公司章程中一定都是把股東大會列為公司最高決議機構的原因。相對的，董事會只是受所有股東委託處理公司日常營運事項的單位，因此一年一度的股東會等同就是董事會及公司經營階層向所有股東們報告經營成果和未來展望的時候。當然，這也是多數小股東們向大老闆表達意見和提出疑問的唯一機會。透過這樣的交流，其實也是讓公司經營層和小股東間有彼此交換意見的機會，避免經營層一意孤行決策偏執的可能，這也是為什麼股東會常被稱為股東民主的原因。

　　可是在台灣，現實的股東會經常卻是反其道而行，公司老闆往往認為自己才是主角，股東們只是缺乏產業知識卻只會吵著要糖的小孩罷了。在這樣的心態下，股東會變成只是應付法令不得不召開的會議。公司經營者也期待股東參與股東會只要乖乖聽話就好，甚至是只

要達到法定出席股數後，最好股東能不出席就不用出席，相對的，只要是質疑公司營運的股東往往被視為和諧的破壞者。可是仔細想想，不正是因為公司決策有誤或是老闆行為有問題，這些職業股東才有機可乘？如果決策錯誤，未來股東會上勢必要面對難堪的質詢和責難，這不正是迫使公司董事會必須更認真更正確地為股東和公司謀取福利的壓力？從這方面思考，職業股東或是長期追蹤公司的研究員在股東會上的質疑反而是推動公司進步的力量。再說，在股東會上面臨股東的質詢和責難，這些事在公司申請公開發行時，其實董監事早就知道了。當董監事享受股票上市帶動的財富時，又怎麼能以此來逃避自己的責任？更何況，台灣上市櫃股東會除了流會，從來沒有要開會超過一天的，如果一家公司老闆連一天股東會的壓力都承擔不起，那股東又要怎麼期望這位老闆在公司面臨壓力時能從容以對？

其次談到委託書，原本委託書的存在是為了方便不克出席的股東可以委任他人代表出席的委任狀。而公司為了方便統計，於是在寄給股東的開會通知中附上了標準化的委託書，結果在制式委託書和紀念品巧妙結合下，二個原本不相干的東西在台灣卻成卻成為公司派綁標的工具，也幫一些董監事持股不高的公司藉此大開方便後門。

「控制股東現金流量權與控制權偏離」在公司治理議題中一直是個熱門的話題。意思是說如果一家公司老闆可以操控這家公司的能力遠大於他實質擁有的股權，不管是從實證研究或是從人性思考角度來看，都證明這樣的架構很容易引發老闆的自肥或是掏空。而台灣現行委託書制度偏偏就是助長這種大老闆低持股卻可以掌控整個公司的最大利器之一。要增進台灣企業公司治理，勢必要想辦法讓這扇後門回歸正軌，讓公司經營層權力和責任相符，才是讓企業主重新回到專注於自己事業的根本之道。

★公司治理意涵★

⊙董監事最低持股比率要求

現行法規中,針對上市櫃公司不同資本額區間,分別有不同董監事持股最低比率要求 ②。理由不外是身為公司最高決策單位,董監事持股比例愈高,董監事個人財富與公司營運及小股東間愈能形成「命運共同體」。在面對重大決策時,高持股董監事也較不易作出高風險的決定。同樣地,在考量股東利益時,也較可能將股東權益納入考量。反之,如果公司董監事持股比例不高,或是董監事將大量持股設定質押,則公司營運與個人財富較無較大關係,容易引導決策者作出高風險決定。

原本針對經營階段營運不佳而持股又不高的公司,市場的機制即是透過定期改選來更換管理階層。然而,委託書的出現卻打破了這樣的遊戲規則。透過紀念品的換取和委託書徵求,大股東可以以低持股掌控一家數十億元以上的公司,實在不合理。

因此建議應該拉高現行法令中最低董監持股比例的要求。並針對設有獨立董事者依比例提出豁免條款 ③,鼓勵公司朝向高獨立董事比例董事會前進。另一方面,可以考量訂定公司經營層僅能依現有董監事持股比率限定徵求委託書股權上限,而且應以全年度董監事平均持股比率作計算基礎,來改善公司董監事平時低持股,要改選前只用委託書徵求的浮濫現象。

⊙委託書之徵求與蒐購

在我國「證券交易法」「公司法」和「公開發行公司出席股東會使用委託書規則」中對於委託書的徵求和使用辦法其實有不少相關規定 ④。如「不得以給付金錢或其他利益來換取委託書」「公司董監事選舉所徵求之委託書不得為空白委託」及「除主管機關核准之股務代理機構外,一人受二人以上股東委託時,其代理之表決權不得超過發

行公司發行股數的百分之三,否則不予以計算」等。目的即將希望扼止每逢股東會前夕,委託書滿天飛的亂象。然而在實務上,大股東在「徵求」與「蒐購」之間的界限實在很難認定。再加上小股東利字當頭,亦不可能舉發,造成雖有法規限制,但實質查證上有所困難。未來主管機關除考慮加強查核,提高小股民對公司治理理念的認知外,應推動上市櫃公司仿效國外進行線上股東會機制,讓小股東能更積極參與公司股東會。

⊙紀念品發放的合理性

公司股東會發放紀念品原始意義,在於因應公司法 174 條規定「股東會之決議,除本法另有規定外,應有代表已發行股份總數過半數股東之出席,以出席股東表決權過半數之同意行之」。不少公司由於股本龐大,小股東人數眾多。為避免因出席股數不足而造成流會,因而只好以紀念品吸引小股東交出委託書。以致後來徵求委託書成為少數公司經營層以少數股權把持公司的終南捷徑。事實上,不管是紀念品的採購與發放,或是通過徵求業者所支出的花費,最終仍是回到公司由所有股東共同分擔。而公司因經營權相爭所發放的高價紀念品,更是勞民傷財。更何況多數的股東會紀念品由於價值不高,小股東收到後往往置之一隅,反而造成資源浪費。

基於公司自治原則,政府單位不宜用規定來限制公司股東會是否發放紀念品。但政府旗下各式基金其實也持有台灣不少上市櫃公司股票,政府如果有心改革這樣的風氣,應該要善用政府持股並聯合外資股東,以推動公司治理為名逐步扼止上市櫃公司經營層類似的作為才是。

⊙從電子投票平台看主管官員心態

金管會規定自 2014 年起台灣上市櫃公司資本額在 50 億以上,前一次股東會股東數超過 1 萬人公司強制必須提供電子投票機制。根據

估算即便在最大化預估下,在 2014 年新制初期適用的公司不過也只占台灣所有上市櫃公司的 15%⑤。

回顧台灣政府推動的公司治理相關制度,例如推動電子投票,政府的態度永遠都是以「循序漸進」「逐步推動」作為主要方針。理由永遠都是怕企業界準備不及。試想看看,台灣號稱科技王國,怎麼可能連一個電子投票平台都做不好?在政府部門一堆的說法中,實質上都是從企業大老闆的角度去思維。

台灣在亞洲公司治理的排名一直處於中段班。其中,電子投票機制即是被亞洲公司治理協會一再點名為急需改善的議題。政府官員明知問題所在,但仍堅持事緩則圓式的牛步化改革,造成台灣股票市場無法受到重視公司治理議題的國際投資機構所青睞。如果主管機關仍維持一貫的心態,那麼台灣市場競爭力持續落後也自然不讓人意外了!

注釋

① 依據公開發行公司出席股東會使用委託書規則 §11 規定取得委託書不得以給付金錢或其他利益為條件。但代為發放股東會紀念品或徵求人支付予代為處理徵求事務者之合理費用,不在此限。

② 上市公司董監事最低持股比例限制(證券交易法 §26、公司法 §216、公開發行公司董事監察人股權成數及查核實施規則 §2):

ⓐ實收資本額小於 3 億元,全體董事持股 15%,全體監察人持股 1.5%。
ⓑ實收資本額大於 1,000 億元,全體董事持股 1%,全體監察人持股 0.1%。

③ 為鼓勵公司設置獨立董事,依規定公開發行公司選任之獨立董事,其持股不計入全體董監事持股成數之最低要求總額;選任獨立董事二人以上者,獨立董事外之全體董監事持股成數要求降為百分之八十。

④「公開發行公司出席股東會使用委託書規則」於 1982 年公布,於 2009 年最新修正,主要係提升股東會委託書之管理效能,並促使委託書徵求制度更臻公平。

⑤ 依 2012 年底統計，台灣上市公司共有 809 家公司，上櫃 638 家，興櫃 285 家。即便用 2014 年適用的 50 億元以上資本額推算的最高 217 家公司計算，適用電子投票的公司也不過占所有上市櫃不到 15%。

什麼是合理的董監酬勞？
——以力晶科技為例

　　2007 年的 6 月底，台灣證券交易所公告力晶半導體（現已改名為力晶科技）的 16 位董監事所支領 2006 年度的董監酬勞合計約為 7.48 億元，每一位董監事平均領到 4,675 萬元，這約當是一個月薪 4 萬元上班族 97 年不吃不喝的薪水總和，新聞一出引發輿論譁然。大家之所以對這則新聞有意見，不僅因為這是當年台灣所有上市櫃公司中平均董監事薪資最高的一家公司，更重要的是，力晶過去幾年的業績像坐雲宵飛車一樣忽上忽下，連帶股價也暴起暴落。投資人或許可以理解 2007 年發放的董監酬勞是針對 2006 年的業績表現，只是在董監酬勞消息揭露當時，力晶前二季累計銷貨收入相較於去年同期下降四成，盈餘更是大幅衰退 191%，看著董監事大把鈔票入袋，小股東卻只能無奈地看著股價慘跌。

二兆雙星「慘業」

　　力晶半導體於 1994 年 12 月成立於新竹科學園區，初期主要是從事動態隨機存取記憶體（DRAM）的製造和代工，而後產品線逐步拓展到晶圓代工和快閃記憶體（Flash）製造銷售，其中主要銷售產品為標準型 DRAM，力晶也是台灣前三大 DRAM 生產廠。1998 年力晶經工業局同意以第三類高科技類股上櫃掛牌交易，並在 2010 年 9 月更名為「力晶科技」。上櫃以來，力晶一直是賺少賠多，以至於在 2012 年 12 月由於每股淨值轉為負值，被櫃買中心終止買賣，勒令下櫃。

　　DRAM 和 LCD（液晶面板）曾被台灣政府列為具有高度發展潛力並可以帶動鉅額產值的「二兆雙星」，因而投入了大量資源加以扶

植,只是這二項產業的後來發展都事與願違,反而更像是「慘業」!
其中 DRAM 雖然是所有電腦中不可或缺的關鍵元件,但由於有層層
的專利保護,整個研發製程的主要核心技術掌控於國外大廠手中,國
內廠商都只能以支付高額權利金方式從國外大廠取得技術授權,再加
上國內業者生產的主要是標準型產品,因此不管是力晶或是其他同業
公司的營收和獲利往往會隨著市場現貨價格起伏而有很大波動。表一
為力晶科技自 2001 年至 2009 年獲利情況,從這個表就不難看出這樣
的產業特性。如果把這近十年來的盈虧表現視為力晶科技董事們經營
的成績單,加總起來累計虧損達 432 億元,然而董監酬勞累計卻超過
10 億元,令人不禁質疑這樣的董監酬勞架構是否合理?

〈表一〉力晶科技2001-2009年獲利及董監酬勞情況

單位: 新台幣千元

年份	稅前盈餘	每股盈餘	董監酬勞合計	平均每位酬勞	董監人數
2001	(6,426,357)	(2.82)	-	-	13
2002	(1,498,327)	(0.60)	1,944	162	12
2003	168,980	0.06	1,908	159	12
2004	21,335,355	5.62	1,654	118	14
2005	6,431,998	1.20	222,286	13,893	16
2006	27,327,582	4.48	748,105	46,757	16
2007	(12,325,522)	(1.60)	15,425	964	16
2008	(20,712,755)	(2.52)	13,230	882	15
2009	(57,531,725)	(7.42)	9,430	589	16

注:每股盈餘以元為單位。

肥貓董事坐領高薪

對於 2006 年的超高董監酬勞，力晶科技表示，這是由於公司章程中將董監酬勞訂為當年度盈餘 3% 的關係（實際發放為 2.7%）。而力晶科技在 2006 年也的確交出一張漂亮的成績單，因此董監事酬勞雖高，係因公司盈餘同步增高所致，並無逾越公司治理規範。

公司的說法並不是沒有道理，只是對一般股東來說，公司大賺時從公司盈餘中提撥一部分酬勞及獎勵董監事絕對合理，但問題是當公司賠錢時，董監事並不會受到任何經濟上的懲罰啊？不免令人質疑，是否在公司計算董監事酬勞時，應該先要求彌補前期虧損後，再依公司章程規定的董監酬勞比例來發放比較合理？

除了公司業績容易受市場行情大幅波動外，力晶所屬產業還有另外一個特色：由於 DRAM 市場近似經濟學中的「完全競爭市場」①，公司獲利的關鍵就在於誰的成本最低，因此公司不管賺不賺錢都必須持續不停地把錢投入到新的製程之中，最終的結果就是在公司賺錢時，力晶股東多是拿到股票股利，而董監事則多是拿到現金；如果力晶業績好股價上漲，那麼股東們會因為股票增加而得到財富乘數效果，只可惜以結果論來看，拿到股票的股東後來更像是雙重內傷。表二為力晶科技自 2001 年至 2009 年股利發放情況。

〈表二〉力晶科技歷年股利發放情況

單位: 新台幣元

年份	2001	2002	2003	2004	2005	2006	2007	2008	2009
現金股利	0	0	0	0.99	0.52	1.48	0	0	0
股票股利	0	0	0	1.97	0.52	0.99	0	0	0

力晶由於所屬產業特性，很容易發生公司前一年度大賺但發放董監酬勞的當年卻虧損的矛盾案例。平心而論，雖然天價的董監酬勞碰

上下跌的股價讓小股東心感不平，但其實小股東在當年度依然從股票
股利中取得了公司去年營運績效的分紅。真的讓股東更感不平的是台
灣有不少公司前一年度虧損，甚至是長期連續虧損但董監事依舊坐領
高薪的公司（如表三）。

〈表三〉2011年稅後虧損仍分派董監事酬金及薪資的公司

單位: 新台幣千元

公司名稱	稅前盈餘	平均董監酬金	2010年增減金額	公司名稱	稅前盈餘	平均董監酬金	2010年增減金額
萬泰銀	-261,664	4,201	82	譁裕	-67,321	784	190
中環	-1,698,752	2,756	1,798	捷泰	-150,035	764	-163
南科技	-39,885,693	1,802	62	和鑫	-1,752,874	670	110
華寶	-166,206	1,673	-552	誠創	-255,879	664	559
智寶	-381,099	1,617	-1,119	華孚	-20,003	655	-5
東森	-1,968,177	1,575	83	巨庭	-31,167	605	20
幸福	-140,497	1,409	20	上曜	-64,196	586	110
懷特	-170,071	1,382	193	雷虎	-85,858	572	114
台苯	-807,604	1,240	-2,525	金尚昌	-15,220	546	37
億泰	-193,554	1,130	-51	華豐	-666,703	520	-47
亞光	-2,062,541	1,126	-152	樂士	-10,616	518	28
群創	-64,439,778	1,103	-595	佳和	-196,340	478	40
秋雨	-72,357	1,082	131	力特	-1,070,300	456	63
華亞科	-21,003,167	1,059	133	怡華	-227,683	433	33
嘉威	-539,525	1,048	176	正峰新	-176,024	361	-146
皇普	-48,224	1,002	189	凌巨	-621,155	355	50
金橋	-144,452	971	308	本盟	-126,782	306	41
新利虹	-119,562	941	-106	華映	-12,480	288	39
三晃	-35,951	820	-196	卓越	-62,240	267	-10
三洋紡	-156,983	870	234	茂矽	-1,635,328	852	192

　基於對於公司自治的尊重，現行法令對於董監事酬勞的認定和支付方式是交由公司自行決定。公司章程有規範的就依公司章程，沒有規定的就由股東大會決議。這樣的規定相當務實也符合民主程序，畢竟各家公司情況不同，不可能用統一標準來適用所有公司。只是仔細想想，卻又有不少矛盾之處，主要原因在於台灣的公司所有權和經營權多是合而為一，公司董監事往往同時就是公司大股東，在表決公司章程或是董監事酬勞時，這些人當然不可能自打嘴巴，而且就算是大股東真心持公正立場投票，一旦出現過高報酬，也很難脫瓜田李下的批評。

　由於董監事利用對公司控制權自肥的例子履見不鮮，在輿論的批評聲不斷下，立法院在 2010 年 11 月通過了俗稱「反肥貓條款」的證券交易法 14 條之 6 新增條款，強制自 2011 年起上市櫃公司必須設立薪酬委員會，舉凡公司董事、監察人和經理人薪資、股票選擇權和其他實質性獎勵措施都應該由薪酬委員會審議決定。相關細則也同時規範了薪酬委員應由獨立董事擔任，或是至少由獨立董事擔任主席，無獨立董事或是獨立董事人數不足時，應由公司外部專業人士擔任②。

　近年來由於台灣媒體力量的抬頭，每每上市櫃公司年報出爐就是媒體抓肥貓的時候，媒體的介入的確有助於一般股東甚至民眾了解上市櫃公司董監事薪酬諸多不合理之處。但媒體為求聳動，往往喜歡報導公司賠錢但董監事仍坐領百萬高薪來誘發民眾批評，或是列出高薪排行榜，以數千萬到上億元薪酬來讓一般民眾瞠目結舌。但事實上這樣的模式是有很大問題的。首先，在上市櫃公司董監酬勞當中主要包含三大類：第一類為報酬，即董監事為公司服務所得之酬金（類似薪資）；第二類為董監事為執行業務所必須支出之費用，如車馬費、業務交際費等；第三類才是多引發批評的酬勞，因為這項多半為公司盈餘的一定比例，主要是做為獎勵和激勵之用，當公司獲利數字驚人時，自然也會帶動驚人的酬勞數字。相反的，前二項就和公司員工薪資一樣，只要公司營運正常，就是必然產生的費用。以公司虧損來認

定董監事不應該領任何報酬並不合理。

　　其次，如上所述，董監事實領薪酬總額主要來自二項半固定（薪資和業務費）和一項變動所得（分紅）。能夠坐領鉅額酬勞者多半也是營業額龐大，獲利數字驚人的公司。如果僅以絕對數字來認定這些公司董監酬勞偏高不見得合理，反而讓一些中小型公司，由於不受媒體關注而可以為所欲為。真正合理的方法，應該是建立一些合理的指標，如從公司盈餘成長性、董監酬勞占公司盈餘（營收）比例等著手，從績效考核來認定董監酬勞的合理性。

結論

　　最後，不管中外薪酬系統的設計都是一個重要的課題。因為薪酬系統牽涉到的不只是公司主要的營運費用，還包括了能否吸納人才（本薪）、激勵當事人為公司創造更大收益（分紅），甚至是保留人才不被挖角（遞延支付）的功能。過度苛責上市櫃公司董監事酬勞過高，而忽略建立有效的薪酬制度，有時反而斬傷了公司長期競爭力。從公司治理的角度，經營者挾著股權優勢，在薪酬制度上動手腳自肥欺凌小股東固然不好，但如果大家都以防賊的心態，以表面數字就斷言大股東一定自肥，也並不合理。公司治理的目的並不是只在防弊，而是希望能透過合理的制度，讓大小股東都能同等受惠。因此針對董監酬勞合理性評估，台灣真正需要的應該是一套有效而合理的董監事考核制度來確保這樣的薪酬制度是有效率的運作，而能產生適度的激勵和處罰作用。

★公司治理意涵★

⊙個別董監酬勞揭露

依現行規定,除非該上市櫃公司前一年度虧損或是董監事持股成數不足連續三個月以上時,才需要強制揭露個別董監事支領酬勞總額與明細 ③,否則公司通常採用彙總和級距式的揭露。這也是大家常在報章媒體上看到「平均每位董監事領取報酬」數字的原因。事實上,在董事會成員中,由於牽涉到是否同時具有經理人職位參與員工分紅、是不是獨立董監事以及公司內規對盈餘分配比例不同等規定,並不是每一位董監事領的薪酬都是一樣的。以力晶為例,在 2007 年雖然平均董監酬勞是 4,765 萬元,但其實董事長一人就領了超過一億元以上(如表四) ④。

〈表四〉力晶科技2006年董監酬勞級距表

董監酬勞級距	人數
200萬～500萬	2
3,000萬～5,000萬	11
5,000萬～1億	2
1億以上	1

注:董監酬勞包括報酬、盈餘分配及業務執行費用。

試想一下,如果有一家公司告訴大家平均董監酬勞下降,但其實只是因為獨立董事的加入或是內部董監事間酬勞調整,少數人仍坐領高薪,豈不是失去了原本希望降低董事自肥的用意。

為什麼台灣不能揭露個別董監事的酬勞?檯面上最常見的理由是

「人身安全」「怕被綁架」，希望主管機關不要揭露個別的董監酬勞。
仔細玩味這種理由，總讓人覺得提出的人不知道是低估了台灣的治安
還是股東的智商？依這個道理，那不就應該要禁止揭露所有上市櫃公
司董監事和高階經理人名單才對。相反的，當主管機關要求虧損公司
揭露個別董監事酬勞時不就違反了人權？

　　主管機關大力提倡公司治理的同時，常常是以保障大股東權益的
思維著眼。然而，當一家公司公開上市時，其資金取自大眾，本來就
有向大眾揭露資訊的義務。更何況一家公司如果經營良善為股東增進
利益，股東自然樂於董監事坐領高薪。誰曾聽過有股東指責台積電張
忠謀一年領超過一億元新台幣的薪酬過高？

⊙董監紅利合理評估

　　目前主管機關認定董監酬勞合理性主要是從公司盈虧、和同業比
較二方面著手，如果公司前一年度虧損或是董監酬勞占稅後淨利比率
高於同業平均，而且稅後淨利低於同業平均者，金管會會強制揭露並
要求公司提出說明。這樣的論點首先令人質疑就是何謂「同業」？在
今天企業經營日趨多角化之際，其實很少有性質完全相同的企業，而
就算真的是同業，也有規模大小之分，例如台積電和聯電是很明顯的
同業，但如果拿聯電的董監酬勞來認定台積電過高，台積電不見得能
服氣。更何況大型企業董監事拿稅後盈餘的 1% 不見得就比小型企業
董監事拿 3% 要來得合理。

　　台灣現行董監酬勞機制另一個常被人批評的地方是，台灣企業
普遍是以訂定稅後淨利的一定百分比來計算高階經理人或是董監事酬
勞，這樣的模式最大問題就在於沒有考核機制。一家公司即便較去年
稅後盈餘下降 30%，只要仍是獲利公司董監事依然可以分紅。同樣也
容易發生像力晶這樣公司暴起時所有人大分紅，暴落時股東卻要默默
承受的局面。

　　由於每一家公司不同，其實很難用單一標準去要求所有上市櫃公

司全體適用。除了希望更積極推動全面由專業獨立董事組成薪酬委員會，以建立對公司薪酬制度全面性的制度外，另一種折衷的辦法，主管單位不妨以訂定各式不同的標準和問題集，例如請公司說明在計算董監事獎酬時，是否針對公司前期虧損先作彌補後再行計算，或是說明公司計算董監事獎酬時，評定其符合績效的辦法等。透過強制性的資訊揭露和後續輿論的影響力來增進公司高層經理人和董監事獎酬的制度化和透明化。

⊙董監事的評鑑制度

在台灣從老人安養院、公共廁所到各級學校都有一連串的評鑑制度，目的無非是因為這些機構牽涉到公眾利益，希望評鑑制度一方面發現並改善缺失，另一方面也希望能激起主事者競爭，帶動整體進步以及讓消費者作為選擇時的參考。那麼，同樣做為數千至數十萬股東利益代表的上市櫃公司董事是否也應該接受評鑑呢？

事實上台灣法令是有針對上市櫃公司董事的評鑑的要求。目前規定在《上市上櫃公司治理實務守則》第 37 條中鼓勵每年「宜」就董事會、功能性委員會及個別董事依自我評量、同儕評鑑、委任外部專業機構或其他適當方式進行績效評估。

但如同台灣其他相關公司治理法令一樣，由於公司治理實務守則不具強制性，多數公司的回應自然是「不宜」。平心而論，一味仿效國外，要求董事相互評鑑或是要董事自評了不了解公司政策方向這類作法不但不符合台灣國情，也很容易流於只是表面工作。主管機關應該建立或引進獨立的評鑑機制，強制由公正第三方進行評鑑，並予以長期追蹤及揭露才是可行的方法。

⊙薪酬委員會的獨立和強制性

薪酬委員會是從現行美國企業董事會制度而來，是屬於董事會下的獨立委員會，設立的目的是希望透過外部專業人士組成的薪酬委員

會發揮其獨立和專業精神來評估公司高層薪資和獎酬制度，一舉解決目前台灣公司董事會對於董監酬勞球員兼裁判自提自審的矛盾。這個方法聽起來很好，只是在立法委員倉促立法時，卻忽略了台灣企業現實的情況。在美國，薪酬委員會之所以具有公信力，一方面美國上市企業多數經營權和所有權分開，因此持有股權但又無意經營的法人大股東（例如共同基金）當然支持專業人士來幫自己把關董事和高階經理人酬勞。再者，美國企業的薪酬委員會成員大多全數是由獨立董事所組成，因此薪酬委員會作的決議對於董事會有一定約束力。但在台灣，雖然早就引進了獨立董事制，但在主管機關的牛步化推動下，目前上市公司約僅有五成、上櫃公司七成左右設有獨立董事，更遑論要有三席以上獨立董事來組成薪酬委員會更是難上加難。因此，台灣目前上市櫃（含興櫃）公司雖然因為法令規定設有薪酬委員會的公司高達100%，但在實際運作中，許多公司由於沒有獨立董事或是獨立董事人數不足，因此薪酬委員會成員仍主要仍是內部董事或董事會邀請的外部人士擔任。這二者的差別在於，獨立董事是董事會當然成員，薪酬委員會成員中獨立董事人數愈多，作成的決議對公司決策影響力就愈大，而非獨立董事擔任的薪酬委員。雖然法令上有其專業和資格規範，但其實還是受雇於董事會，雖然名為外部人，但基於與董事的良好關係，讓薪酬委員會運作的成效仍一再讓人質疑。

台灣不少企業之所以抗拒獨立董事，基本上還是歸究於害怕公司經營權就此被這些獨立董事勾結外人「整碗捧去」，但如果認真分析，在台灣企業第三代、第四代接班意願愈來愈低的今天，經營權與所有權分開早晚是未來的趨勢，公司的大老闆們其實不妨可以利用專業獨立董事組成的薪酬委員會，幫公司董監事酬勞建立一套完善的機制，這才是公司長久發展的可行之道。

注釋

① 「完全競爭市場」（Perfectly Competitive Market）是經濟學名詞，指市場中不管是供給方或是需求方都沒有一家或是一方有能力決定價格。在完全競爭市場下，市場價格會趨近生產成本，生產如果想獲利只有靠著大量開出產能或是壓縮自己的生產成本。

② 股票上市或於證券商營業處所買賣公司薪資報酬委員會設置及行使職權辦法第 4 條、第 5 條和第 8 條。

③ 金管會於 2011 年修正公開發行公司年報應行記載事項準則，要求上市櫃公司只要前一年度虧損，該公司就得公告個別董監事酬勞（原規定僅要求連續二年虧損者）。

④ 董事長黃崇仁身兼力晶科技大股東，董監酬勞加上 1.6 億元股票分紅，估計總報酬超過 2 億元。

台灣政府四大基金持股這麼多，為什麼不以股東名義要求上市公司推行公司治理？

　　這的確是個好主意，政府四大基金 ① 持有台股超過三千億，用股東名義要求被投資公司推行公司治理，的確要比主管機關道德勸說要有效而且理所當然多了。

　　在美國，大型退休基金以股東名義要求所投資公司推行符合公司治理和企業社會責任的政策是相當常見的事。很簡單的道理，在面對所投資的公司進行一些不利於一般股東的行為時（如董監事或高階經理人高薪自肥、進行風險過大購併案等），股市中另外兩個主角：小股東和股票共同基金（Mutual Fund），小股東因為持股比例不高又不容易集結，除了等大股東提案，看看能不能搭便車外，最常做的方法就是用腳投票——直接賣掉股票一走了之。至於股票共同基金，雖然持有一定比例股權，但在市場激烈競爭下，往往注重的是公司短期股價表現，只要不是立即造成股價下跌，通常不會是共同基金經理人關心的重點。

　　相形之下，退休基金除了部位通常較上述二者來得大之外，另一個特色是有穩定的收入和支付，這讓退休基金在投資時會偏好低週轉率的長期投資及追求穩定收益。在這種情況下，如果碰上相關公司治理問題時，也自然會傾向從制度上去改革，而不是賣股走人。其中最著名的就是以積極推動股東行動主義（Shareholder Activism）著稱的加州公務人員退休基金（California Public Employees Retirement System，簡稱 CalPERS）。

　　CalPERS 和台灣的公務人員退撫基金類似，是提供美國加州超過

160 萬現職和退休公務人員及家屬退休照顧和醫療服務的退休基金，目前管理資產約 2,639 億美元，投資標的除了美國本土持有超過 1,500 家公司外，還包括主要的開發中和已開發國家資本市場（台灣也是其中之一），是全美國最大的公立退休基金。和其他法人投資者甚至是退休基金不同處，CalPERS 在所有公開資訊和投資策略中都一直強調，自己是所投資公司的股份擁有者（Shareowner），而不是一般常用的股份持有者（Shareholder）。換句話說，CalPERS 自詡為投資標的公司的擁有人而不單只是投資者，因此舉凡公司的董事會組織、資訊透明、股東權益和重大決策，CalPERS 都會積極參與並表示意見。

在這個大前提下，CalPERS 制定並公告對於投資標的選擇和管理的主要標準——可信賴公司治理全球準則（Global Principles of Accountable Corporate Governance），內容對於董事會的運作與獨立性、董事及高階經理人薪資及獎酬辦法、股東權益和企業社會責任等議題都訂出了明確的規則，以這個準則再配合上財務報表篩選來做為對於選擇投資標的、現有投資標的公司治理各項議題以及在股東會上投票的依據。

對於已投資的上市公司，CalPERS 會積極參加所投資公司股東會，並將各公司股東會表決議題與 CalPERS 針對該議題的支持與否載明在 CalPERS 網頁（如果反對該議案，CalPERS 會列出反對理由），並鼓吹該公司所有股東和 CalPERS 採取同樣行動。針對公司現有制度或決策違反 CalPERS 公司治理原則時，CalPERS 也會以股東身分提案修改、游說其他董事支持或是聯合其他投資者投票反對。除此之外，針對所投資公司表現不佳或不符合公司治理標準，CalPERS 會要求更正或是輔導該公司導正 ②，甚至以不惜以股東身分對公司經營層提出股東集體訴訟。CalPERS 過去知名的戰績包括：

（1）在 1999 年要求美國公司揭露對於電腦 Y2K 問題準備情況。
（2）2004 年聯合其他董事及股東於股東會上投票反對迪士尼董

事長，迫使該董事長下台，並於隔年辭去執行長。

（3）於 2004 年可口可樂公司股東會提案，董事長和執行長不應
由同一人擔任。並表態將否決公司現任六位董事續任（其中
一位是著名億萬富翁華倫‧巴菲特）。

（4）2004 年以花旗集團因投資銀行、投資顧問部門利益衝突
受主管機關重罰，但當年董事長和執行長卻坐領高薪，
CalPERS 聯合美國第二大退休金——紐約州共同退休基金，
反對董事長、執行長和其他六位董事續任，主張應由真正獨
立的董事出任董事長。

（5）2006 年針對回溯選擇權醜聞（Backdated Options Scandal）③，
以股東名義發動對 UnitedHealth Group 發動股東集體訴訟，
要求公司賠償股東損失。

　　簡單地說，CalPERS 的作法就是挾著自己持有公司一定比例股權
為武器，積極推動所投資公司進行公司治理改革。公司做錯的，不知
道怎麼做的，CalPERS 會來糾正你，或是幫助你；但如果屢勸不聽或
是犯了大錯的，CalPERS 會利用提案權、訴訟權或是聯合其他投資人
利用股東會投票來「整頓」公司董事會。

　　聽起來很不錯，不是嗎？台灣很多上市櫃公司的公司治理問題不
就是因為缺乏適度的監督，或是董事會對於這些可能削弱原有權力的
改革意願不高？相對的，我們政府的四大基金持有股市的比例不低，
是不是政府基金也能仿效 CalPERS 來做為推動台灣公司治理的急先
鋒？

　　答案很遺憾，在目前的架構下不太可能！理由有以下三點：

　　獨立性：CalPERS 雖然理論上是加州州政府下屬單位，董事會
13 位成員中也有 4 位來自政府單位，但實際運作上 CalPERS 是一個
獨立的基金，決策上不需要配合加州政府。反觀台灣四大基金的主委

都是由部會首長或是官員兼任，如果有任何一個基金膽敢對任何一家上市公司「發動攻擊」，不意外，媒體和民代會立即介入讓一切功敗垂成。也因為如此，雖然我國四大基金加上政府其他基金持有本國上市公司不少的股權，甚至可能超過很多上市櫃董監事真正的持股，但在股東會時，不管是議題的投票或是提案上，往往採取「避嫌」的心態，除了依財政部指示支持特定官股取得席次外，這些股權在投票時通常選擇中立或是不投票。這種作法看似都不得罪，但一方面一些公司如果有重大議案需要 2/3 以上出席股權同意時，官股不作為常常造成這些議案很難通過。而且反過來說，當官股對所投資公司投票傾向選擇棄權時，其實同時選擇了放棄善盡股東責任，監督公司進行改革的權力。

投資以穩定為主要導向：四大基金基於保守原則，長期以來投資部位多是固定收益商品遠高於權益商品。近年來，一方面由於利率大幅下降，維持收益不易，再加上政治力介入要求投入股市，四大基金才開始大力加碼台灣股市，在薪酬獎勵和績效脫勾下，政府基金進行投資決策時，通常都是抱持著「但求不犯錯」的心態，因此選股時多偏好和台灣加權指數成分類似的大型權值股，以求績效不偏離指數。相對的，企業在公司治理或企業責任上的績效都不會是這些基金的主要考量。

缺乏核心標準：CalPERS 在進行不管投資決策或是投資公司監理與投票時，主要依據都是自訂的可信賴公司治理全球準則。反觀我國政府基金一直都缺乏一套核心的標準，就算相關人員有意以公司治理作為決策依據，也沒有一套明確的準則可供依循。

目前四大基金之中，只有勞退基金以資金取之於勞工為由，明確將遵守企業社會責任列入其投資決策依據。可是反過來說，難道其他三個基金只要賺錢都不用管所投資企業是怎麼胡搞瞎搞嗎？四大基金

雖然都號稱是政府基金，但實際主要資金都來自人民，除了追求績效之外，當然也要同時考慮增進社會福祉，杜絕投資不良企業。事實上過去以來，四大基金不但投資績效不佳，甚至一直因為配合政策進場而為人詬病。四大基金管理委員會主委也多由相關部會現任部長（主委）兼任，也讓人不得不懷疑長官們到底有沒有足夠的專業或是時間可以投入在基金大方針上？

四大基金持有台股總值超過三千億，又有學有專精的研究人員和教授，再怎樣都比一般投資人更有能力去剖析所投資的上市公司，進而引導投資人，這樣的資源不拿來做為推動台灣企業向上的推力，反而一味貪讒怕讒畏首畏尾。結果不但績效沒有比較好，反而因為缺乏獨立性讓政治人物不斷伸手介入。茲建議四大基金可以朝以下方向改革，一個獨立而有效率的退休基金應該才是民眾所期待的：

（1）將基金獨立化，遴選學有專精的管理者，政府單位負責相關監理即可。

（2）先由台灣現有媒體和社會組織訂定的企業社會責任（CSR）或公司治理標準納入其投資選股依據。再逐步建立統一或個別的投資指南。

（3）積極參與股東會，在不介入經營權之爭前提下，針對公司重大議案經內部研究後，發布投票意向。

（4）以股東身分要求所投資公司符合法令規範公司治理要求。

（5）針對公司治理議題對於所投資公司進行輔導。

注釋

① 政府四大基金一般泛指勞工退休基金（勞退）、勞工保險基金（勞保）、國民年金和公務人員退休撫卹基金（退撫）四大退休基金。事實上，除了這四大之外，政府部門投資股市的還有國家發展基金（國發基金）和郵政儲金與壽險儲匯金（郵匯基金），以及因應特殊情況時成立的國家安定（國安）基金。

② 從 1987 年起原本 CalPERS 每年會從 EVA（Economy Value-Added）、股東報酬率（依 1、3、5 年）和公司治理三項標準檢視旗下投資公司，並將表現不佳的公司公告成為知名的「Focus List」，CalPERS 並會於 Focus List 中同時會公告對該公司制度或財務面疑慮之處，並要求該公司改善。但自 2010 年後，CalPERS 停止該項公告，改以私下要求改善，並提供相關輔導或是於股東會支持相關議題提案來取代。

③ 美國回溯選擇權醜聞，起源於一位愛達荷州立大學教授 Erik Lee 在研究中懷疑美國許多上市公司在發放股票選擇權時，涉嫌以回溯日期（backdating）或操縱選擇權授予時機。由於當時美國公司多以選擇權給予日（Grant Date）的股價設為履約價，因此若給予日的股價愈低，則潛在利益愈大。公司則利用當時法令漏洞，規定當年若公司授予股票選擇權，僅需於年度結束後四十五日內向主管機關申報即可，操縱選擇權的給予日期，刻意回溯到當年股價最低點之日。

績優生也犯錯
——從中華電信避險案看內部控制

2008 年 3 月中華電信在例行公告去年度財報中，意外的給了投資人一個「驚喜」。在 2007 年的全年財報中，帳上出現了一筆高達 40 億元的「未實現匯兌損失」。

台灣是一個出口導向的國家，因此每當新台幣對美元大幅升值時，上市櫃公司會出現匯兌損失並不是新鮮事。但這種事往往大半只會發生在電子業或金融保險業身上，像中華電信這樣絕大多數收入和支出都是以新台幣為主的公司，居然會出現這麼高的匯損數字，自然讓市場議論紛紛。

開源節流財務活化

故事要回溯到 2005 年，在中華電信民營化後的董事會中，董事長賀陳旦向在座董事表示，公司財務操作過於保守，希望董事會能授權公司進行財務活化和衍生性金融工具的操作。但此一提案卻遭在座董事否決，因為董事們認為中華電信是一家財務穩健的公司，沒有必要進行高風險操作，而且如何決定和委託熟悉金融操作的人選也是一大問題。然而，在董事長鍥而不捨的努力下，相關提案在董事會二度退回後，在第三次董事會中由於官股董事的支持，本案順利在董事會表決通過。

提案通過後，董事長從兆豐金控中找來國內知名財金學者謝劍平先生擔任獨立財務長，捨去了傳統由人事副總兼任財務長情況。謝劍平上任後發現中華電信財務操作過度保守，手上握有大筆現金卻大多數只作定存或買公債，連基金也不買，於是一方面他開始著手建立公

司財務評估和風險控管系統，另一方面也鼓勵財務同仁可以從公司現有財務面中找出開源節流的方法。

誘人外匯成本避險合約

此時，財務處的一位交易員看上了中華電信每年約 2 ～ 3 億美元的國際支出，這筆錢主要作為支付國際電話費和設備的採購。最早中華電信是以支付時直接購入美元方式，但後來考量要規避匯率風險，於是改採用外匯換匯（FX Swap 和 Cross currency swap, CCS）方式避險。Swap 雖然可以規避新台幣對美元貶值的風險，但是卻要支付約 3% 的買匯成本，長期下來也算是一筆不小的費用，於是他積極尋找可以節流的方法。

就在此時，一位來自高盛證券（Goldman Sachs）香港分公司的代表找上了這位交易員，雙方經過詳談和確認需求後，高盛為中華電信量身打造了一個為期十年的美元選擇權避險合約，條件如表一。

〈表一〉中華電信美元選擇權合約條件

交易條件	執行匯率	計算本金
FX≧32.7	合約結束	N/A
32.7>FX≧31.5	30	200萬美元
FX<31.5	31.5	400萬美元

雙方議定交易條件如下：

（1）合約為期十年。

（2）閉鎖期為簽約後三個月，如果三個月後或未來十年內任一時間 USD/NTD 高於 32.7，則合約自動失效（當時簽約匯率為

USD/NTD=1:33），高盛支付中華電信 8% 利息。

（3）如果匯率在 31.5~32.7 之間，高盛要支付 200 萬美元為單位
的價差。

（4）如果匯率低於 31.5，中華電信要支付 400 萬美元為單位的價
差。

（5）閉鎖期後每二週以結算日收盤匯率結算一次支付價差，直到
合約結束。

授權權限認知錯誤

雙方協定後，由於董事長和財務長剛好出國，而中華電信業務授
權權限的內部控制規定 200 萬美元合約由財務處長決行即可，於是本
合約就在財務處長魏華美代表下和高盛證券簽署。

合約簽定不久後，由於美國次貸風暴的影響，美國聯邦儲備理
事會（Federal Reserve）開始降息以帶動市場流動性，台灣則是因為
央行調高利率，相對引導新台幣對美元開始升值，最後中華電信在當
年度財報中，為因應我國自 2006 年開始實施的財務會計準則第 34 號
公報，要求投資性衍生性金融商品必須以公允價值評價，公允價值
變動應列為當期損益 ① 。於是這筆合約出現了新台幣 5 億元左右的未
實現匯兌損失，自此董事會才知道公司存在著這麼一筆的合約。而
在隔年三月公告的財報中，由於新台幣對美元的急速升值（約 USD/
NTD=1:30.5），這項未實現匯損提高到新台幣 40 億元，而終至引爆
整起事件。

結論

這次事件後，標準普爾（Standard & Poor's）在 2008 年 3 月將中

華電信的長期外幣企業信用評級列入負面觀察名單，反映對中華電信的風險管理能力存疑，此舉已明顯對中華電信聲譽造成傷害。中華電信亦表示，未來將不再從事相關衍生性金融工具之操作。

　　本案最終因新台幣對美元貶值，中華電信以獲利出場，並對當初承辦交易員涉及收受高盛佣金提出法律告訴。不過如果仔細玩味其中，卻有不少引人疑惑之處。例如，何以捨近求遠不和才剛為中華電信發行美國存託憑證（ADR）的台灣高盛進行交易，而要與海外難以追查暗盤交易的香港高盛？

　　此外，財務長和總經理均以交易金額未達權限，且簽約時間恰好出國表示不知情。但以常理思維，任何公司洽談這類交易都不可能是短時間就可以定案。如果身為財務長所屬的財務部門，僅因金額未達財務長授權限額，就不向財務長報告目前部門進行工作，豈不是更凸顯公司內部制度更有問題？不管如何，對中華電信而言，本案雖已順利落幕，但從公司治理面來看，中華電信該做的或許不是一朝被蛇咬十年怕井繩的心態，認為只要再也不要從事金融衍生商品交易就了事。反而應該是利用這個教訓重新思考公司內部控制和風險控管等機制，訂定更適宜的體制，對中華電信而言才是長久之計。

★公司治理意涵★

　　回顧整個事件，雖說新台幣 40 億的未實現虧損對於年營收超過 2,000 億，每年盈餘超過 400 億的中華電信來說，並不造成營運上的風險，但卻也曝露出中華電信內部控管和專業上的一些缺失。

⊙內部控制

　　本事件中涉及內部控制中最重要的關鍵點在於交易的金額的認定，財務處認定本交易金額為 200 萬美元在授權權限內，因此依規定

不需向上提報。但回顧合約內容，這是一筆 200 萬（或 400 萬美元）連續交易十年 260 次的合約，在最大化認定下，甚至可能是筆 10.4 億美元（400 萬美元 ×260 次）合約，而並非 200 萬美元的合約。會出現這樣的問題，主要還是在衍生性金融商品的複雜性和高槓桿性，其實很難用合約上數字來認定交易金額或推算最大損失，而發生了這樣的事情，董事會卻要到年底討論財報時才知道此事。很明顯地，財務處在進行本項合約時，並未進行風險最大化壓力測試（Stress test）②，而這些資訊自然未能適度向上反映，並進入董事會討論，以至於爆發巨額未實現損失時，董事會才驚然發現有此交易 ③。金融衍生性商品具有高度客制化，也因其低流動性和高複雜度而難以評估其價值及潛在風險。在金融衍生商品愈來愈普及的同時，未來要如何進行風險評估和資訊適度揭露，這勢必是公司管理層面對是否應進行金融衍生性商品投資時應認真考慮的課題。

⊙內部管理統合

在新聞爆出後，中華電信財務處曾提出公開澄清，認定這筆合約迄 2007 年底實際獲利為新台幣 5,000 萬元，只是因為會計準則要求衍生性工具續後應以公允價值衡量以致出現 5 億元的公允價值變動虧損。換言之，本交易案從財務面來看，是「已實現獲利」新台幣 5,000 萬元，只是從會計面來看，才是「未實現損失」新台幣 5 億元。從這段論點，我們卻不難推演出，很有可能在財務處進行這項計畫時，除了未針對曝險相關風險變數變動對損益及權益的影響進行敏感度分析外，亦極有可能未邀請會計部門參與，以致相關人員未能從會計角度適切提供處理建議，才會造成今天的結果。

⊙專業問題

如果詳查中華電信和高盛簽訂合約內容不難發現，這個美元選擇權交易合約，並不符合中華電信原本提出的避險條件 ④。作為美元的

支付者，原本中華電信應該要規避的是新台幣對美元的貶值，升值對中華電信應當是有利的。但是本事件中中華電信卻成了新台幣對美元升值的受害者，中華電信會同意這樣的合約實在令人匪夷所思。

⊙風險控管

本項交易雖然國內財經媒體多數以保守無知公司被邪惡外商誘騙定調，但從風險控管的角度來看，首先，合約本身對高盛證券留有保障，但對中華電信而言，風險卻是完全無上限，很難理解一家公司會簽下一紙損失無上限的合約，而該合約還長達十年，而且簽定前後董事會居然完全不知情。其二，當中華電信帳面上出現新台幣 5 億元未實現匯損時，中華電信並未積極處理，反而讓損失擴大到了 40 億元。雖說最終中華電信撐到最後，終因新台幣對美元貶值得到了勝利果實並終止合約。但如果情況不是這樣又怎麼辦？公司財務處雖然不是交易券商或投資銀行，但未來面對類似這種情況下，是否有必要訂定停損點？

近年來在利潤中心的思維下，不少公司財務部門都開始積極為公司理財，希望成為公司的獲利部門，而不只是支援部門。這樣的想法並沒有錯，只是很多財務主管在積極投資的同時，往往輕忽了投資的潛在風險及本身的專業能力，甚至是對於重大投資應有的各項情境分析（Scenario Analysis）及預設因應之道。不管是本案的中華電信或是之前的研華科技在金融衍生工具交易上跌一跤都是如此。

不少公司財務部門在進行相關交易時，都喜歡以過去表現推衍未來可能結果，殊不知很多重大損失就是發生在那 5% 的不可能之中。建議未來公司財務部門在進行非避險式投資活動時，應多從風險控管的角度，限定不同金額以上，應進行不同程度風險評估。

注釋

① 我國財務會計準則第 34 號公報「金融商品之會計處理準則」及國際會計準則 IFRS 9「金融工具」皆要求非屬營業性質，且未符合避險會計規範之衍生性工具，其原始取得和後續評價均以公允價值為準，其且公允價值變動之評價損益應認列為當期損益。

② 壓力測試係指資產組合若面臨市場變化時，在極端情況下（信度 99% 以外之突發事件）之表現狀況。

③ 證券交易法第 14-3 條要求公司若從事衍生性商品交易，應提董事會決議通過。

④ 中華電信簽訂之結構型衍生性商品（USD/NTD window knock-out）美元選擇權交易，為一對賭合約（Gaming contracts）。該合約條件並不符合我國財務會計準則第 34 號公報「金融商品之會計處理準則」及國際會計準則 IAS 39「金融工具：認列與衡量」之現金流量避險條件，其避險工具和被規避之預期交易現金流量變動之風險並不具有高度抵銷效果。

全額連記制與累積投票制
——從大毅科技事件
談董監事選舉方式

　　2011 年 12 月，立法院三讀通過公司法第 198 條修正案，刪除原條文中「除公司章程另有規定外」字句 ①，為過去常有爭議的公司董監選舉方式作出了定調。爾後公司股東會選任董監事時，選舉投票制票制將固定只有一種，強制採用「累積投票制」（Accumulative voting）。

　　我國選舉董監事方法，是在 1966 年修訂公司法時才特別引入強制性累積投票制，目的在防止控制股東利用選舉制度的漏洞操縱董監事選舉結果，來保障少數股東權益。然而在 2001 年公司法修正時，認為董監事選任乃公司自治事項，政府部門不宜過度介入，於是在 198 條「股東會選任董事時」後增加「除公司章程另有規定外」之文字，允許公司得以章程中另訂累積投票制以外的選任方式，但也自此大開了公司控制股東操弄選舉的大門。

　　相較於累積投票制，另一種較有爭議的董監選舉方式是「全額連記制」（Block voting），這二者的主要差別在於：在全額連記制下，股東在投票選舉董事時，必須將票投給不同的候選人，而累積投票制則是允許股東把手中選票集中投給一個或以上的候選人。

　　舉例來說，如果 A 股東持有一股甲公司股票，當年股東大會預計要選出 5 位董事，共有 8 位候選人角逐，那麼 A 君將有 5 個投票權。不同的是，在全額連記制下，A 必須將這 5 票投給不同候選人。而在累積投票制下，A 則可以把 5 票投給同一位候選人。

全額連記制成為自保利器

簡單地說，在全額連記法下，由於股東投票時被迫要將手中股權分散投票，只要大股東持有股權占有相對多數，就可以透過配票拿下所有董監事席次，形成贏者通吃的局面，而第二大股東那怕擁有股權只輸給最大股東一點點，可能連一席都拿不到。這樣的模式特別是在公司爆發經營權爭權戰時，往往就如同「乾坤大挪移心法」成了控制股東及原有經營階層鞏固權力的護法神功。而也正因為公司法 198 條規定的彈性，從 2007 年起，每年都有上市櫃公司在召開股東會時，公司派在股東大會上突然發難，將董事選舉模式從累積投票制臨時修改為全額連記制。最後的結果是，費心吃下公司股權的入侵者，落得一席董事也沒有撈到。著名的案例就是 2007 年的國巨公司企圖購併大毅科技、2008 年中國航運公司企圖購併台灣航業公司和 2010 年的三晃與三晃生技經營權之爭，公司派全部都以臨時變更公司章程，以修改投票制的方式擊退競爭者。

國巨對大毅科技敵意併購

國巨公司和大毅科技同屬於被動元件上市公司，前者為世界前三大被動元件的大廠，而後者則是專注於被動元件中的電阻，為國內第二大廠。

自 2006 年起，國巨看上了大毅科技董監事持股比例不高，再加上與國巨的產品具有整合及減少競爭的作用下，於是開始透過旗下投資公司以及集團內子公司和往來友好公司，陸續從公開市場買進大毅科技的股票。也由於國巨集團不斷地吃進市場籌碼，造成一向股價在 20 元左右的大毅科技，到了上半年底股價開始上漲至 25 元左右。圖一為大毅科技在國巨敵意併購前後的股價走勢。

　　股價的莫名上漲引起了大毅科技經營團隊的疑心，透過股東名冊的推敲，發現國巨集團在暗中買進公司股票，並推估已經持有公司20% ～ 30% 左右的股權。於是大毅科技董事長江財寶和國巨董事長陳泰銘在 7 月開始了第一次的面談。會談中陳泰銘提出的合併或取得支配董事席次的建議讓江財寶無法接受，於是雙方協議暫時都先不進場加碼買股，由大毅科技方面提出如何買回國巨持股方案。

　　此後，雙方仍有幾次會面，但仍沒有具體結論。此時大毅科技發現，雖然雙方協議暫不買（大毅科技）股票，然而國巨旗下投資公司國新投資和國眾開發仍在不停吃貨，於是加深了江財寶決心要捍衛公司經營權的決心，決定要反守為攻。

〈圖一〉大毅科技股價表現

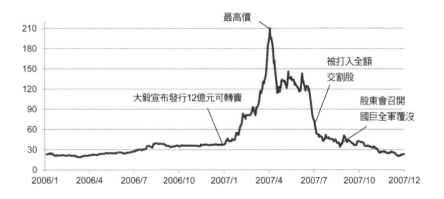

　　2007 年 1 月 2 日，大毅科技突然宣布要發行 12 億元的可轉換公司債（CB），企圖用來稀釋國巨持股比例，但國巨也不是省油的燈，從 1 月 3 日起大毅科技股價開始出現瘋狂的上漲。很明顯地，國巨企圖拉高大毅科技的發債成本好讓可轉債發行破局，而大毅科技公司派也不甘示弱，先是故意公告公司虧損，企圖打壓股價，可惜徒勞無功，

大毅科技的股價從 1 月 2 日收盤的 38.5 元一路飆升到 4 月 3 日的 210 元。國巨旗下國新投資亦正式公告累積取得大毅科技股權，雙方經營權爭奪戰正式浮上檯面。

隨著五月份預定股東會日期的逼近，雙方除了私下爭取法人合作以及公開徵求委託書外，也分別在媒體相互放話及進行法律戰。包括像大毅科技向金管會檢舉國巨旗下公司在購入大毅科技股權 10% 之後，已成為大股東卻未依規定向證期局申報，也向公平會檢舉，國巨在合併前，並未向公平會提出合併申請，並同時放話，二家合併後會因為市占率過大造成壟斷，合併案勢必會被公平會否決等，希望能影響小股東進場跟進的信心。而國巨旗下的國新投資則是以大毅科技預定 6 月 13 日召開改選董監事的股東會，未依規定於 30 日前通知股東（晚了兩天），向經濟部和證期局提出檢舉。

國新投資的檢舉給了大毅科技董事會反將一軍的機會，大毅科技董事會借力使力以大股東國新投資對股東會召集程序有異議為由，向經濟部申請將股東會展延至 8 月 22 日，結果一如預期，本案遭到經濟部駁回，但大毅科技卻刻意置之不理。於是證券交易所就在 7 月 3 日以大毅科技未能依規定於六月底前召開股東會為由，宣布將大毅科技股票打入全額交割股，也讓大毅公司派順利達到打壓股價的目的。

大毅科技最後在 8 月 22 日召開股東會，會中以臨時動議方式變更公司章程，將董監事投票制由累積投票制改為全額連記制。在關鍵的董監事改選中，公司派大獲全勝囊括全數的七名董事和三名監事席次，而國巨集團握有 44% 的股權代表，卻全軍覆沒未能拿下任何一席董監席次，僅就提案中私募部分對於公司提案予以否決。

大毅科技事件案外案

由於國巨與大毅科技間的法律戰，檢察官調查後意外發現，國巨董事長陳泰銘的妻子和三名子女，分別於 2006 年 8 月 1 日前持有 4 百餘萬股大毅科技的股票，當時股價約在 17 ～ 36 元間。爾後，隨著

爭奪戰的白熱化，大毅科技股價狂漲，陳家人分別於 2007 年 4 月 15 日前出脫了 160 餘萬股，並在爾後兩個月內出清其餘持股，估計獲利超過 10 億元。換言之，在國巨公司以爭奪經營權為名大舉投入資金買進大毅科技股票的同時，國巨董事長的家屬卻早先一步買進大毅股票，而且未卜先知地在經營權之爭鬧到高點時出清持股。而後，本案被以內線交易罪起訴，雖經法院審理後判決無罪，但對國巨董事長個人卻造成了不良的形象，也為其之後國巨私募案造成輿論一面倒批評埋下伏筆。

結論

截止 2011 年底統計約有 17 家上市櫃公司是以「公司章程另有規定」為由，採全額連記制等其他方式選舉董監事。雖然「惡法亦法」，公司採用變更章程的方式，將董監事投票制改為全額連記制並未違法，但卻有管理利益侵害（entrenchment）及漠視股東權益的疑慮。在公司法修正後，雖然解決董監事選舉問題，但公司經營階層利用其現有控制優勢，刻意在股東會前夕或股東會當下突然變更章程，把原有規則修改成有利於自己的情況仍履見不鮮。這種事實在違反公平競爭的原則，也形成了不少公司控制股東平時不好好經營公司或亂賣股票，到頭來再玩一些小動作鞏固經營權的法寶。主管機關仍應考量修訂證券交易法等規定，就章程增修及其他攸關股東重大權益事項，規範應先在召集事由或議事手冊中列舉並說明其主要內容，並要求不得以臨時修正案方式更改之。

★公司治理意涵★

⊙小股東權益被視若無物

　　在這場購併大戰中國巨最後鎩羽而歸，國巨集團後來在財報上提列投資損失 8 億元，並遭到金管會和公平會合計高達 2,600 萬元的罰款。而大毅科技管理階層為了保住公司經營權，祭出「七傷拳」，傷敵七分的同時，也傷己三分，不惜釋出利空消息，還刻意違反股東會召開規定讓公司被打入全額交割，造成股價大幅下挫。很明顯地，二家公司的大股東把公司公器當作私物，只求個人最大利益，而將小股東權益視若無物。

　　以結果論，這場經營權大戰大毅公司派靠著選舉制度漏洞大獲全勝，但如果就公司治理來看，這二家公司的領導階層都不合格，不管是國巨還是大毅的小股東，都是這場戰爭中無辜的受害者。

⊙內線交易

　　國巨董事長陳泰銘利用公司購併大毅科技的內線消息，預先安排自己妻兒及私人持有投資公司大量購入標的公司股權，並於高點出脫，最後造成公司損失 8 億元，但自家人卻獲利超過 11 億元 [2]。雖然最終獲得法律上不起訴處分，但就公司治理的精神來說，卻是做了最壞的示範。

　　我國自證券交易法訂有內線交易罪以來，不論在最終定罪率或是犯罪者最終所受懲罰都低到不可思議。很明顯地我國不管是法律相關條文規範或是法官判決結果都過於寬鬆，才會導致內線交易事件層出不窮。法令要規範內線交易，其目的不只是要追求交易市場的公平正義，也在確保大股東不會利用其資訊不對稱的優勢，剝奪了小股東的權益。我國多數的財金犯罪都有定罪率和判罪刑責與犯罪所得不相當

的問題，不但達不到對於金融犯罪懲戒的效果，還等同變相鼓勵人民從事相關犯罪，這對推行台灣公司治理其實才是最大的傷害。

⊙全額連記制的弊病

全額連記制的最大特色在於其「贏者全拿」的特性，雖然可能有達到董事會和諧，較易達成共識的優點，但從另一方面來說，也較易造成一言堂式的董事會，不但完全剝奪了其他股東當選董監事的機會，使得持股比例與董監事結構偏離，導致董監事無法發揮監督與制衡的功能，而提高了舞弊的可能性。台灣股市中，存在著不少董監事持股比例較低的公司，每每在有股權爭議時就用徵求委託書模式，再配合修改投票制來擊退意圖購併者，最後形成以極少股權卻擁有公司控制權的不合理現象。

注釋

① 公司法第 198 條規定「股東會選任董事時，除公司章程另有規定外，每一股份有與應選出董事人數相同之選舉權，得集中選舉一人，或分配選舉數人，由所得選票代表選舉權較多者，當選為董事」。

② 依檢查官調查報告，陳泰銘出脫大毅科技股票，其子女帳戶合計獲利 3 億9939 萬元，私人持有投資公司士亨興業等獲利 7 億 3,907 萬元，而妻子蔡淑綺帳戶則獲利 1,035 萬元，合計金額達 11 億餘元。

為什麼台灣的內線交易
很少被定罪？

　　在回答這個問題前，請你先想想：依你個人的認知，你覺得台灣股市的內線交易情況嚴不嚴重？如果你的答案是肯定的，那麼請你再回答第二個問題：你認為過去 20 年來，台灣因為犯內線交易罪被判刑而入監服刑的有多少人？

　　答案或許會出乎許多人意料之外，台灣從 1988 年實施證券交易法以來，被依內線交易案起訴的案例很多，但是最後被定罪的很少，而被判刑確立定罪後真正抓去關的更少 ①。不僅如此，內線交易案件的審判程序總是曠日費時，以最為台灣人熟知的「台開案」來說，本案從 2006 年 5 月被起訴以來，目前已歷經了 7 年，在二審判決後，經上訴後，由於最高法院後對於犯罪金額認定有疑慮，目前仍在審理中，這 7 年來，被告趙建銘的老丈人都已經從總統淪為階下囚了，但這位前駙馬爺除了一開始被羈押了約一個半月外，除了不能出國，多數時間仍舊過著一般人的生活，上下班看診。

　　趙建銘可以自由自在並不是他享有什麼特權，事實上如果不是本案具有高度媒體關注，依過去經驗，趙先生早就和他的「學長們」一樣，不是無罪定讞，就是表示悔意再罰點錢就順利脫身了。如果你不相信，看一下近年來台灣幾個知名的內線交易案的審判結果，你就不會感到意外了：

　　捷普購併綠點案：2006 年美商捷普欲購併台灣上市公司綠點，當時擔任綠點董事之一的普訊創投法人代表報告此事，普訊董事長柯文昌指示下屬買進約 2,200 萬股綠點股票，再逢高出售獲利達 4 億元。柯文昌因涉及內線交易，被檢查官起訴求處 12 年刑期，一審判決 9

年，二審在 2012 年底改判無罪。同案被告的綠點總經理特助林欽棟，同樣在獲知消息後用人頭戶買進綠點股票獲利 200 多萬。法官念其有悔意，令繳出不法所得後，判緩刑 4 年 ② 。

飛信購併頎邦案：2009 年頎邦副總鄭明山夫婦得知購併消息後，利用人頭帳戶買進公司股票不法獲利 200 多萬元。法官念其有悔意，令繳出不法所得，並向國庫捐款 130 萬元後，判緩刑 2 年。

台泥購併嘉新水泥子公司案：2007 年嘉新水泥董事長張永平得知香港子公司將與台泥香港子公司合併，指示下屬買進自家公司股票獲利 4,202 萬。法官念其有悔意，令繳出不法所得，並向國庫捐款 3,927 萬元後，判緩刑 3 年。

渣打銀行購併新竹商銀：2006 年渣打銀行有意購併新竹商銀，擔任新竹商銀董事的富邦銀行法人代表蔣國樑獲知此消息後，一方面告知周邊親友這個消息，另一方面指使下屬陳明昕用人頭帳戶幫自己買進新竹商銀股票，獲利超過一億元。檢察官調查後要求聲押，經法院裁定交保後，當事人蔣國樑夫婦棄保潛逃。2011 年一審時六人被判刑，包括蔣國樑妹夫關弘均被判刑 5 年 6 個月，其他包括富邦人壽副理陳明昕等人遭判刑 1 年 10 個月到 4 年 6 個月，但皆處以緩刑或罰金。然而，2012 年二審時，原本刑期最重的關弘均被改判無罪，全案仍可上訴。

全坤興業內線案：上市建設公司全坤建設前總經理李勇毅在 2004 年公司內部討論將大幅減資之際，早先於資訊公開前拋售其子公司持股，共賣出金額約 1 億 6 千萬元。經檢察官起訴後，一審判無罪。二審判 1 年 6 個月及罰金 300 萬，經減刑後改為 9 個月及罰金 150 萬。經最高法院在 2010 年駁回上訴後定讞。在收到判決書後，李勇毅逃往澳洲，於 2011 年 8 月返台後被捕入監服刑，2012 年 6 月接任全坤董事長。

從上面的案例，我們似乎看到了一個公式，在台灣內線交易被訴後，只要當事人懂得「心存悔意」，再繳出不法所得，法官自然就會

佛心來著從輕量刑。或許對法官而言，內線交易不像一般的民刑事，有人因而受害或是有了什麼財物或身體上的傷害，但是內線交易不但會破壞金融市場的秩序，更會損及眾多市場參與者的權益，影響不可謂不大。

　　為什麼台灣內線交易罪定罪率這麼低？首先，我國法官很多不具有專業財經知識。基本上，法律人的養成和財經人的訓練是完全不同的模式，近年來我國雖然有不少法學院廣設財經法組，但教學上多仍偏重在基礎經濟學和會計學的教育，對於實務上財經犯罪手法及其背後技巧其實都只能仰賴法官自己從實務上學習。而偏偏在我國法官的選任上，只要能通過國家司法官考試，並經過司法官訓練所一至二年的訓練即可成為法官。因此即使人生歷練還不夠成熟的法官，就很有可能被推上審判的寶座。

　　其次，針對財經犯罪，目前台北地方法院已成立「金融專業法庭」，但僅為一審的地方法院，且只針對一定金額以上案件進行審理。換言之，只要相關犯罪起訴不在台北，或是未達一定金額，甚至是經一審判決不服上訴到高等法院及最高法院（二審及三審），全部比照一般案件由電腦分案。因此審理本案法官是否具有相關知識，完全只能碰運氣。這或許也解釋了為什麼很多內線交易案一審處以重罰，到了二審無罪的部分原因。

　　再者，現行的內線交易相關法律條文明顯偏向保護被告。目前台灣有關內線交易罪的定義和刑責主要規範在證券交易法第 157 條之 1，其中明定內線交易關係人在實際知悉發行股票公司有重大影響其股票價格之消息時，在該消息明確後，未公開前或公開後十八小時內，不得對該公司之上市或在證券商營業處所買賣之股票或其他具有股權性質之有價證券，自行或以他人名義買入或賣出。

　　以上法條咬文嚼字，看似重點都規範到了，但就如同俗諺說的「魔鬼就藏在細節裡！」事實上卻存在很大的解釋空間。第一，何謂

「實際知悉」？立法院在 2010 年修法將原有「獲悉」改為「實際知悉」，自此檢察官必須能明確地證明犯罪當事人是「實際知悉」而非僅「獲悉」，這大幅增加了起訴的難度。舉例來說，如果董事長夫人剛好在公司合併案宣布前買進公司股票而大撈一筆。起訴檢察官必須要有明確事證能證明當事人是實際知悉，像是查扣到公司關係人有寫一張紙條寫明內線資訊，或是能錄音到對話內容，否則在法官在判決時，可能會以無法證明當事人「實際知悉」宣判無罪。

第二，如何界定「消息明確」？在 2006 年力晶的黃崇仁內線交易案，一審判決無罪，關鍵就在法官認為黃崇仁利用人頭買入旺宏股票，是在力晶董事會通過與旺宏策略聯盟前，早在法令規範的十二小時有效期外（修法前之規範），也就是說法院認定的「消息明確」是指力晶董事會通過起算，在此之前十二小時所做動作都不算，所以獲判無罪。若依這個判例，關係人只要在董事會決議前十八小時買賣公司股票都可以被視為無犯意 ③。

我國司法界有句名言：「舉證之所在，即敗訴之所在」。看起來是個很重視人權的作法，畢竟檢察官要起訴犯罪不能空口說白話就指摘人家犯罪。但在實務上卻造成檢察官必須一肩扛起所有的舉證責任，被控方只要負責反駁就好。試想台灣哪一樁金融犯罪不是經過長期而精密的規畫，而檢察官頂多只能在案件發生後（例如在宣布合併日爆巨量交易）介入調查，又怎麼可能蒐集到完整證據？

法律的意義除了懲罰的作用另一方面更有威嚇犯罪的意義，內線交易或許沒有明顯的受害人，卻是阻礙證券市場公平交易的害蟲，更進一步妨礙了我國資本市場的發展。以現在法院對於相關案件總是輕輕放下的判決結果，等同變相鼓勵犯罪，這或許是司法從業人員應好好思考的。

注釋

① 莊嘉蕙（2009）整理台灣自 1988 年至 2009 年初，在這 20 年間因內線交易被起訴案件共有 77 件，其中一、二審定罪率分別為 31% 和 32%。而 54% 被判刑之刑期在一年以下，刑期在三年以上的僅有 14%，以上部分並未將緩刑納入討論。

② 判刑 2 年緩刑 4 年的意義並非 4 年再進行 2 年刑期，而是 4 年內如果不再有犯罪行為則撤除 2 年刑期，等同是「留校查看」但不處以刑責。

③ 2010 年 5 月 4 日立法院三讀通過證券交易法第 157 之 1 條修正案，將重大訊息沉澱期由原本 12 小時延長至 18 小時。

個案 10

犧牲「小我」完成「大我」？
——談大股東背信

　　自 2008 年 5 月起，檢調單位陸續以違反「證券交易法」第 171 條之背信罪起訴了包括寶來證券集團總裁白文正、其子白介宇，和集團幹部（2008 年 5 月）、元大證券集團總裁馬志玲、元大京華證券董事長杜麗莊（馬杜二人為夫妻）、元大京華證券總經理張立秋等人（2009 年 4 月），以及金鼎證券集團總裁張平沼、金鼎證券董事長陳淑珠（張陳二人為夫妻）和金鼎證債券部副總房冠寶（2009 年 10 月）。被起訴者也多在不久後被主管機關金管會依「證券投信及投顧法」第 68 條規定宣告強制解除現有職務 ①。此可謂台灣金融業的大地震。尤有甚者，寶來集團總裁白文正因心有不甘，於 2008 年 7 月選擇在澎湖跳海自盡以死明志，更是引發輿論的一陣譁然。

　　三個證券集團的高層被起訴的理由都是透過自己對於旗下上市證券公司的影響力，要求董事會通過以不合理的價格向私人公司從事關係人交易，透過短時間內的一買一賣，大股東從中把價差套進自己口袋，卻也等同犧牲了小股東的權益，這樣的行為很明顯地違背了公司負責人在執行公司業務對於所有股東應有的忠實義務，因此被以背信罪判刑自然也不意外。要追溯整個件事的經過，要從發生於 2005 年的連動債事件講起。

市場瘋狂追捧連動債

在 2000 年後，由於美國科技泡沫破裂，美國聯邦儲備理事局（FED）採取大幅降息方式挽救經濟，連帶帶動台灣存款利率降至 1%以下。而此時台灣股票市場由於受到國際市場連動正處於修正期，也一蹶不振，由於利率走勢和債券價格成反向關連，利率下跌帶動債券價格上揚，於是大量市場資金紛紛湧入債券市場，也帶動了投信公司債券型基金的狂賣。

由於市場需求太大，造成傳統債券到期殖利率（yield rate）急速下滑，債券型基金報酬很快即無法達到市場投資人的預期。在市場需求孔急而商品有限下，因應市場需求的金融創新產品 —— 連動型債券（Structured notes）就此因應而生。

〈圖一〉連動型債券型態

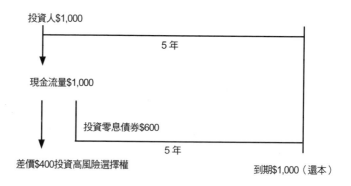

如圖一，連動債是由傳統債券和衍生性金融工具結合而產生，並隨著時代變化而有不同的結構。早期的連動債是由零息債券（Zero Coupon Bond）和買入選擇權（Buy Call/Put Option）組合而成，發行連動債的公司在收到投資金額後即先購入零息債券，再利用到期日和

購入日的價差（Discount）發給利息、支付佣金以及買入高風險選擇權。在最壞情況下，如果操作選擇權部分資金全數賠光，則只要持有債券到期，自然可以拿回本金。因此早期的連動債的特性為：期間長（多為 5～10 年）、高保本率（90～100%）和前半年高配息率。

連動債的出現適時填補了傳統債券低殖利率的缺憾，也因其高保本率和當時低利環境，很快引起了市場的瘋狂搶購。這其中自然也包括手中資金源源不絕湧入而苦無良好投資標的的債券型基金。就這樣，台灣債券型基金的市場規模在 2005 年初突破了新台幣 2.3 兆元 ②。

然而好景不長，由於經濟的復甦，自 2004 年起利率開始反轉向上，債券型基金報酬自然下降，再加上投資市場好轉，投資人不再甘心只賺取 1～2% 的年收益率，開始大量贖回手上持有的債券型基金，甚至出現一個月贖回新台幣 3,700 億元的驚人數字，到 2005 年底，債券型基金市場規模大幅縮水到新台幣 1.3 兆元左右。為了因應投資人贖回債券基金，投信公司自然要減持部位以對，問題是不少投信公司為求績效，把部位壓在連動債上，而連動債又屬於非標準型產品，市場流動性不足，於是整個債券型基金市場甚至整個台灣金融市場都出現了流動性的風險。

主管機關道德勸說

主管機關金管會眼見事態嚴重，於是提出了幾項「道德勸說」：

（1）限期分流：要求債券型基金切割為類貨幣型基金和固定收益型基金。
（2）連動債部分由大股東吸納，解決流動性問題。
（3）重新建立基金評鑑模式。
（4）限制單一基金過大的規模。

這當中最具有爭議的是金管會要求所有投信公司：「限期出清手

上所有連動債」和「虧損部分要求投信大股東自行吸收」。這二項要求引發了本案例中提的後續效應。再者，在這場被稱為道德勸說中，金管會的要求其實沒有任何法律依據，亦未有任何公文或會議紀錄。但由於金管會是主管單位，投信業者也只能乖乖配合，卻也因此埋下了整起事件的前因。

金管會會這樣要求，原因不外是因為一般投信公司的資本額不過新台幣數億元，卻掌管數百億至數千億的部位，一旦出事，投信公司資本根本無力因應，如不妥善處理，可能引發台灣再一次的金融風暴 ③。其次，連動債問題主要出在流動性，在到期前，變現性和評價都有問題，唯有勸說大股東出手買下，才能確保這些產品得以順利出清。

大股東藉機圖利

在主管機關強烈「暗示」各家投信大股東要以個人身分吞下這批數億元的虧損下，各大老闆當然不甘心作傻瓜，於是就開始了台灣各家金融機構的「八仙過海、各顯神通」，集團內有保險公司撐腰的金控集團就將這些連動債重新包裝，再以固定收益產品模式賣給保險公司。而本案中的元大、金鼎和寶來，由於集團主體是證券公司旗下並無壽險公司，則是由大股東主導自家的證券公司負責買回。唯一特別的是，這些連動債並非由旗下投信直接賣給旗下證券，而是由投信先賣給老闆私人持有的投資公司，甚至因為金額過於龐大，這些投資公司還向證券公司先行融資，然後證券公司再以高價向老闆持有的投資公司再買下這批連動債。以元大為例，一來一往之間等於造成股票上市公司元大京華證券新台幣 6.7 億元的損失，其中有 4 億元進了老闆私人控制的投資公司。金鼎集團的手法和元大如出一轍，造成旗下上市公司金鼎證券約 1 億 2 千萬元的損失，這些金額都由元大和金鼎證券所有大小股東共同負擔（詳圖二）。

〈圖二〉元大及金鼎投信交易連動債圖利模式

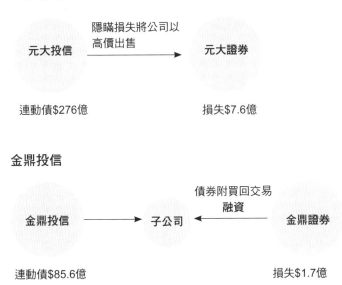

元大投信

元大投信 —隱瞞損失將公司以高價出售→ 元大證券

連動債$276億　　　　　　　　　損失$7.6億

金鼎投信

金鼎投信 → 子公司 ←債券附買回交易融資— 金鼎證券

連動債$85.6億　　　　　　　　　損失$1.7億

　　至於寶來集團,則是由集團總裁白文正於 2003 年 12 月及 2004 年 7 月,以個人、妻子和二名兒子以私人名義,分別以每股新台幣 16 元和 29 元購入寶來投信股票,再於 2004 年 10 月以每股 69 元要求旗下上市公司寶來證券買下這批股權,個人獲利新台幣上億元。此部分,由於涉及內部關係人交易,再加上寶來投信亦持有大量連動債,69 元價格是否合理,成為後續檢調偵查的重點(詳圖三)。

〈圖三〉寶來投信交易連動債圖利模式

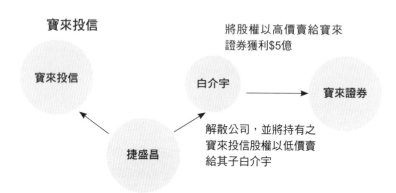

寶來投信

寶來投信

白介宇

將股權以高價賣給寶來
證券獲利$5億

寶來證券

捷盛昌

解散公司,並將持有之
寶來投信股權以低價賣
給其子白介宇

　　最後,本案例相關人員除了寶來集團因當事人過世不起訴外,元大集團總裁馬志玲和杜麗莊夫婦被法官認定不法獲利新台幣 4 億餘元,分別依證交法背信及詐欺罪名求處 7 年半,相關人員則被判刑 3 年 6 個月到 5 年不等,金鼎集團張平沼、陳淑珠夫婦則被分別判處 7 年半和 8 年半,目前兩案仍在二審上訴中。

結論

　　縱觀整件事的來龍去脈,問題首先出在當時債券基金未明確分類下,投資人誤把債券型基金視為高流動性的約當現金投資。再加上當時台灣金融業正興起資產管理風,在績效導向和低估風險下,債券型基金大力加碼連動型債券,導致利率一旦開始上揚,客戶大力贖回時,投信公司無力因應。

　　其次,整件事最大的問題其實出在主管的金管會,未能有效監

理投信公司將高流動性債券基金投入於低流動性的連動債，並警示利率風險在前，當潛在危機迫在眉睫，又企圖私底下用「喬」的方式，要求大股東自己吞下損失。最終當然會造成大股東企圖利用控制權，再把這筆爛攤子丟給旗下其他金融機構。而金管會為求能解決危機，一再默許這些交易的發生。試問一下，就算沒有這些大股東的中間套利，把投信的爛攤子丟給壽險和證券公司，難道這些公司保戶和股東就該倒楣嗎？

再退一步想，就算金管會未能查覺投信的潛在風險，難道投信公司，乃至整個金控公司自己都沒有作過風險評估嗎？任何債券部門交易者都不可能不了解利率反轉的潛在風險，可是為什麼投信公司還是敢卯起來做？理由很簡單，台灣的所有金融機構都認為只要把事情搞到「不可收拾」，政府自然會來救。所以當 A 投信開始衝，B、C、D 投信自然也跟著衝，反正只要大家都這麼做，出了事政府非救不可。這樣的事在過去台灣幾次金融機構掏空和舞弊中屢見不鮮，最終受害的是台灣全體無辜百姓要共同承受這些掏空後留下來的破洞。

台灣政府對於金融業的管理，長期以來都處於「半市場機制，半人治」的模式，結果是業者抱怨政府管太多，而另一頭卻是有心者可以不負責地不顧風險賺錢。除非台灣有心走向社會主義，否則應該回歸市場機制，在市場開放之餘，給予違反者更嚴重的懲罰。這樣一來，也等同暗示一般投資人應該與財務穩定、經營者誠信的金融機構合作，否則出了事相關風險要自行承受。讓正派經營者能日漸茁壯，讓不誠信者逐步退場，這才是我國金融業發展之道。

★公司治理意涵★

⊙經理人的誠信原則

當一家公司上市櫃後便擁有數千至數萬名股東，公司經營者就開始肩負了股東們的委託責任，也自然應基於誠信與忠實的義務，為所有股東謀取最大福利，這就是經理人應有的誠信和忠實義務原則。這當中，特別是金融業，由於所屬關係人牽涉到一般社會大眾，經理人的操守尤為重要。這也是為什麼除了金融執照需要特許外，相關法令也對金融業負責人及經理人訂出了較為嚴苛的規定。

在本案例中，大家看到了三位金融機構負責人利用政策的灰色地帶，在一買一賣間把公司套進了自己口袋，自然是違反了經理人應有的誠信原則，也因而判依背信罪判刑並依證交法解除職務。

只是從 2005 年開發金控企圖惡意購併金鼎證券一案，大家看到了張平沼先生雖然不擔任金鼎證券任何職務，但依舊以大股東身分出面和開發金控斡旋鬥爭。很明顯地，張平沼先生依舊是金鼎證券，乃至整個金鼎金融集團當時實質的控制者。拜法人董事代表制和交叉持股所賜，台灣上市櫃公司中「影子董事」或「影子董事長」十分盛行。目前雖以修法將公司實質負責人納入等同一般董事擔負同等責任，但卻無法規範犯過背信罪或其他不適任條款而被解除職務者，隱身到影子董事依舊操控公司的行為，其實也等同讓公司經營者應有的誠信責任，無法真正落實到真正經營者身上。

⊙關係人交易的監督

本案例中大股東指示旗下投信公司把資產賣給自己控制的投資公司，再把同一批資產再賣給旗下的證券公司，明顯有關係人交易的問題。

所謂的「關係人交易」是指一個企業與自己具有決策影響力或

控制力的企業或個人所進行的交易。關係人交易並不違法,甚至有學者認為關係人交易可以降低公司尋找交易對手的交易成本。真正的關鍵在於公司關係人熟知內情,包括國家政策或公司未來的發展等,再加上對於公司決策具有影響力,很難不讓人有從中上下其手之疑。因此,關係人交易的重點應該建立在董事會決策透明、交易價格合理評價及財報資訊的充分揭露。

在現行法規中,關係人交易應遵循程序與營業常規(Arm-length)。依「上市上櫃公司治理實務守則」要求,控制股東對其他股東應負有誠信義務,不得直接或間接使公司為不合營業常規或其他不利益之經營。倘若控制股東有利益輸送造成公司及小股東權益遭受重大損害,不僅受圖利的控制股東應對公司負損害賠償及刑責,其他董事未盡善良管理人之注意義務也負同樣責任 ④。

在本案例中,雖然元大、金鼎等公司是應金管會要求購入旗下投信公司持有之連動債部位,但中間透過私人投資公司轉一手之事,元大、金鼎等公司之董事會明知整件事來龍去脈,卻未能善盡管理人之責幫利害關係人把關,雖檢調未就此部分予以起訴,但其實難脫其咎。

⊙重大經濟犯罪審判曠日費時

本案例的二件背信案都起訴於 2009 年,金鼎案和元大案都在 2010 年 5 月一審宣判,元大案並在 2013 年 2 月二審宣判,而金鼎案則是二審都尚未宣判。從起訴開始算,迄今都快 4 年了,犯罪者依然逍遙法外,甚至還以工商大老身分對相關財經政策發表評論。依我國法律,犯罪者要三審定讞才入監服刑,沒有人知道何時才會三審定讞,還是和一些案件般,在二、三審法院間不停遊走,超過十年也無法宣判?

我國法院的三審制目的在保障人權,本亦無可厚非,但實務上的結果就是曠日費時,犯罪者無法得到立即的懲罰。甚至過去也有不少

金融犯罪者就是利用審判期間直接脫產或是棄保潛逃，如精碟案的呂學仁夫婦就是一例。未來針對一定金額或一定刑責以上的重大經濟犯罪者，是否應修法改為一審判決後即收押，以避免我國「司法正義」最終成為「非法正義」，實為我們立法者應好好思考的。

注釋

① 根據證券投信及投顧法第 68 條第十四項規定，有事實證明從事或涉及其他不誠信或不正當之活動，顯示其不適合從事證券投資信託及證券投資顧問業務。發起人及董事、監察人為法人者，其代表人或指定代表行使職務時，準用前項規定。

② 早期連動債以零息債券加上買進選擇權（Buy Call/Put），流動性差但的確偏向保守，持有到期多半可以保有九成五以上本金，但不保證中間利息收益（保本不保息）。但發展到後期，由於市場狂熱，開始出現以債券加上賣出選擇權（Sell Call/Put）模式，產品變成保證固定利息但不保證百分之百本金贖回（保息不保本），這類商品在金融機構大力推銷下狂賣，但不少理財專員在銷售時並未告知客戶真正潛在風險，最終在 2008 年雷曼兄弟事件帶動金融風暴時，造成投資人莫大損失，不少案件迄今仍未和解。

③ 在 1998 年亞洲金融風暴後引發的台灣本土型金融風暴中，台灣主管單位就有過為避免連鎖效應，要求投信公司大股東自己吸收東隆五金、廣三集團等地雷公司債的前例。

④ 與關係人交易相關的法規包括刑法第 342 條背信罪、公司法第 23 條、證券交易法第 171 條，公司董監事或經理人應忠實執行業務並盡善良管理人之注意義務，若使公司為不利益之交易，且不合營業常規，致公司遭受重大損害，應負有賠償及刑責。

公司掏空為什麼監察人查不出來？

　　台灣人對於「監察」這二個字應該都不陌生。因為上自中央政府，下到你我居住大樓的管委會裡都有監察委員。有適度的監督才可以防止權力的腐化，這個常識大家都懂，也因此不管是公司組織中的監察人還是生活中的監察委員，其實都扮演著類似「防腐劑」的角色，以確保整個組織的運作不違反法令和內部規定與決議，也避免組織的決策者將個人利益擺在組織利益之上。

　　依我國的公司法規定，只要是「股份有限公司」，不管資本額多少都至少要有一席以上的監察人，公開發行公司至少要有二席。上市櫃公司則依有價證券上市審查準則（9條）至少應有三席。現行的公司法裡也賦予了監察人同時具有監督和制衡公司經營者的權力，除查核公司財務報表外（228條），監察人還可以列席董事會陳述意見，對於董事會和董事認定有違法或違反股東會決議時，可以要求其停止（218條之2），並可以隨時調查公司業務及財務狀況，查核簿冊文件，請求董事會或經理人提出報告（218條），甚至當公司董事會拒絕召開董事會或是特定股東對於公司提供財報數據有疑慮時，都可以由監察人來處理。也就是說在我國公司法的設計中，監察人除了是公司的負責人外，也等同是董事會的糾察隊外加為股民申冤的包青天，可謂位高權重。同時，為擔心監察人怠忽職守，又設計出了對監察人的相關懲處和責任追究（23、224、225、226、227條）。一手蘿蔔一手鞭子，看起來我國在公司監察制度功能設計上的考量應該算是相當完備。當然，大家都知道這是理論上。因為如果監察人制度真的有這麼好，那麼就台灣上市櫃公司大大小小的掏空案應該早就被監察人給糾舉出來了。

　　監察人為什麼無法發揮其預期效果？主要原因有以下幾點：

　　監察人的產生方式：目前台灣上市櫃公司監察人的選任多半是與董事改選時同時進行，由股東大會中投票產生。聽起來相當符合民主程序，問題是由於監察人的席次多半遠低於董事（一般上市公司僅會依據法定最低人數設置三人），換言之，要當選監察人其實比一般董事需要有更多股數支持。大大降低了一般股民和非公司大股東被選任監察人的可能。最終，公司控制股東透過法人代表制和交叉持股，可以輕而易舉囊括董監席次。當監督者和被監督者都是掌握在同一邊時，你又怎麼能期待會發揮實質監督功能？

　　監察人專業性不足：由於控制股東掌控了董監事。因此監察人的位子往往淪為經營者董監席次的分配。至於這位監察人懂不懂財經會計或相關法令，或者了不了解公司營運，當然不會是分配者的主要考量。

　　監察人權力規範不夠明確：目前台灣公司法對於監察人的權力規範了很多，但真正的施行細則卻很不明確。例如公司法明確規範監察人可以列席董事會，並針對董事會違反法令或相關規定提出糾正，但如果董事會置之不理，監察人其實亦莫可奈何。依法令規定，這時候監察人召開董事會或是向法院提出訴訟，交由法院裁定。問題是這些動作不但曠日費時而且多半都在事情發生之後，現有監察人就算明知對公司可能造成重大損失，但其實當下是無力阻止董事會決議的。

　　缺乏相關人事主導權：理論上，監察人的工作在幫小股東把關，並可針對公司營運情況或財報上疑慮要公司財會及稽核主管或簽證會計師提出說明。但現實是，以上相關人事的任免和考績決定權都在公司董事會，如果公司董事認為監察人是存心挑毛病而不願配合時，在面臨要在董事會和監察人二者選邊站時，上述這些單位多傾向往董事會靠攏。

　　最終的結果是，因為監察人能當選本來就是因為控制股東支持的結果，除非發生內鬨或是有市場派介入經營權之爭，否則自然很難期

望監察人能發揮實質監督的功效。最後，要嘛監察人自己奮力一博，成為公司高層眼中的麻煩製造者，否則就是乖乖地作一個橡皮圖章，結果就像是英文中的白象（White Elephant）一樣，看起來又大又漂亮，但其實花費不貲又沒有太大的實質功用。更倒楣的是，如果公司發生掏空倒閉或財報不實，監察人還要肩負起被告加重處罰和連帶賠償的責任，聽起來一點都不合理。

我國的董事會與監察人並列的雙軌制主要是延襲日本公司制度而來，但從過去幾次重大掏空案大家都發現現有監察人制其實並不能達到防弊的效果。主管機關近年又引進了美國的單軌制，即公司僅有董事會不設監察人，再由董事會中的獨立董事組成的「審計委員會」來取代現有監察人制度，並修法要求 2002 年後申請上市櫃者，需設置至少二名獨立董事和一名獨立監察人，並計畫逐步推廣到所有公開發行公司。希望透過獨立董事和獨立監察人的參與或許可以稍稍化解一下台灣不少上市企業內部由家族控制一言堂的局面。

但不知是台灣大老闆們「上達天聽」的能力太大，或是我國主管官員或立法委員們熱愛「體察民意」，在 2006 年修訂的證券交易法，僅改為公開發行公司得依公司章程「自願」設立獨立董事，造就了台灣目前存在四種的監察人制度：

（1）傳統的公司董事會和監察人並列制。這類公司主要在 2002 年前上市櫃，資本額不足 500 億元以上及非金融業者（占目前台灣上市櫃公司的多數）。
（2）具有一般董事、獨立董事和傳統監察人的公司（獨立董事不足 3 人，未達審計委員會設立標準）。
（3）具有一般董事、獨立董事和傳統監察人及獨立監察人的公司。與項次 2 的差別主要歸因於有價證券上市審查準則要求 2002 年後掛牌上市櫃公司則必須有至少一席獨立監察人（已於 2006 年修正取消獨立監察人設置要求）。

（4）無傳統監察人，採取美式一般董事、獨立董事分立，再由獨
　　　立董事組成「審計委員會」。這類主要為於美國掛牌公司或
　　　依主管機關要求之金融業和大型企業。

　　五花八門的監察人制度除了造成投資人對於台灣上市櫃公司公司
治理概念的混亂外，凸顯出來的正是現行台灣政治干擾專業，最後百
般妥協造就出的結果。最後創造出的是一個不日不美的四不像，而我
們主管機關還沾沾自喜已對公司治理邁出了第一步。

　　絕對的權力帶來絕對腐化。身肩數千到數萬名股東利益的公開發
行公司自然不能沒有監察制度，不管是主管機關大力推行的獨立董事
和審計委員會制，抑或是舊有的董事及監察人制，問題的重點其實都
在於要如何確保監察人能具有其獨立性和相對的權力，甚至是監察人
本身專業要求。

　　事實上，就算徒有獨立董事也不見得真正能解決現有監督者和被
監督者同屬一派的問題，畢竟有權提名獨立董事的仍是公司大股東，
在美國，名為獨立董事但實為「花瓶董事」的亦所在多有。如何引進
後續的包括「提名委員會」「薪酬委員會」完整的獨立董事制度，並
給予獨立董事更高權力（人事及會計制度決定權），其實才是主管機
關應好好努力。

　　至於現有的一般董事與監察人制，如果好好地的規範，一樣可以
達到其為股東把關的目的。包括：

（1）更嚴格地限制監察人與公司經營者關係，以提高監察人獨立
　　　性。
（2）要求監察人僅能由自然人而非由法人代表出任。
（3）比照獨立監察人規定，要求監察人財經專業背景。
（4）限制監察人任期，降低與董事熟識掛勾機會。
（5）賦予監察人內部稽核與簽證會計師人事權。

（6）訂定監察人與公司董事會意見相衝突時規範細則。

（7）加重公司掏空時監察人刑責，並依情節輕重可要求追溯至前任監察人責任。

　　就像每個學生都不喜歡老師管，多數老闆也不喜歡有人成天在旁邊指指點點，但是當一家公司走向上市櫃擁有數千乃至數十萬名股東時，這家公司就不再只是老闆一個人的公司，而是關係著大大小小股東們的權益。此時適度的監督與資訊透明是必然不可或缺的。監督力量的展現不全然都是公司前進的煞車，有時更能避免公司在老闆一言堂下，一頭熱朝向錯誤的方向前進。南韓在 1997 年亞洲金融風暴後因為接受國際援助，「被迫」引進獨立董事機制，並要求至少有一半董事席次必須是獨立董事。此一政策大大提高了韓國公司的透明度與經營績效。這或許是倖免於亞洲金融風暴，但此後也一直一成不變的台灣企業要好好深思的。

砸大錢保股價
── 庫藏股面面觀

2011 年 7 月 16 日，台灣智慧型手機製造與品牌大廠宏達國際電子（以下簡稱「宏達電」）罕見地在深夜近 12 點公告當日臨時董事會決議，宣告預定以每股 900 元到 1,100 元區間內，分別在當月買回 1 萬張（1 千萬股）公司股票作為轉讓員工之用，並於隔月再買回 1 萬張，目的為維護公司信用及股東權益。雖然宏達電在過去三年都有在除權息前後實施庫藏股註銷股本的前例，但由於本次宣布庫藏股時機正逢當天凌晨美國國際貿易委員會（ITC）初步宣判，2010 年蘋果公司控告宏達電侵犯其十項專利案其中二項成立，宏達電也因此召開臨時董事會商討因應之道。很明顯公司是想藉由宣告買回庫藏股來化解可能造成公司股價下跌的利空消息。然而事與願違，之後宏達電股價並未能因公司實施庫藏股政策而回升，反而一路走跌到每股 800 元以下。因而引發大眾對於公司高價買回庫藏股之正當性的討論與批評。

深耕布局智慧型手機市場

宏達電成立於 1997 年，主要從事智慧型手持式裝置的設計與製造代工。2000 年宏達電為康柏電腦（Compaq）①打造的 iPAQ，成功結合微軟 Windows CE 平台及 Office 等相關應用軟體，並搭配無線網路技術，在當時以 Palm 為主的 PDA 市場中異軍突起，受到熱烈迴響，不僅成功擄獲商務人士的心，也奠定了宏達電未來向智慧型手機發展的基礎。

2000 年起第三代行動通訊網路（3G）開始陸續在歐洲進行營運，

也代表著行動電話的功能從過去的語音通訊開始轉化為語音與數據通訊並重的時代。在以天價取得 3G 執照後，歐洲電信公司紛紛祭出大量的手機補貼，希望能加速消費者轉換到新系統中。這讓原本就在行動手持裝置開發上具有優勢的宏達電有了大好的良機，宏達電開始向 Vodafone、Orange、O2、T-Mobile 等歐洲電信公司推銷為其客製化多功能手機的概念。透過 Windows Mobile 平台上的開發和與 3G 晶片龍頭高通（Qualcomm）的合作，宏達電將電話通訊、影音娛樂、網路和 PDA 整合到彩色螢幕手機之中，並冠上電信商的品牌。這個策略後來不但成功地幫歐洲電信商提高其客戶平均貢獻度（ARPU，Average Revenue Per User），更幫宏達電順利切入智慧型手機的製造並帶來巨幅的營收成長，也擺脫了當時台灣其他電子大廠在一般型手機代工的流血競爭。也由於宏達電在歐洲為電信營運商設計製造（ODM）模式的成功，後來隨著 3G 電信執照的普及，這股 ODM 風潮也逐步擴散到美國和日本的電信營運商和通路商。鼎盛時期全球有超過 50 家電信商和通路商委由宏達電代為其客製化手機，而宏達電股價也在 2006 年 4 月首次突破新台幣 1,000 元大關，成為台灣證交所上市公司股王。

　　2006 年宏達電正式宣布將以「HTC」為品牌名稱進軍市場。在此之前，台灣亦曾有過幾家資訊大廠建立自有品牌試圖擺脫為人作嫁代工宿命，但最終往往面臨新市場開拓不如預期，而舊有客戶因為代工廠和自己競爭而拒絕下單，最後以失敗收場。也因此，當宏達電宣布進軍自有品牌時，市場上一面倒地不看好，連帶讓宏達電股價接連重挫，股價也從 2006 年 5 月 4 日的高點 1,220 元跌破到 500 元之下。一直到 2007 年宏達電推出首款自有品牌手機 HTC Touch 和 2008 年推出的 HTC Diamond 在歐美大獲好評並熱賣後，宏達電股價開始回升，爾後隨著智慧型手機的日益普及帶動的業績節節高昇，其股價在 2011 年 4 月創下歷史新高 1,330 元。

砸錢買回庫藏股力保股價

智慧型手機這塊大餅很快吸引各家大廠的爭相投入，市場的激烈競爭帶動了後續的專利權大戰，2010 年 3 月蘋果公司向美國國際貿易委員會和德拉瓦州地方法院控告 HTC 產品在觸控式螢幕介面、硬體和底層結構等 20 項侵害蘋果公司專利，要求裁定禁止 HTC 相關產品在美國販售。很快地在同年 5 月，宏達電和威盛電子旗下 S3 Graphics 公司也分別以撥號系統、耗電管理和資料壓縮傳輸等專利反控蘋果公司。雙方陷入了專利權之爭。為了確保專利優勢，宏達電在 2011 年 7 月宣布由於旗下子公司以 3 億美元買下主要股東同為宏達電董事長王雪紅和威盛電子的 S3 Graphics，而引發關係人交易的疑慮。

在外界普遍評估美國法院判決結果可能將不利於 HTC，以及外資法人對宏達電關係人交易質疑的交相影響下，宏達電股價在宣告買回庫藏股後仍不停下挫，從宣告前日收盤價 907 元一路下跌到 2011 年底最後交易日收盤價為 497 元（圖一為宏達電實施庫藏股前後之股價表現）。特別是宏達電本次實施庫藏股期間，公司買進了二萬張，外資卻同步賣出了三萬餘張，公司花了新台幣 160 多億元護盤，到頭來卻是等同幫外資拉抬股價出貨。如此的庫藏股買回決策是否合理，是否損及小股東的權益，實在很值得討論。

〈圖一〉2011年宏達電實施庫藏股前後股價

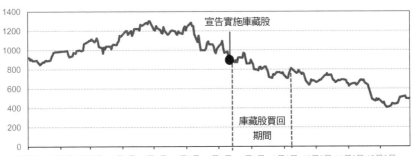

我國庫藏股制度

　　我國公司法原本禁止公司收回或買回自家公司股票，但這樣的限制並無法澆息老闆們為自家公司股價「抱不平」的企圖心。因此實務上不少公司紛紛以公司資金成立子投資公司甚至是孫公司，或是由其他關係企業以自有資金或是質押股票借款等方式取得資金來買進母公司股票，但這樣的模式等同是把同一套資金重重槓桿化，提高了公司的營運風險，而決策過程也往往缺乏透明化與相關內控機制而形成公司治理的一大漏洞。特別在 1997 年亞洲金融風暴造就亞洲各國股市大跌後，不少公司就因為過度運用財務槓桿購買自家公司股票，當股票因大環境大幅下跌後，很多公司最終因耗盡資金無力再護盤，最後造成了許多集團公司紛紛倒閉，甚至連帶影響到金融業，因而演變成台灣在 1998 年的本土型金融風暴。

　　因此，主管當局決定將公司回購自家股票一事檯面化並接受合理的監督。在 2000 年經立法院三讀通過證券交易法 28 條之 2（並在 2001 年增訂公司法第 167 條之 1），允許公司得經董事會同意，買回本公司股份。

　　依據證券交易法及「上市上櫃公司買回本公司股份辦法」，公司經董事會三分之二以上董事出席及出席董事超過二分之一同意，得自證券市場買回本公司股份，並在決議日二日內，將庫藏股之買回目的、買回股份之種類、買回股份之總金額上限、預定買回期間與數量、買回之區間價格、買回方式等之訊息內容，輸入公開資訊觀測站資訊系統，並向主管機關申報及公告。表一為相關買回區間價格、總金額及買回數量限制之規定。

　　公司應自申報日起二個月內執行完畢，期間屆滿或執行完畢後五日內申報並公告執行情形；逾期未執行完畢者，如須再行買回，應重行提經董事會決議。此外，庫藏股實施期間，關係企業、董監事及經理人禁止賣出其所持有之股份。

　　庫藏股買回目的可以有以下三種：

（1）轉讓股份予員工。

（2）配合附認股權公司債、附認股權特別股、可轉換公司債、可轉換特別股或認股權憑證之發行，作為股權轉換之用。

（3）為維護公司信用及股東權益所必要而買回，並辦理銷除股份者。

〈表一〉庫藏股買回區間價格、總金額及買回數量之規定

買回數量限制	買回股份之總金額限制	買回區間價格限制
買回數量不得超過該公司已發行股份總數10%。	買回總金額上限為保留盈餘加計已實現之資本公積（處分資產溢價、股票發行溢價、受領贈與），減除已決議分派之盈餘及依法提列之特別盈餘公積。	買回區間價格介於董事會決議前10個營業日或30個營業日之平均收盤價（二者取高）之150%與董事會決議當日收盤價之70%間為適。

其中，庫藏股買回目的為買回註銷者，應於買回之日起六個月內辦理變更登記；買回目的為轉讓股份予員工及股權轉換之用者，應於買回之日起三年內將其轉讓（換）予符合該目的所訂條件之對象，逾期未轉讓（換）者，視為公司未發行股份，並應辦理變更登記。而公司買回之庫藏股不得質押，且於未轉讓前亦不得享有股東權利。

從上面法令來看，相當程度規範了公司實施庫藏股的目的和實施辦法，但在實務上的運作卻是變化萬千。有些公司比照美國公司股票回購後註銷股本模式，把實施庫藏股視為公司另類回饋股東的一種手法，一方面在公開市場買入過程可以拉高公司股價，讓股東可以透過買賣價差規避收受股利造成的稅賦，另一方面，註銷股本等同變相減資，可以進而提高每股盈餘，有利公司股價的維持。也有公司特地在發生經營權之爭時祭出庫藏股，目的在減少市場流動籌碼或提高市場

派競爭成本。

除此之外,還有公司將庫藏股視為老闆和高階管理層的免費認股權,在購入庫藏股後,如果公司股價回升到高於當初購入價,則由高層們自己認購,從中賺取價差。反之,如果此後股價一直下滑,市價低於認購價,則要求底層員工認購或是修改目的改為註銷股本,最終由公司全部股東共同承受。抑或是有些大老闆由於手中多數股票都質押於銀行,如果股價跌破質押價格必然引發銀行斷頭賣出或是要求追加擔保品,因此每當公司股價接近所設定質押價格時,就祭出庫藏股拉抬股價,最終等同是股東們出錢幫老闆護盤。甚至有些公司完全不顧公司現行財務狀況,砸大筆公司資金(甚至是借款)來回購公司股票,因而造成公司現金水位大幅下減。尤有甚者,一些企業主利用一般股民普遍認為公司敢實施庫藏股一定是「掌握未發布的利多消息」或是「連公司都自己認為股價真的太低了」的心理,刻意宣告實施庫藏股,透過利多消息拉抬股價,但實質是把老闆個人持有的股份藉機拋給市場或是由公司來承受。原本立意良善的庫藏股制度,卻往往變成了大老闆操弄股價的工具。

結論

　　在台灣，公司宣布實施庫藏股往往為視為利多而深獲股民歡迎。但 2011 年有二家上市公司卻因為實施庫藏股後來卻備受批評，一家是宏碁，另一家便是宏達電。被批評的原因都是因為公司高層選擇在公司面臨潛在重大利空的時候宣布庫藏股，最終，公司本想藉此穩住股價結果卻是「接天上掉下來的刀」，砍傷了自己。以宏達電在 2011 年實施的庫藏股為例，當公司在買回庫藏股時，會計分錄為：

> （借）庫藏股票
> （貸）現金

　　其中「庫藏股票」科目為股東權益的減項，視為資本的暫時性的減少，而當公司在日後選擇註銷股本時，會計分錄為：

> （借）股本
> （借）資本公積-普通股發行溢價
> （借）保留盈餘
> （貸）庫藏股票

　　當宏達電以每股均價 850 元買回庫藏股時，造成資產負債表上「現金」及「股東權益」的減少，將使得每股淨值的下降；若買回庫藏股的價格高於當初股票發行價格，在註銷時亦會造成「保留盈餘」的減少。這也是宏達電廣受人批評之處，但如果仔細想想，同樣的情形會發生在任何一家以高於淨值買回庫藏股的公司。理論上來看，公司買進庫藏股應該愈接近淨值愈好，因為這樣對股東權益影響最小。但平心而論，每股淨值僅是一家公司眾多財務指標之一，每股淨值的

下降不見得代表公司財務上有問題，特別是一家業績良好的公司股價必然高於淨值甚多，只有經營不善和前景展望不佳的公司才有可能股價接近淨值或低於淨值。再者，宏達電以超過新台幣 160 億購入二萬張庫藏股，看似數字驚人。但如果就宏達電 2011 年第二季底財報上現金及約當現金數字高達 1,157 億元來看，其實也未必會對公司營運上造成重大影響。

只是從更簡單的邏輯思維，如果公司明知道有重大利空，為什麼不讓股價跌一段時間後再進場，不是又可以買到便宜又更容易可以達到護盤的目的？從這一點，其實也清楚反映出老闆與小股東思維的不同，老闆們期待的是能透過宣告買回庫藏股以維持股價，避免公司股價進一步急跌。但是從小股東心裡，當然是希望買到愈便宜愈好，甚至是公司應該在利多消息時釋出庫藏股，好進一步推升股價。

究竟什麼樣的時機才是公司實施庫藏股的好時間呢？美國億萬富翁，被股民們推為「股神」的華倫‧巴菲特在 2012 年「給股東的一封信」中提過他對公司在公開市場購回自家股票的看法，認為一家公司要回購自家公司股票應至少同時符合以下二個條件：第一，公司本身有充足的資金足以應付營運與企業流動性需要。第二，股價低於保守估計的內在價值時 ②。巴菲特認為「很多企業老闆都深信他們的股票相當便宜……不過不能僅因為想要減少流通在外股數，或者因為手上的現金過多而做，如果這樣持續下去，股東其實是受害的，除非這些回購的價格低於公司內在價值。資金配置的第一法則應該是看用於併購或者買回股票，何者比較有利……但是要知道的是，我們並沒有興趣要支撐股價，如果遇到市場相當疲弱，我們也可能會略為縮手，而如果我們手上的現金低於 200 億元也是一樣。在波克夏，財務的健全毫無疑問的是首要條件……在我們以帳面價值 110% 的價格限制下，股票購回將有助於提高波克夏的每股內在價值，如果我們買的愈便宜，也買愈多，對於繼續持有的股東也就愈有利。」

歸納一下巴菲特對於買回自家公司股票意見如下：

（1）公司回購股票時，應將公司財務健全視為第一要務，只有在不影響公司正常營運並確定公司現金運用沒有比回購自家股票更好的投資下進行。

（2）公司回購價格應有規範（波克夏是股價淨值比為 110% 以下），不應是老闆自己認為股價偏低就進行庫藏股。這會很難說服別人老闆是出於用意良善。

（3）公司宣布進行股票回購後，期待的是股價的下跌，因為只有用愈低的價格買進才能為股東創造更多的價值。

巴菲特模式不見得完全符合台灣環境，但或許給了台灣千奇百怪的公司庫藏股模式有了很好的方向。

★公司治理意涵★

⊙庫藏股決策限制

我國現行庫藏股實施規定是採取完全尊重公司董事會的模式，只要董事會通過即可實施。這樣的模式固然讓公司保留了應有的自主與彈性及面臨公司重大利空消息時即時應變的能力。但在台灣這種缺乏外部董事，控制股東往往一個人就可以控制所有董事達到一言堂的情況下，庫藏股很容易流於只為達到大老闆一個人目的而施行的決策。例如根據《財訊雜誌》統計，從 2010 到 2012 年間就有南港等 14 家上市櫃公司狂買庫藏股，影響公司之財務健全度（現金水位大幅下降、流動比率低於 2 及速動比率低於 1），甚至要依賴借貸來維持公司正常營運（詳表二），又有聲寶等 6 家公司在宣布實施庫藏股時，公司現金根本不足以購買庫藏股（詳表三）。

〈表二〉買回庫藏股影響財務健全度之公司

單位：億元

公司	年度	買回金額	年底現金	流動比率	速動比率	買回金額/ 年底現金
南港	2011	35.57	0.87	0.62	0.29	40.66
南港	2010	14.04	2.54	0.99	0.57	5.52
聯茂	2011	3.93	0.84	0.63	0.59	4.68
農林	2011	2.19	0.61	1.31	0.28	3.54
勤美	2011	2.30	0.66	1.08	0.43	3.47
精元	2010	1.87	0.54	0.68	0.56	3.43
宜進	2011	1.56	0.45	1.05	0.65	3.41
震旦行	2012	3.36	0.99	0.97	0.76	3.38
興農	2011	2.55	0.90	1.00	0.54	2.82
華晶科	2010	5.29	1.90	0.91	0.73	2.78
百和	2011	3.59	1.33	1.32	0.74	2.69
美磊	2011	4.04	1.54	0.92	0.77	2.62
上奇	2011	1.28	0.59	1.05	0.92	2.15
憶聲	2011	4.40	2.10	0.34	0.34	2.09

〈表三〉現金不足以買回庫藏股之公司

單位：萬元

公司	預計 買回張數	最高買回價格 （元）	最高買回價格 所需金額	公司現金及可 變現短期投資	現金缺額
聲寶	20,000	11.00	22,000	19,668	（2,331）
友訊	10,000	21.00	21,000	5,298	（15,701）
英濟	8,000	17.00	13,600	12,492	（1,107）
南璋	4,000	50.00	20,000	13,981	（6,018）
協益	3,000	50.09	15,027	9,655	（5,371）
華興	12,830	12.90	16,550	6,486	（10,064）

　　甚至有些公司在老闆掏空前，先行宣布庫藏股用公司錢來幫大老闆解套手中股票。很明顯地，主管機關給上市櫃公司的「方便」，成為了許多大老闆的「隨便」，原本立意良善的庫藏股反而成為公司治理議題的一個漏洞。在無法改善控制股東獨攬大權的情況下，未來是否應將公司庫藏股實施適度連結公司財務數字，如流動比率，現金與約當現金餘額，甚至要求虧損公司或未發放現金股利公司不得實施庫藏股。值得主管機關再作討論。

⊙宣告實施庫藏股時機

　　不難理解，就如同所有父母都認為自己的孩子是古往今來難見的天才般，所有老闆永遠認為自家公司股價都是被低估的。這樣的心態再加上低利率下，台灣很多老闆都偏好以股票質押來取得資金，因此當公司有利空消息時，用公司的錢來護盤自然是老闆們第一選擇。重新回到宏達電的案例，在公司宣布實施庫藏股的前一交易日收盤價為每股907元，但宏達電卻設定了於900元到1,100元的區間買回庫藏股。可見公司對於自家公司和庫藏股實施效益的信心，但問題是從事後來看，當公司股價愈買愈跌時，經營層的自信反而造成了公司的傷

害。由於各家公司情況不同，很難用一套標準來定出公司購入庫藏股的合理目標價，大家不妨參考巴菲特以評估公司之股價淨值比做為指標。但誠如上面所述，通常愈具有成長性的公司，股價高於淨值愈多，愈不具成長性公司股價愈接近淨值。但即便如此，當董事們在決議進行庫藏股時應當了解，實施庫藏股將對公司現金流量的影響，以及當公司購入庫藏股成本高於淨值愈多時，對公司股東權益的影響。這或許是大老闆們在一心認定公司股價遭受不公平打壓時，也要一併納入考慮的。

⊙員工認股權計畫

　　庫藏股搭配員工認股權，原本主要是配合我國科技產業慣有的以股票獎勵員工模式，讓公司可以不必新增發股票而直接從公開市場購入股票，以減少發行成本。只是對小股東而言，當公司董事會決議要以「轉讓予員工」為名義進行庫藏股時，不管是實施庫藏股時機、轉換價格、哪些員工有資格獲得認股權都是由董事會自行決定，小股東根本沒有插手的餘地，也很難讓人相信沒有自肥的可能。「員工認股權計畫」是公司對員工的一項激勵計畫，原本希望能透過員工的更努力幫公司創造更佳業績，進而達到雙贏的局面。但在目前的台灣，似乎更多時候這種激勵計畫更像是老闆和高層拿來酬庸自己或是變相壓低員工薪資的方案。未來要如何區分「勞方」與「資方」，如何監督董事會訂定的認股資格、價格，以及是否應調整三年認股期限，避免「肥了員工卻瘦了股東」，同樣是一件值得再討論的議題。

⊙是否開放公開市場賣出？

　　在我國現行制度下僅允許公司從公開市場針對轉讓員工、註銷股本和未來股權轉讓三個目的購入股票，並不允許公司購入後再於公開市場賣出。這是台灣和美國針對庫藏股制度最大不同之處。其用意不難理解，因為公司本業不在炒股，而且公司比一般投資人更清楚自家

公司情況,更握有未公開消息。如果開放公司賣出庫藏股,很有可能
讓公司只忙於炒作自家股票而荒廢了本業,而對一般投資人而言,也
是不公平競爭。但從另一個角度來想,當公司購入高價庫藏股時,而
可能面臨乏人問津認購公司股票時,唯一能做的就是註銷股本,進而
如本案例般,造成淨值的大幅下降。未來是否要開放公司在公開市場
賣出庫藏股,這是個具有爭議的話題,也需要有更多的配套和更嚴厲
的規範。不過可以確定的是,就因為現行不允許公司於公開市場賣出
庫藏股,因此公司在實施庫藏股時,應該用更嚴謹的心態來對待,以
避免傷害股東權益。

注釋

① 康柏電腦已於 2002 年被惠普公司收購。

② 巴菲特標準所指的內含價值(intrinsic value)係其所提出之價值投資法中常提
及的獲利能力(earnings power),亦即企業未來淨現金流量折現。由於內含
價值牽涉到估計未來營運,難以精確計算,巴菲特依據資產負債表資訊,所
以會接近淨值。然而,帳上資產採成本法入帳,完全無法反映公允價值,加
上現代企業的價值愈來愈依賴智慧資本、品牌等無形資產,但這些資產的價
值並不會出現在帳上,因此需要就個別公司或產業調整。

禿鷹與狼的鬧劇
── 亞洲化學

2009 年 11 月 30 日，股票上市公司亞洲化學（以下簡稱「亞化」）①，在最大股東炎洲公司的召集下，於台北一〇一大樓 36 樓召開臨時股東會並改選董監事，雖然公司派人士不斷在場外舉牌抗議該會議無效，但由於亞化原任董事長李光弘向行政院提出的訴願案在同一天被駁回，等同宣告炎洲公司召開會議有效，最後結果一如預期，由炎洲公司囊括亞化五董二監全數席次。正式奪下亞化經營權，不但為亞化長達三年之久的經營層內鬥所引發的紛擾畫下了句點，也意外成為我國第一個惡意購併成功的案例。

第二代急欲擴張版圖

亞洲化學公司由衣復慶先生創辦於 1960 年，由衣復恩先生接手及擴大規模後，於 1992 年股票上市交易，為台灣最大，全世界前三大聚氯乙烯（PVC）及聚丙烯膜（OPP）膠帶製造商。

1998 年原任董事長衣復恩交棒兒子衣治凡，並退居第二線成為榮譽董事長。和上一輩保守持穩作風不同，衣治凡接手後，不但活躍於社交活動，並大刀闊斧擴張版圖來引導公司轉型，積極投入營造（理成）、購物中心（台茂）以及亞化光電等新事業。但也為了因應新事業投資資金的需求，陸續處分了公司早期投資銅箔基板事業部和力特光電等轉投資。

面對接班人過急於跨足轉投資和過快殺掉金雞母的作法，原任董事長衣復恩憂心忡忡並有點不以為然。於是在 2002 年 6 月利用衣治凡上海出差的機會，在女兒衣淑凡的協助下，突然召開臨時董事會直

接罷免董事長,由衣復恩回鍋重任董事長。消息傳來,讓外界震驚不已,也進而埋下了家庭內鬥的陰影。

市場派的覬覦

2005 年衣復恩過世前,由於三年來兒子衣治凡和女兒衣淑凡彼此互不相讓,再加上雙方均握有亞化公司一定比例股權,為避免造成更大爭端,衣復恩決定由專業經理人檀兆麟接任董事長,副董事長則由女兒衣淑凡擔任,而衣治凡僅擔任陽春董事。但實質上因公司執行長事事直接向副董事長報告,衣淑凡雖以副董事長之名,但卻是公司實際的掌控者。

和多數台灣早期的上市公司一樣,亞化帳上持有為數不少早年低價購入的土地資產,再加上當時台灣股票市場多偏好電子類股,傳統產業公司大多股價偏低,因而引發了不少市場派人士對於亞化的覬覦,其中尤以作壓克力生意起家的葉斯應和股市投資者張嘉元為首。

看好亞化被低估的股價,葉斯應自 2001 年起陸續購入了大量亞化股票,原本只是想從股票投資中獲利,但亞化在管理階層保守作風下造就長期低迷的股價,讓葉斯應興起了進軍董事會的念頭。

2006 年葉斯應與另一位市場派人士張嘉元憑藉著個人持股與市場徵求的委託書,在股東大會上順利拿下一董一監的席次。原本葉斯應與張嘉元認為進入董事會後可以發揮影響力,先後提出太陽能電池銅銦鎵硒(CIGS)投資案以及與上海廣電集團合作案,但在大股東衣家仍持有多數董事席次下,全遭到董事會否決。這讓葉斯應更加堅定要自己來主導整個董事會。

經營權之爭

2007 年底,監察人張嘉元突然以四項公司治理瑕疵為由 [2],要求召開臨時股東會,解任不適任董監事並重新改選。原本以衣淑凡為主導的公司派還希望雙方能透過協調方式解決,不料檯面下,董事長

檀兆麟已與衣治凡及葉斯應達成合作共識，順利召開臨時股東會。最後衣淑凡被迫於 2008 年初辭去董事職位退出亞化董事會。而當年度董監事改選，也由葉斯應獲選為董事長，而原任董事長檀兆麟則改任執行長。

自此，葉斯應總算如願以償登上大位掌控公司，原來他以為得以就此一展抱負，不料 2008 年金融風暴再起，股市大幅下挫，大股東衣家也順勢賣出持股，造成亞化股價一蹶不振，自然也讓當初為了爭奪亞化經營權大量購入亞化股票的葉斯應背負了莫大的財務壓力。為了能撐住股價，避免自己融資部位被斷頭，葉斯應除了發動周邊親朋好友加入購股外，同時也希望董事會能以購入庫藏股和減資再增資模式來緩解股價下跌的壓力，不料卻受到董事會的反對，於是董事長葉斯應與檀兆麟、衣治凡及張嘉元的關係開始出現了裂痕。

2008 年 2 月，葉斯應陣營的監察人出面指控兼任美國子公司負責人的執行長檀兆麟，應為美國子公司多項內部控制疏失負責。檀兆麟隨即請辭，並於十五日後以利益輸送和掏空公司為由，向證交所、證期局和經濟部商業司檢舉葉斯應不法行為 ③。收到舉報後，證交所依規定要求亞化於規定時間內出面澄清，沒料到亞化並未能及時依規定說明，於是證交所決議在 2 月 27 日將亞化打入全額交割股。打入全額交割股後，亞化股價更是出現無量的大跌，讓葉斯應的財務壓力更加雪上加霜，被迫大量拋出持股，而這些股票多半被另一家上市公司炎州所承接。

經營權更迭，頻換董座

6 月 6 日，葉斯應出現十一張支票共計二千八百多萬元的跳票。自此葉斯應無力再支撐下去，被迫辭去亞化董事，入主亞化不到一年，頓時成為幻影。

葉斯應辭去董事後，亞化找來了立委廖正井來擔任董事長，希望能透過其良好的政商關係和專業背景來協調解決亞化與銀行融資與內

部爭鬥問題。沒想到在 6 月 26 日被推任董事長的廖正井，就任不到四天，就在 6 月 29 日股東會當天宣布辭去董事長，弄得大家一頭霧水？雖然最終董事會還是再次推選廖正井為董事長。原本以為這場鬧劇可以暫時告一段落，沒想到 9 月 24 日，亞化公司再次公告重大訊息，董事長廖正井再度請辭，改由當時擔任上櫃公司聯明行動科技的董事長楊詠淇擔任董事長，10 月 6 日，亞化公司再次公告，董事長楊詠淇解任，再改由李光弘擔任董事長。在短短四個月內，亞化公司歷經了五任四位董事長，甚至在十四天內換了三任的董事長。

從鬩牆到引狼入室

　　面對亞化公司的人事紛擾，當時身為亞化最大股東的炎洲公司卻是力不從心。原因是原訂於 2009 年 6 月 26 日的股東常會因出席股數不足流會，讓炎洲公司無法取得任何董監席次，也因而無法申請召開臨時股東會，只能坐視持有少數股數的公司派人士恣意妄為。

　　最後，炎洲律師團依據公司法「在董事會不召集前提，少數股東才能向經濟部申請召開臨時股東會」④，四度向經濟部陳情，終於在 10 月 8 日獲得經濟部以「亞化內稽內控缺失並未做改善，還遭打入全額交割股，應賦予股東們召開臨時股東會的權利」回函，同意炎洲公司以持股 3% 以上股東身分召開臨時股東會。

　　話雖如此，臨時股東會從取得同意到股東會順利召開，甚至取得經營權，還有一大段路。主要原因是，在野的炎洲公司，雖然持有 40% 亞化股權，卻在公司派抵制下無從取得代表其他 60% 股權的股東名冊。炎洲公司因而轉向股務代理券商，試圖抄錄股東名冊。但由於股務代理公司偏向公司派，當然也不可能配合。最終，還是透過經濟部的解釋函，同意股東得以向股務代理公司抄錄及核對名冊，終於讓炎洲公司得於 11 月召開臨時股東會，也讓這場鬧劇就此結束（表一為亞化公司 1998 年至 2010 年經營權的變動情形）。

〈表一〉亞化公司經營權變動

時間	董事會決議事項
1998年	原任董事長衣復恩轉任榮譽董事長,推選衣治凡擔任董事長
2002年6月	推選衣復恩擔任董事長
2005年1月12日	原任董事長衣復恩請辭,推舉檀兆麟擔任董事長,衣淑凡擔任副董事長
2006年5月24日	推選檀兆麟擔任董事長,衣淑凡擔任副董事長
2008年1月8日	原任董事檀兆麟請辭董事長,由葉斯應擔任董事長 原任執行長陳銘鋒退休,改聘檀兆麟為執行長
2008年6月27日	推選葉斯應先生擔任董事長
2009年3月12日	推選葉斯應先生擔任董事長 原任執行長檀兆麟退休,改聘盧明瑞為執行長
2009年6月26日	原任董事葉斯應請辭董事長,由廖正井擔任董事長
2009年7月15日	原任董事長廖正井於6月29日請辭,董事會再次決議廖正井擔任董事長
2009年9月24日	原任董事長廖正井於9月24日請辭,董事會推選楊詠淇擔任董事長
2009年10月6日	董事會決議楊詠淇於10月5日解任,推選李光弘為新任董事長
2009年11月30日	推選廖正井先生擔任董事長及總經理
2010年8月10日	推舉李志賢董事擔任董事長

結論

　　亞化以一家經營近 50 年且長期獲利的公司，最終卻落得經營權易主，歸究其原因就在於老董事長未能妥善安排接班人問題。明知兒女互有嫌隙仍同時安排在董事會中，雖然最後以安排老臣以專業經理人模式坐鎮公司，但因子女均未真正信服此一安排，再加上任一方持有股權都不足以完全壓倒對方主導公司，因而在董事長逝世後引發家族內鬨，在老臣倒向一方再加上外部有心人士介入，最終讓原訂安排破局，甚至落得衣家完全失去經營權，辛苦建立的企業遭到掏空。

　　我國企業對於企業接班計畫一向不以建立制度，而是多由現任董事長自由心證，一廂情願認為自己的子女屆時就會自動接下棒子或是兒女雖暫時不合，最後必然會以公司大局為重而相親相愛，一旦結果不如預局，往往不但家族利益在經營權爭鬥中逐步耗盡，經常企業本身或是企業相關利害關係人也跟著受害。如何建立制度而不是仰賴期望，這或是對我國許多家族企業是一項值得重視的警訊。

　　再者，我國上市櫃公司控制股東持有股權並不高於歐美企業。但由於相關法令多基於維護企業穩定，偏向現有經營層。以致我國多次經營權之爭絕大多數結果都是原有公司派占上風。試想看看，扣除家族內鬨，哪一家公司之所以吸引外人入主不是因為公司派持股比例過低所造成？何以偏偏只因為公司派是現任者，因此自然就得到了法律上的保護？而以亞化的例子來看，公司派就是利用了這樣的保護，即便三年來董事長如跑馬燈般地輪替，公司業務也因為內鬥亂成一團，若不是因為意欲入主者炎州公司本身也是上市企業有足夠的資源，否則大多數亞化小股東面對公司亂象，除了搖頭嘆息大概也只能把股票賣掉賠錢了事。

　　公司現有經營者本來就可以透過董事會決議較市場派人士多一點優勢。法令上偏向原經營團隊亦無可厚非。但如果是一面倒地過度保

護公司派,讓市場派承受過度不公平競爭,其實反而容易讓現有經營者有恃無恐。

★公司治理意涵★

⊙法令偏頗公司派

我國自 1962 年證交所成立以來,一直到 2009 年 11 月炎洲公司購併亞化案,方才出現第一起惡意購併成功案例。歸究其原因,不外是我國法令偏向保護公司原有經營者。我國「公開發行公司出席股東會使用委託書規則」明顯有利於公司派經營地位的維持。此外,公司經營者掌控股東會召開與否和時間、擁有股東名冊得以先向大股東提供不同好處「固樁」,甚至股東會中可以透過杯葛議事、大幅縮減董監人數,以及採用對自己有利的計票方式等來排除對手。尤有甚者,立場應該中立的股務代理公司往往也偏向公司派,在委託書統計驗證上對於市場派亦採取較為嚴苛的標準⑤。這樣的模式,一方面來說,有助於公司經營權的穩定,但從另一方面來說,卻也造就了公司現有經營者的怠惰。

事實上也正因為我國法令過度偏向現有經營團隊,形成了上市櫃市場中許多掛牌,但是沒有什麼營收也沒有成交量的僵屍公司,或是如本案例的亞化,即便公司經營團隊亂成一團,小股東除了賣股也莫可奈何。維持市場穩定避免不肖人士刻意擾亂公司經營固然重要,但維持市場公平競爭,讓良幣有驅逐劣幣的機會,而不是讓經營能力不佳董事可以萬年掌控公司,也同等重要。良性的經營權之爭就如同良好的民主選舉,不但可以為股東挑選出最適經營者,也在警惕現任應汲汲營營為股東謀福利,對公司股東而言,這才是最大效益。

⊙立法委員兼任上市櫃公司董事規範

　　我國法令並未禁止立法委員不得兼任上市櫃公司或任何企業負責人。從理論上，立法委員的職責在於代表人民審查政府預算及通過法案，與企業經營不相衝突，而很多立法委員在擔任國會議員前本身就是成功的商人。但實質上，立法委員挾著其預算審查權對政府相關單位關說施壓早就是台灣人盡皆知之事。

　　原本就制度上，金管會和經濟部是上市櫃公司的主管單位，立法委員再以民意代表身分監督政府，三方存有上下對應關係。但一旦有立委擔任上市櫃董事（長），整個局勢就逆轉，演變成被監督者反過來是監督者的監督者，形成了權責上的混亂，也等同讓部分公司藉由立委坐鎮有了特權和對主管單位施壓的機會。這也解釋了為什麼不少公司喜歡高薪雇用民意代表擔任其董事或是顧問的原因。

　　未來除應更加強民意代表不當關說責任外，建議應立法禁止立法委員擔任上市櫃公司董事及顧問，或是個人經營事業與所屬委員會有利益關係，以避免監督責任制度的混淆。

注釋

① 原「亞洲化學股份有限公司」於 2013 年 7 月 9 日已更名為「萬洲化學股份有限公司」，本文仍統一使用「亞化」名稱。

② 張嘉元狀列公司董事會四大治理缺失分別為：一、亞化自 2004 年到 2007 年違法贈與庫藏股給員工，累計張數約達 1.3 萬張，市值約達 2 億餘元。此庫藏股應該要員工認購，但是公司竟採「贈與」方式，公然違法，其不追究獲得庫藏股員工法律責任，但對失職董監事必須追究，並為亞化追索該部分資產。二、東莞廠 2004 年庫存盤點虧損高達 7,000 餘萬台幣，往年每年僅在 1,000 萬元以下，有人謀不贓之嫌，經 11 月 23 日亞化董事會上提出查核報告，並請依法處置相關涉案人員，但董事會置之不理。三、董事汪士弘公開召集高階主管開會，擾亂公司治理。四、部分董監事期待公司轉型成長，提案包括太陽能電池銅銦鎵硒、大陸數位音視頻轉換標準等投資案，亞化主要經營層均將其擱置，甚至沒有提報董事會討論。

③ 檀兆麟指控葉斯應主要包括：一、要求亞化子公司和自己擔任負責人的禮品公司下訂單。二、未經董事會通過，即和葉斯應親屬擔任負責人的天籟公司簽訂契約書計畫興建光電研發大樓，並於簽約次日即匯款 4,720 萬元予天籟公司。

④ 公司法 173 條規定股東持股 3% 且繼續一年以上者，得提議請求召集股東臨時會。若董事會罔視請求，股東得以不為召集之通知時，報經主管機關許可，自行召集。

⑤ 經濟部在 98 年 10 月 27 日經商字第 09800684960 號（節）函謂：「……股東依公司法第 173 條規定取得股東臨時會召集權後，為辦理股東會召集相關事宜，可依公司法第 210 條第 1、2 項規定檢具利害關係證明文件，指定範圍，向公司或股務代理機構請求查閱或抄錄股東名簿。」亞化股務代理太平洋證券依此經濟部之函令，以台灣集保提供之證券所有人名冊製作股東名簿，接受少數股東抄錄。

高獲利低配股的迷思
—— 從 TPK 宸鴻談起

2011 年 4 月 18 日，註冊於英屬開曼群島，以海外公司名義在台灣上市的 TPK Holdings（以下簡稱「宸鴻」）董事會決議配發股票股利每股 0.5 元。由於宸鴻上一年度每股盈餘高達 23.83 元，卻僅配發 0.5 元的股利，不僅讓宸鴻投資人直呼公司過於小氣，甚至引發立法委員質詢金管會官員，認為宸鴻有逃漏稅之嫌。

宸鴻的「低股利」政策

對於低配股政策，宸鴻財務長劉詩亮表示，宸鴻所從事的觸控面板生產，是一個高速成長與資本密集的產業，所以公司必需不斷地投資新產能來拉大和競爭對手的距離，這也使得公司過去這幾年來的現金流一直是負的。換言之，宸鴻賺到的錢必須再投入資本支出，因此無法發放股利給股東。其次，宸鴻是一間控股公司，主要獲利是來自認列旗下子公司收益，本身並無現金收入，如果要發放股利，必須從其他事業體匯回資金。而由於宸鴻主要事業體在中國大陸，以中國而言，資金匯出會被扣 17% ～ 20% 的稅金，為了發股利反而讓政府額外課稅對股東並不利 ①。

對於宸鴻的說法，不少法人表示贊同，並指出不少國際大公司，如蘋果電腦、Google 和巴菲特的控股公司 —— 波克夏·哈薩威等，都是以不配發股利聞名。特別是當公司在高速成長時，與其將現金支付給股東，還不如保留在公司來幫投資人賺取更高的報酬。

這樣的說法或許很切合一些長期或是有租稅考量投資人的預期，但相對許多小股東而言，買進股票的目的就是要獲利，與其等待公司

未來不可知的高成長，還不如早點落袋為安，才是真正的「鼓勵」。

　　由於宸鴻是一家外商上市公司，並不受本國法令為了鼓勵分配盈餘給股東而對未分配盈餘加徵 10% 的營利事業所得稅的規範，同時也是台灣第一家高獲利卻低配股利的公司，這樣的「低股利」政策自然引發了一個有趣的討論，「當公司有獲利時，究竟是發放股利讓所有股東共享公司榮耀好？還是應該把資金再投入換取公司未來更高成長性？」

不同股利政策的良窳

　　一家高成長公司如果選擇不將賺取的利潤發放股東，而採取再投資的策略，理論上可以幫公司帶來以下好處：

（1）如果公司成長策略正確，可以在減少公司經營風險下，在未來創造更高的報酬，為股東追求長期股東利益。

（2）上市櫃公司配發股利，市場價格會同步扣除權值（除權息），股東等於沒有實質獲利，而且配發的股息會被併入個人利息所得中課稅，對股東而言，參與上市櫃公司除權息不全然有利 ②。相反地，如果公司有獲利卻不配發股息，理論上公司每股淨值將會提高，股價則也會同步上漲。特別是在台灣的稅制下，股東出售股票所得的資本利得（Capital Gain）毋須課稅，這讓小股東如果選擇不配股息而從出售股票賺價差，在租稅上來看更為有利。更何況公司配息等於強迫股東接受獲利點，如果公司選擇不派息，讓股票因為淨值增加自然走高，股東可以自己決定出售股票時機點，反而對股東較有利。

（3）對公司而言，採取長期不配息政策，可以吸引高個人稅率且偏好長期持有的投資人，有助於股權穩定。

（4）如果發放股票股利（盈餘轉增資），會讓公司股本擴大，如

果未來盈餘成長無法趕上股本的擴大規模，反而會讓每股盈餘（EPS）下降，進而造成股價下跌。

但是反過來說，如果一家公司選擇不發放股利（或低股利政策）時，對股東有何不利影響呢？

首先，對小股東而言，由於和大股東及公司經營者之間存在著「資訊不對稱」的關係，如果公司再投資效益並不如預期，小股東可能是最後才知道的一方，進而可能落得什麼都沒有。若能夠定期收取股利，至少可以將部分獲利落袋為安。這也是傳統「二鳥在林，不如一鳥在手」的思維 ③。

其次，由於現行公司會計制度和複雜的母子公司交叉持股型態，小股東不見得能充分了解公司盈餘的品質，例如某項盈餘究竟是如何認列的？公司帳面上的盈餘到底是真的有現金進來，抑或只是紙上富貴？因此，藉由公司發放現金股利（高比率現金股利），也等同是股東做為檢視公司財務能力的指標 ④。

最後，公司定期發放股利一方面可以吸引追求固定現金流的法人投資人，如退休基金的興趣，另一方面也有助於一些需要固定現金流的散戶投資人的投入 ⑤。

究竟一家公司在每年稅後盈餘中，扣除法定提撥及公司預定提撥計畫外，應該拿出多少錢發給股東？在學理上有幾種建議模式：

剩餘股利政策：這是指公司在決定股利數字時，應先將公司未來發展資金需求列為優先考量，待所有預定資本都提列完成後，再將所餘資金作為股利發放股東。這樣模式多出現在高速成長性公司，這或許最利於公司長期發展，但對小股東而言，卻可能是收到股利最低但承受風險最高的模式。而公司保留太多現金也容易讓公司經理人提出過多而不當的計畫。

固定股利政策：這是指公司不管盈餘數字，每年都固定發放一定金額股利。這種模式常存於營收穩定或財務良好的公司。最大的好處是讓投資人清楚知道公司股利政策，容易吸納中長期投資者。

穩定股利率政策：這是指公司股利是由每年稅後盈餘固定分配率決定（如稅後盈餘的 80%），這對一般投資人而言，同樣可以清楚推算公司的年度股利。

固定股利加分紅制：這是指公司股利政策日常採取固定股利政策，如果遇上年度營收獲利超過預期，再以額外分紅股利方式回饋股東。

以上四種股利政策何者為佳？其實並沒有定論，要端看公司董事會對於公司自身財務狀況、公司未來發展所需資金和潛在投資機會而定。只是目前台灣許多公司也多以上述理由為藉口，多數仍未有明確的股利政策，在同樣的獲利數字下，年年股利數字不同，甚至利用股利的宣布來創造炒作自家股票的題材，實在不好。建議公司董事會應認真思考公司短中長期發展方向，建立明確的股利的政策，並於公司財報或是公司網頁上公告，讓投資人有所依循，也減少不必要的投機預期心理。

判斷股利的合理性

重新回到宸鴻，這家公司主要從事觸控產品的製造和銷售，受惠於近年來智慧型手機和平板電腦的熱賣而大發利市。在面對市場製程的不斷推陳出新，以及新競爭者的不斷投入，身為市場龍頭，宸鴻必須要不停投資才能拋開對手，而這些考量是可以被理解的。只是當打開宸鴻上市前的財務報表，我們卻赫然發現，在宸鴻財務長宣稱三年來現金流為負的情況下，在上市前二年宸鴻分別於 2008 年發放 1.09

元現金股利和8元股票股利,以及在2009年發放8.39元現金股利和0.5元股票股利。換言之,在宸鴻上市前似乎對老股東還頗為慷慨。表一為宸鴻自 2008 年至 2010 年獲利及股利分配情況。

　　同樣地,在 2010 年同一年度中,宸鴻發放了約 4,249 萬元的董事酬勞,如果加計董事兼任員工紅利則為 4,561 萬元。這相較於前一年(2009 年)未上市前董事酬勞 52 萬元及董事兼任員工紅利 2,046 萬元相比,很明顯地,上市前宸鴻對股東很好,對董監事較為刻薄。但一旦上市後,卻是兩相逆轉,從公司治理來看,這是件很值得玩味的事。表二為宸鴻自 2008 年至 2010 年董事酬勞與員工紅利情況。

〈表一〉宸鴻2008年至2010年獲利及股利分配情況

單位:新台幣百萬元

	2008年	2009年	2010年
營業收入	12,942	18,709	59,599
營業損益	492	2,612	6,232
本期損益	389	2,310	4,748
每股盈餘	2.06	11.82	23.03
現金股利	1.09	8.39	0
股票股利	8.00	0.50	0.50
保留盈餘	310	1018	5,556

注:每股盈餘、現金股利與股票股利以元為單位。

〈表二〉宸鴻2008年至2010年董事酬勞

單位：新台幣千元

	董事酬金	加計兼任員工酬金
2008年	0	1,089
2009年	516	20,461
2010年	42,485	45,606

第一上市公司之低股利現象

事實上在同一時期，宸鴻並不是唯一一家因為高獲利低配息而受批評的公司，還包括了 EPS 為 8.01 元卻只發 1 元現金股利和 0.5 元股票股利的鴻海，以及 EPS 達 8.64 元卻僅發放 1.8 元現金股利和 1.2 元股票股利的綠能。

此外，同為「第一上市公司」⑥的安恩科技（IML），前一年的 EPS 為 7.86 元，卻不配發任何股利。IML 同樣註冊於英屬開曼群島，其不發股利主要理由和宸鴻其實差不多，主因為該公司主要營運地為美國，依美國稅法規定，對於美國境外非租稅協定國家居民發放股利，需扣繳（withhold）30% 所得稅，這對台灣股東並不利。因此 IML 改採股票回購（share repurchase）模式，由公司出錢從集中市場購回股票來回饋股東。最後 IML 以總計 4.67 億元購回約當 5.69% 股數約 430 萬股，並予以註銷，等同於減資 5.69% 並提升每股盈餘。

IML 的作法在美國相當流行，這種作法除了兼顧上列所述把獲利時間點的決定權返還股東、有效規避利息所得稅和資本利得稅稅賦差

距,以及減資可望推高每股盈餘外,由於公司是由集中市場中直接購入股票,更有直接推升股價的效果。

但從另一個角度想,從市場回購股票的作法卻可能有以下問題:

（1）由於公司以超過面值 10 元的價格從市場收購股票並予以註銷,會造成每股淨值的下降。

（2）由於市場交易多數為一般散戶投資人,有助於大股東股權的集中,也等於有點變相由公司出錢幫大股東鞏固股權。

（3）公司對於市場回購的訂價和時間點,很容易成為公司內部關係人內線交易的機會。

（4）相較於股利政策的等比例分配原則,市場回購機制不見得可以讓所有股東均受到同比例對待。

（5）公司宣布現金回購等同告知市場,公司眼前並無更佳的投資運用效益,只能把現金返還股東。

結論

2012 年 3 月 6 日宸鴻舉行股東臨時會通過修改公司章程,明訂股利不低於年度獲利的 10%。董事長江朝瑞表示,由於前一年的低配股被罵得很慘,考量股東感受,決定從善如流。隨即在董事會中決議配發 20 元現金股利（相當於 47 億元）及 3 元股票股利。至於設備的資本支出及因應未來資金需求,則將以發行海外存託憑證（GDR）支應。消息一出,市場又出現兩極反應,一方讚揚宸鴻不再「小氣」,另一方則憂心配股將造成宸鴻股本膨脹近四成,將不利於維持高每股盈餘,結果是不管宸鴻股利政策怎麼訂,市場都有意見。而且不禁令人好奇的是,當初宸鴻經營層告訴大家現金匯出有額外稅負問題,為何不過一年這個問題就不再存在?

投資人購入一家公司股票，除了期待公司能有利多消息帶動股價上揚外，另一場重頭戲就是等待公司宣布股利。股利的多寡一方面等於是經營團隊一整年來對於所有股東們的成績單，另一方面也代表著公司對於未來前景和發展策略的看法。換句話說，股利政策是公司董事會必須要在討好股東和公司未來營運發展雙重考量作出的抉擇。

由於公司未來發展方向只有公司經營高層和董事會成員最清楚，一般股東不見得能了解和體會，因此從公司治理的角度，沒有什麼一定是最佳股利政策，只要是公司經理人和董事會是基於善良管理人責任和誠信，對公司作出最適決定，高股利與低股利何者為佳，其實並不重要。重點反而是公司應該清楚而明白揭示其短中期股利方向和政策，讓一般投資人清楚而有所依循，而不是今年講一套，明年又採行另一種模式，這才是公司治理的關鍵所在。

★公司治理意涵★

⊙公開股利政策

現金股利、股票股利或是股票回購，都是公司將經營成果分享給股東的方式，亦各有其利弊。在實務中，公司在決定採取哪一項（或交互使用）股利政策時，除了考量前一年度盈餘外，往往要參考公司未來發展、現金部位及租稅政策等因素。以宸鴻而言，由於所處產業正在快速成長，再加上新競爭者陸續加入戰局，公司期望能將盈餘做為更有效運用，可算是合理的作法。如果再以隔年（2011 年）宸鴻的盈餘表現來看，公司再投資的策略也的確獲得相對回報。然而，宸鴻的低股利之所以引發爭議，主要由於是第一年上市，投資人不見得能充分了解宸鴻的策略，在投資人以高價購入宸鴻股票時，自然對公司有了較高的期望。相對地，宸鴻也並未於上市公開說明書中揭露公司未來預定股利政策，因而造成了投資者期望與公司經營者決策的落

差。未來主管機關可考慮要求新上市公司於第一次上市或現金增資年度公開說明書中說明公司所屬產業特性及可能未來股利政策，使得投資人能針對公司進行充分評估。

⊙保留盈餘合理性

　　股東、公司經營團隊和員工是一家公司永續經營的鐵三角。在現行的規範中，主管機關僅建議和部分要求董事會中由獨立董事設立薪酬委員會，以監督董監酬勞及員工紅利之合理性。至於公司盈餘是否應分配股利或是分配比例應該多少，則採取尊重公司決策方式，僅以針對除法定保留盈餘外，公司未分配盈餘加徵 10% 之營利事業所得稅方式，希望企業能多發股利。但因我國稅制中採取二稅合一及個人綜合所得稅係採累進稅制，同樣比例的股利入帳，大股東可能適用更高的稅率要繳更多的稅，因而造就了大股東可能偏好不分配盈餘，反而讓小股東連帶得不到或只能拿到較低的股利，最終因為公司大股東多半也是經營階層，把錢留在公司，他們依然可以靠著費用支出或是其他手法從中獲益，小股東反而因此受拖累，最後落得只能喝口小湯，實在不公平。

　　台灣不少上市櫃公司常以因應公司未來發展為由，僅將小部分盈餘發給股東，甚至於例年都有盈餘就是不發股利。結果公司帳面上保留有超高保留盈餘，但最終在其從事大型投資案時，也多還是從銀行聯貸取得資金。而且多數公司針對保留資金運用績效亦不佳，這一點常為人所批評。政府單位雖有意將未分配盈餘加徵 10% 營所稅稅率提高至 15%，但由於擔心企業反彈，影響企業投資意願而不敢實施。台灣不少上市櫃企業帳上坐擁上千億資金或是數倍於資本的資本累計長達十幾年，保留這麼多資金卻不願與公司股東分享是否合理，值得討論。

　　毫無疑問，公司保留住部分盈餘，可以確保公司未來營運安全和預留未來資本支出（例如擴廠或購買機器設備）或是投資的彈性及效

率。有研究指出，美國 2008 年的金融風暴部分成因就在於在此之前，許多金融機構大量實施現金回購來回饋股東，最終導致金融風暴發生時無足夠現金部位可以因應。公司為了討好股東把錢都發放出去，最終導致發生重大事件時，公司無足夠資金處理當然不是件樂見的事。但相對的，公司一味以未來發展為由保留太多盈餘，造成大股東吃肉小股東喝湯，一樣是違背公司治理原則。

一家企業究竟要多保留盈餘在帳上好，還是應該適度回饋股東好，其實還是要看每家公司其各自短中長期發展計畫，很難以一套標準要套用在所有公司身上。從公司治理角度，除了希望公司高層在思考公司股利政策時，除了考量公司未來發展外，應該也要把小股東的利益一併納入考慮。而更好的方式是應該建立起公司穩定的股利政策，透過資訊的透明，讓投資者在決策前可以清楚了解本公司對於盈餘分配的原則與方向。

⊙資訊透明度的不信任

現行稅制當中，因為停徵證券交易所得稅，但對股利則依利息所得課稅。再加上除權息制度，當上市櫃公司分配股息，理論上小股東得不到任何好處（因為獲得股利同步在股價中扣除），反而可能要被課稅。即便如此，小股東仍舊偏好發放股利的公司。小股東之所以會向偏向對自己較為不利的政策，其實也正代表著公司治理及資訊的透明度並未能充分讓小股東認同。在公司想要建立起完整的股利政策前，或許應先從公司資訊的公開透明，贏得股東信心著手。

注釋

① 宸鴻控股公司設立在開曼群島，要發放股利，得由中國匯到開曼的控股公司，一旦資金匯往海外都必須被中國政府課徵 17% ～ 20% 的高稅率。此外，宸鴻發的股利須併入個人海外所得，達 600 萬元以上就必須課稅。

② 台灣由於採取二稅合一制（企業營利事業所得稅及個人綜合所得稅不重覆課稅），因此個人取得股利收入中，發給公司已支付企業所得稅部分可以作為個人所得稅的抵稅額。參與公司除權息在稅負上是否有利，要端看企業的可扣抵稅率與個人適合綜合所得稅率何者為高而定。

③ Gordon（1963）提出「一鳥在手理論」（bird-in-the-hand theory）認為經由保留盈餘再投資而來的資本利得的不確定性比立即收到現金股利還高，因此投資人會比較偏好提高股利發放。

④ 依據訊號理論，管理階層所選擇的資本結構可能透露公司未來前景的資訊，因此增加股利發放傳達著看好公司未來前景。

⑤ Miller 和 Modigliani（1961）提出股利的「顧客效果假說」，認為不同類型股東對不同股利政策各有其偏好。

⑥ 第一上市係指的是海外公司回台向台灣證券交易所申請首次上市之公司。

餐桌上的董事會
──莊頭北工業啟示錄

　　2008 年 11 月 26 日台灣櫻花公司以 7,850 萬元從法院拍賣中標下「莊頭北」的商標權，莊頭北這個伴隨著台灣許多家庭走過數十個年頭，長期占據台灣衛浴設備市場前三大的本土老品牌，就此拱手讓人。

　　莊頭北工業（以下簡稱為「莊頭北」）於 1929 年由創辦人莊庚戌（莊頭北）先生創立，在日據時代以幫日商川本組等建築公司代工銅製給水器起家，1945 年莊頭北由第二代莊明宗接班，開始擴大規模，跨足熱水器、臉盆、馬桶等衛浴設備，並建立以「莊頭北」為名的自有品牌。

　　莊頭北由於相較台灣其他同業早先一步進軍衛浴設備市場，再加上自有研發能力，在台灣早期衛浴設備多為進口品的市場中，很快因為品質好和價格合理而打出口碑而成為家喻戶曉的品牌，並多次獲得全國傑出品牌獎和金商標獎等的肯定，也是台灣在民國七〇年代少數得以出口日本的衛浴設備廠商之一。

　　在莊頭北品牌獲得成功後，第二代接班人莊明宗仍維持上一代勤樸的家傳精神，諄諄告誡後代子孫不要追逐金錢遊戲，否則一定會動搖事業根基。因此莊頭北選擇了不上市掛牌，而由家族成員分居企業要職的家族經營模式，充分展現了台灣傳統企業勤勞樸實、分工合作的文化，不料卻也因此埋下了日後的危機。

錯誤的決策

1996 年由於台灣內需市場低迷,在看好中國大陸興起後,大量人口流向都市將帶動大量住宅興建和衛浴設備的需求,莊頭北攜手美商漢鼎亞太投資和新加坡商匯亞投資,合資近一千六百萬美元赴河北省唐山市設立占地廣達六百畝的衛浴設備生產廠,為當年河北省台商最大投資案。莊頭北希望能藉由河北廠龐大的產能和低廉的生產成本,協助莊頭北成為台灣第一家邁向國際的衛浴品牌,在這樣的決心下,在河北生產線完成後,莊頭北便毅然決然地關掉原本位於新竹的衛浴生產工廠。

當莊頭北完成生產布局正準備大展身手之際,才頓時發現中國衛浴設備市場其實遠不如原本預估的美好。由於當時中國經濟雖然高速成長,大量人口湧入城市,但由於貧富懸殊,市場消費呈現極端二極化差異。多數打工族或一般百姓仍無力購屋,或是寧可選擇價格更為低廉的本地品牌衛浴設備,而其他受惠於經濟成長而富有的新興富豪則偏好選擇進口高檔品牌。品質和價格均介於中間的莊頭北,反而由於市場定位不明確,不高不低,遲遲無法打開市場。

此時,莊頭北業務部門剛好標下台塑養生村等幾件台灣本地的大案子。原本莊頭北經營層信心滿滿,河北生產線足以完全應付台灣以及未來國際市場需求,不料當時的時空環境下,台灣政府根本不允許中國生產的衛浴設備進口,在關閉原有台灣生產線後,莊頭北台灣的業務剎時失去了產能的支應,最後只能另尋本地代工廠代工貼牌,以及由第三地進口方式來因應,如此嚴重而明顯的資訊董事會在決定關閉新竹廠前居然不知道,可見當時決策之粗糙。

貿然搶單雪上加霜

莊頭北在揮軍中國大陸，全力鎖定在這個新興市場之際，原有的台灣市場則由於景氣低迷，反而激勵了國內廠商開始投入大量資源大打廣告進行品牌行銷，並投入研發推陳出新推出各種產品。但此時相對的，莊頭北經營層仍堅持原有經銷商策略，認為「酒香不怕巷子深」，只要品質好自然大家都會口耳相傳，因此沒有必要花大錢打廣告。但也因此在熱水器、瓦斯爐的市場，莊頭北逐漸輸給強調服務品質的台灣櫻花，而陶瓷衛浴部分則由產品多樣化的和成衛浴逐步趕上。

由於中國內需市場一直無法打開，而台灣市場又不斷流失下，2002 年底在預定接班的第三代的莊浩仁帶領，莊頭北開始以低價搶攻配合營建商建案的衛浴設備訂單，希望能藉此反攻和鞏固台灣原有市場。只是當時台灣正苦於大量產業外移，國內需求萎靡不振，因此營建業也一直不景氣，但莊浩仁為了追求業績完全不顧風險，反而逆向操作，以提供建商長期應收帳款方式衝出貨量，不到一年，就因為大量建商倒閉，莊頭北帳上出現接近 4 億元的應收帳款，而且這些帳款多數最後成為收不回的呆帳。這對於資本額僅 6 億元，財務上又因投資大陸設廠而深陷泥沼的莊頭北而言，更是雪上加霜。

在中國投資失利以及內需市場高額呆帳雙重打擊下，莊頭北背負了上億元的負債以及對台灣代工廠積欠高額貨款。在情急之下，莊頭北董事長莊浩仁選擇了向地下錢莊借款以及和代工廠家寶工業簽下一紙金額達二億元的授權合約，授權家寶工業的產品使用莊頭北品牌出貨，這些協議或許解決莊頭北一時之急，但在整體營銷情況未見改善的情況下，莊頭北最終仍無力償還積欠債務，前者造成莊頭北三天兩頭就有黑道份子前來鬧事，後者則是演變成家寶工業最後向法院申請將「莊頭北」品牌予以法拍，造成老店品牌就此流落競爭對手的手中。

餐桌上的董事會

細數整個莊頭北從盛極一時到品牌拱手讓人的故事，最大的問題就在於「用人唯親」的企業文化。由於莊家經營累積三代，因此公司內部重要職位皆由莊家人擔任，在「自家人好說話」下，因此多數重要商業決策，都是一家人在餐桌上邊吃邊討論即可作出決定，沒有詳細的評估與分析，也缺乏「異議人士」提出建言，才會一而再、再而三地犯下明顯的錯誤，最後造成遺憾。

結論

從自然界觀察，生物界近親繁衍的最後結果往往會因為血統過於純正和單一，以致無法因應大自然突發的變化。台灣有許多企業是由創辦人胼手胝足打拚立下基業，再交付第二代第三代接班而成，創立者也多持有家天下的思維，希望子子孫孫都能秉持家訓攜手打拚，並認為外人總有私心，不可能像自家人這樣一心為公司，所以公司從董事會、監察人到各部門主管都是由自家人擔任。這樣的董事會組成，或許有助於決策的效率和過程的和協，但也往往因為思維一致，而失去了對於決策盲點的警覺和缺乏有效的監督，最終犯下不可挽回的決策錯誤。莊頭北由盛而衰的例子，或許正是台灣許多家族企業應引以為戒的典範。

★公司治理意涵★

⊙不上市 VS. 上市

　　企業掛牌上市往往可以帶來原有股東鉅額財富效應、利於公司融資、增加公司知名度以及吸納人才等優點，但也必須面對公司資訊揭露、股價壓力、更多更嚴格法令規範和面對小股東質問，甚至不少企業主由於過度重視公司上市後股價而顧此失彼，或是為了討好市場而作出有利於公司短期股價卻不利長期發展的決策等。一家經營良好的公司到底應不應申請上市交易，其實並沒有絕對定論。但以本個案而言，莊頭北家族由於不希望家族沉迷於金錢遊戲中，因而未推動公司上市，的確，公司不上市可以保有決策和執行更具效率，維持家族控制力避免外力介入，和減少需要花時間和費用和公司股東、主管機關溝通等好處，在控制權和所有權高度掌控在經營者手中下，大股東也較無誘因去掏空公司。這樣的用意應該是傳承台灣人傳統保守穩定、勤奮守成的美德，原本立意良善，但以事後諸葛看來，如果莊頭北能在前往中國投資前，先行推動公司上市，或許中國投資失利不至於會造成莊頭北後續過大的財務壓力。而因為上市後公司關係人的監督和公開資訊的壓力，可能也較不至於讓公司管理層在決策時忽略潛在盲點而一錯再錯。

⊙家族董事 VS. 外部董事

　　台灣多數企業多偏好由家族成員占有董事會多數，最大的好處是可以鞏固經營權不被外人侵奪；另一方面也可以提高決策的效率。再者，由於家族成員多半在公司內部歷練，或是自小耳濡目染，相較於外部董事更為熟悉公司業務與運作。但是如果董事會皆由家族成員掌控，卻有可能因為思考模式類似，無法看到可能的問題。

　　特別是如果由家族大家長擔任董事長，其他董事成員均為其後輩時，更有可能出現長輩一言定案其他董事不敢反對的一言堂現象，而

形成決策偏差。唐代的魏徵曾以「兼聽則明，偏聽則暗」，勸戒君王應查納各方之言，一家公司的老闆亦是如此。

　　目前我國正逐步針對上市櫃公司推動獨立董事制度 ⊙，也正是希望能打破家族董事或是同一控制股東控制所有董事會成員而形成決議一言堂所可能形成的決策偏差和舞弊。莊頭北屬於未上市公司，不管在當時或是現在均不適用獨立董事的要求，但對於我國為數眾多的未上市的企業而言，莊頭北的案例恰恰是一個最好的典範，即便沒有法令要求，但如果能適度引入外部董事席次，以外部人或公正第三者身分參與公司決策討論並提供適時建議，恰可以修正這種集體統一模式思考的偏差。

⊙傾聽反對的聲音

　　2013 年由知名億萬富翁華倫・巴菲特主控的波克夏・哈薩威公司特別邀請了長期看空該公司的基金經理人 Dough Kass 來參加年度股東會，並安排由該經理人在所有股東面前，公開向公司經營層提出質疑。這樣的舉措對許多公司而言都是件不可思議的事，但其實對柏克夏的高層而言，透過不同聲音的展現，其實也是誘發自己對於一些未曾思索或是自以為是的議題，重新反省和檢視的機會。

　　在台灣或全世界絕大多數的股東會和董事會中，主持者都希望整個會議是能在一種和協的氣氛中達成共識，而不是火藥味十足的針鋒相對。但是反過來想想，很多的論點和細節，不也就是在一次次的針鋒相對中被討論出來的？就如同民主政治中，反對黨的存在有防止和糾正執政黨的舞弊和決策錯誤的功能般。對公司經營者而言，毫無疑問地，適度的反對聲音和建言的存在是避免公司犯下重大決策錯誤的最佳良方。

　　「傾聽！特別是當你得意洋洋的時候。」巴菲特強調「永遠質疑你自己！」這或許是台灣許多企業經營者在自詡英明神武、高瞻遠矚時應時時提醒自己的。

注釋

① 2006 年 1 月證券交易法（第 14-2 條）修訂，公開發行公司得依公司章程規定自願設置獨立董事。台灣目前仍無強制要求設置獨立董事，唯自 2002 年起申請上市櫃的公司，依證交所及櫃買中心之審查準則要求，董事會成員中應包括至少獨立董事 2 人。

政治利益與股東利益，
孰者為重？

2012 年 1 月 16 日，中華電信召開臨時董事會決議，將在新台幣 35 億元的額度內，以每股 11.73 元參與中華航空公司（以下簡稱「華航」）現金增資案。預計將可取得約 2.99 億股之華航股票（約 5.74% 股權），成為華航第三大股東。同時，這也是中華電信公司成立以來金額最大的一宗轉投資案。

中華電信和中華航空雖然分屬國內最大電信業者及航空公司，但經營業務上卻有天壤之別。中華電信在我國電信業中具有寡占的地位，獲利能力穩定，反觀華航則是受到整體經濟景氣和油價波動影響甚深，每年營收表現落差甚大（如表一所示）。何以原本經營風險甚低的中華電信要投入於相對高風險且無明顯相關的事業之中？這樣的決策的確令人費解。

長年配合政府政策

對此，中華電信財務長兼發言人葉疏表示，投資入股華航主要基於業務經營策略性考量。首先，中華電信著眼於政府推動六大新興產業所衍生之商機，擬跨足觀光雲端服務，希望透過投資與策略聯盟汲取觀光旅遊業之相關知識。華航為國內最大航空業者及觀光旅遊業龍頭，應可借重其於該產業鏈之專業知識與影響力，協同中華電信開拓旅遊、貨運物流等相關資通訊服務，不僅可為旅客帶來更好的使用經驗，也能為股東創造價值。另外，華航自有及往來飯店、旅館的 e 化網路，未來也將成為中華電積極拓展的業務重點。

其次，基於看好兩岸觀光產業發展遠景，加上華航因應兩岸觀光

與商務往來頻繁、內部規畫增購客機、新闢航線及航班,華航在兩岸建構訂位系統等相關業務時將由中華電信提供電信或網路服務系統。

由於國內電信產業市場飽和,中華電信將面臨營收成長動能趨緩的困境。再加上要求中華電信降價及開放「最後一哩」①的呼聲不斷,勢將撼動其電信龍頭的地位。因此,中華電信必須透過不斷地開發新業務以帶動營收成長這是可以理解的。

然而,針對為何要投資中華航空,中華電信的說法似乎並無法說服投資人,消息公告後,分析師紛紛調降中華電信目標價。原本深受外資法人青睞的中華電信股票,一躍成為上市公司中外資賣超的第一名,短短三天內股價即下跌了約 3%。雖然有部分分析師提出不同見解,認為即便此投資為中華電信盈餘帶來負面影響因素,但以中華電信每年巨額營收和獲利而言,對每股盈餘影響數其實遠不如股價下跌幅度,市場對這起投資案的反應似乎過度悲觀。

〈表一〉中華電信與華航營收表現

單位:新台幣百萬元

中華電信	2004	2005	2006	2007	2008	2009	2010	2011
稅後淨利	49,863	47,653	44,891	48,249	45,010	43,757	47,609	47,068
每股盈餘	5.17	4.94	4.63	4.56	4.64	4.51	4.91	6.04
華航	2004	2005	2006	2007	2008	2009	2010	2011
稅後淨利	4,183	645	738	-2,519	-32,351	-3,805	10,622	1,954
每股盈餘	1.39	0.19	0.2	-0.63	-7.11	-1.04	2.29	0.42

注:每股盈餘以元為單位。

其實,對許多投資人及分析師而言,這宗投資案所帶來真正的疑慮並不在於對中華電信盈餘的波動程度,而是擔心中華電信背後的大

股東——交通部 ② 是否將政策黑手伸進了中華電信？中華電信是否還能保有公司決策的獨立性以及以股東及公司利益為最大目標？

不務正業威脅本業

證券分析師的考量並非無的放矢，因為另一家政府同為單一最大股東（經濟部）的上市公司——中鋼公司，就在幾年前同樣在本業營運良好下，卻因為配合政府政策以及政治力的介入，進行業外投資，最後提列巨額損失，反而侵蝕本業獲利。

中鋼成立於 1971 年，原本為民營企業，最早創立目的即在配合政府政策，提高本國鋼鐵自給率，減少對進口鋼鐵的依賴。在 1973 年全球爆發石油危機後，時任行政院長的蔣經國提出十大建設計畫並將中鋼納入其中，而後，政府逐步出資投入擴產，中鋼因而轉型為國營企業。

1991 年 6 月「公營事業移轉民營條例」通過後，中鋼開始推動民營化，歷經六次官股釋出後，在 1995 年官股持有比例首次低於 50% 門檻，達 47.81%，中鋼正式改制為民營公司（經過歷年釋股，經濟部 2011 年持股為 21.18%） ③。

逐步民營化的中鋼，擺脫了國營企業預算及人事的僵固，開始朝向集團化、國際化及多角化的方向前進。初期即以整合鋼鐵業上下游及周邊相關產業，成立了包括了中國鋼鐵結構（1978 年）、中國碳素化學（1989 年，生產媒焦油相關製成品）、中聯爐石處理資源化公司（1991 年，煉鋼餘物爐石及殘碴的再利用）、中宇環保工程公司（1993 年）、高科磁技（1996 年，生產高純度氧化鐵與高導磁或低磁損之軟性鐵氧磁粉）、中德電子材料（1994 年，生產半導體矽晶圓，2004 年已售予美國 MEMC 公司）。

1995 年完成民營化後的中鋼更加快了轉投資的腳步，分別透過業務和資產分割的方式陸續成立了中鋼鋁業（1996 年）、中鋼運通（1996 年）、中盈投資（1996 年）中貿國際（1996 年）、中鋼保全（1997

年)、中欣開發(1998年)、中冠資訊(2000年)等七家百分之百持股子公司。並透過與國內鋼鐵業的結盟,先後投資桂裕鋼鐵(1995年,目前已改名為中龍鋼鐵,為中鋼100%持股子公司)、燁隆鋼鐵(目前改名為中鴻鋼鐵,為中鋼集團持股29%子公司),除了注重於本業相關的投資外,此時中鋼也積極介入台灣新興科技產業,投資了世大積體電路公司(1997年,2000年併入台灣積體電路製造公司)、展茂光電公司(2000年)、東信電訊公司(1997年,2000年將所持全部股份售予東元電機公司結束投資)、東森寬頻公司(2000年,目前為亞太電信)、中加生物科技基金(2000年),以及金融投資業,如台灣工業銀行公司、開發國際投資公司(1998年)。圖一為中鋼2011年主要的轉投資事業。

這些轉投資公司,或因受惠於中鋼釋出的訂單,或是鋼鐵內部上下游整合優勢,多數經營績效良好,每年亦為中鋼轉投資收益上貢獻良多。表二為中鋼自2005年至2011年營業外收益狀況。

沉重的政治包袱

然而,隨著1990年代之後台灣民主政治的風起雲湧卻讓這一家鋼鐵公司經營決策的獨立性浮上了陰影。

首先,中鋼集團員工高達上萬名,而且多集中於中鋼總部所在地的高雄地區,這讓中鋼自然成為地方政治人物爭相拉攏的對象,再加上此時中國大陸的崛起,大量建設帶動鋼鐵價格的高漲,中鋼身為台灣鋼鐵業的龍頭,牽動著整個台灣鋼鐵業中下游的供應鏈,多少錢供料?供料給誰?乃至於廢料的處理等,都存在龐大的利益,自然也成為政治人物眼中的肥肉。此時的中鋼雖然號稱民營化,但由於政府部門仍是最大股東,董事長及總經理仍由官派,雖然預算不必再送立法院審核,但政治人物仍可以透過行政管道或施壓中鋼最大股東——經濟部來影響中鋼決策。也因此舉凡地方重大建設或是民營大型開發投資案,各方勢力無不利用關係爭相找上中鋼來投資。

〈圖一〉中鋼2011年主要之轉投資事業

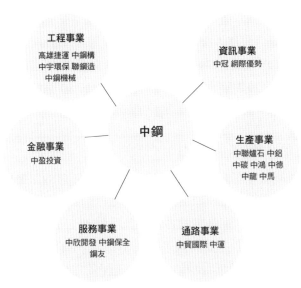

〈表二〉中鋼自2005年至2011年營業外收益狀況

單位：新台幣百萬元

營業外收益	2005	2006	2007	2008	2009	2010	2011
金融資產評價利益	412	149	133	58	16	13	3
採權益法投資收益	4,442	9,631	12,118	1,804	9,334	8,248	5,151
處分投資利益					1,643	9	1
減損損失	-906	-272	-319	-5,092	-4,201		
總計	3,948	9,508	11,932	-3,230	6,792	8,270	5,155
占營業淨利%	6%	25%	24%	-7%	82%	23%	35%
占本期淨利%	8%	24%	23%	-13%	35%	22%	26%

在高峰時期，中鋼集團轉投資事業含直接與間接投資高達 90 餘家，除了原本鋼鐵本業中下游投資及周邊相關外，還包括配合政府政策以約 39 億元合併無人接手的台灣機械公司、以 27 億投入興建高雄寶來溫泉飯店 BOT 案（本案最後宣布放棄）、以 57 億元投資台灣高速鐵路（本案最終中鋼全數認列虧損）、投資 80 億開發高雄經貿園區，以及出資 31 億主導投資高雄捷運等計畫。

產業巨人葬送競爭力

在中鋼營業額隨著集團化日益擴張時，伴隨著的卻是中鋼在國際鋼鐵業間競爭力的評比節節下滑，依「世界鋼鐵動態」（World Steel Dynamics）對國際各鋼鐵廠的各項評比，在西元 2000 年前中鋼排名多數位居全球前三名最具有競爭力的鋼鐵廠，到了 2005 年跌到第 9 名，到了 2010 年跌到第 18 名。競爭力下滑的主要原因在於當全球鋼鐵業受惠於新興國家大量建設帶動鋼材需求，而採取合併或擴產模式提高競爭力時，中鋼卻受限於管理高層人事異動的頻繁，擴產計畫一直無法展開，再加上無法掌握原料來源，在鐵礦石成本飛漲下侵蝕中鋼獲利，以及員工平均年齡老化（平均年齡 48 歲）和研發成果有限等。而在對內銷售盤價，也常因政策要求照顧中下游鋼鐵業，內銷價格往往低於國際行情。最終的結果，過多的轉投資讓中鋼經營上失去了對本業應有的專注與投入，因而在全球競爭力排名上節節下滑，並在 2011 年第四季及 2012 年第一季出現虧損。

結論

台灣由於腹地狹小，很難發展超大型的重工業。但憑藉著良好的管理制度，中鋼曾多次成為國際最有競爭力及獲利率最高的鋼鐵廠。然而，正因為其高獲利以及「名義」民營但「實際」公營的角色，讓它成為各方政治力介入覬覦的大肥肉，進而影響中鋼高層決策的獨立性以及中鋼長期競爭力。

相對來說，政府部門雖為中鋼持股第一大股東，亦透過董事及總經理的指派實質掌控中鋼。但除政府持股外，中鋼擁有高達百萬名股東，位居台灣證券交易所上市櫃公司股東人數第一。政府部門如果一味只是從政策考量要求中鋼配合，而罔顧這超過百萬名小股東之利益，那與一些圖利大股東而損害小股東權利而惡名昭彰的公司有何兩樣？

★公司治理意涵★

⊙國家政策與股東權益

從公司治理的角度來看，中鋼面臨的最大問題在於從肩負國家政策使命為第一優先的國營企業，轉化為民營化後以股東利益為優先，兩者之間未能完全切斷所產生的矛盾。對中鋼大股東──經濟部而言，由於具有官方背景，因此在面對抉擇時，自然會傾向配合政府政策，甚至進而讓政治人物或民意代表有從中上下其手的機會，形成了對公司經營的不當干擾；而對小股東而言，在民營化的招牌下，卻忽略了中鋼本質仍具有強烈官方色彩的特性，因此可能作出配合政府政策但不利於小股東的決策。

展望未來中鋼應該：

（1）回歸專業經理人治理，減少不必要的政治干預。
（2）增加獨立董事及監察人席次，由更多獨立公正人士決策公司
　　　發展方向。
（3）針對與政府部門政策相關決策，應比照公司利害關係人交易
　　　模式，提供明確的資訊揭露。

⊙業外投資威脅本業競爭力

從中鋼集團之轉投資史來看，可以發現早期中鋼轉投資多偏向以中鋼公司為主體下，副產品的再利用（如中碳、中聯），或是公司內部部門的切割獨立（如中冠和中鋼保全），但是演變到後來，卻是從土地開發到飯店投資無一不包，過多與本業不相關的轉投資或許有助於集團內部資源的整合，或是公司資金的更有效利用。但一方面因為轉投資事業的高風險性和不熟悉度，卻可能連帶拖累了原本穩定的本業，另一方面過多及過雜的投資事業，也可能造成主體公司高階經理人過於分心於轉投資事業中，而忽略了本業的經營，反而得不償失。

⊙政治關聯性

中鋼從 2000 年到 2010 年之間一共更換了六位董事長，主事者之所以頻繁異動自然和政治力介入脫不了關係，造成的結果，一方面讓決策者在進行決策時，可能偏好具有短期效益以及符合政治高層利益的決策，而非公司長遠利益及股東利益的決策。另一方面，人事異動也讓公司政策不易形成長期穩定的一致性。尤其甚者，更可能形成公司內部各方人馬爭相拉攏政治人物而造成公司內部派系傾軋。

注釋

① 中華電信目前寬頻網路的市占率達八成,室內電話市占率更高達九成七,主要原因來自壟斷連接每個人家中的用戶迴路(local loop,亦稱為「最後一哩」)資源,其他業者經營 ISP(網路服務提供者)則必須向其租用。

② 交通部為中華電信與華航(透過航發會與國發會)背後的最大股東,各持有35% 及 46% 之股權。

③ 截至 2011 年底,政府及國營企業對中鋼持股達 24.07%,分別如下:

	持股
經濟部	21.18%
勞工保險局	1.65%
中華郵政	0.74%
公務人員退撫基金(估算)＊	0.50%

注:投資股票總額800億元,其中投資中鋼約2%或16億元。

帝國夢碎，股東買單
——明基併購啟示錄

2005 年 6 月 7 日，明基電通公司（現為佳世達科技旗下子公司，以下簡稱「明基」）突然宣布併購全球第四大手機品牌且年營業額將近自己一倍的德國西門子公司（Siemens）手機部門。

在這場併購案中，明基不但完全不需支付半毛錢，即可取得西門子旗下完整的手機業務，及長達五年西門子手機品牌（BenQ-Siemens）使用權，西門子公司還奉送約當 6 億歐元的資產，包括 2.5 億歐元的現金與服務，5,000 萬歐元入股明基公司新成立公司 —— BenQ Mobile Holding，和 3 億歐元將西門子該部門淨值轉為正數。如此一來，明基從手機代工廠和市占率不到 1% 的二線品牌，一舉囊括全球超過 7% 的市占率，並取得德國西門子手機上的所有專利和研發團隊，以及台灣廠商最為陌生包括南美洲、俄羅斯以及歐洲等市場手機通路。因此，當併購條件揭露後，眾人無不欽佩明基董事長李焜耀談判技巧之高明，甚至不少人認為長期只能為國際大廠代工的台灣廠商終於有跨出低毛利宿命，以自有品牌進軍國際了。

擺脫代工廠宿命

明基電通公司成立於 1984 年，原名為明碁電腦，由宏碁集團與大陸工程合資成立，為宏碁旗下子公司，經營模式主要以幫宏碁電腦代工為主，做為宏碁產能不足時的替補生產線 ①。在 1991 年，由李焜耀先生接掌後，逐步脫離宏碁代工廠宿命，轉向發展電腦周邊產品生產，並將製造中心移往中國蘇州及馬來西亞。受惠於當時資訊產品的爆發性需求，業績大幅成長，並於 1996 年 7 月在台灣證交所掛牌

上市，逐步開展了集團化之路。

2001 年，為了化解為客戶代工製造又同時以自有品牌和客戶打對台的爭議，宏碁集團開始進行內部二次再造革命，宏碁公司首先將代工部門切割獨立為「緯創資通」，同時企業品牌也由原來共用的「Acer」，分割為宏碁公司所有的「Acer」及明碁電腦新創立的「BenQ」。之後，明碁於 2002 年更名為「明基電通」。仍由李焜耀擔任董事長，同時以自有品牌和代工雙頭馬車型式同時經營包括 MP3 音樂播放器、手機、電視螢幕等消費性電子和電腦周邊產品業務。

獨立出來的明基業績一帆風順，其中網通事業群的代工部門由於進入手機研發時間較早，承接包括當時世界排名第二的摩托羅拉（Motorola）等多家手機商代工訂單，而成為世界最大手機代工廠。自有品牌的消費型電子產品則在以中國為主的新興市場大有嶄獲，聲勢甚至超越了母公司宏碁。而旗下主攻 TFT-LCD 面板的達碁科技，於 2001 年順利合併聯電集團下的聯友光電，更名為友達光電，並於 2005 年再合併廣達旗下的廣輝光電，讓友達一躍成為台灣前二大面板廠，並與韓國三星和 LG 在國際市場上鼎足而立。

打造品牌之路

然而這一切的榮耀仍然抵不住董事長李焜耀對於品牌的浪漫憧憬。李焜耀認為「要擺脫產業遊牧民族的宿命，就要經營品牌，自己掌握消費者」。台灣由於腹地狹小，雖然製造品質精良、成本控制得宜，但卻往往只能為國際品牌代工。被客戶指頤使氣，訂單朝不保夕不說，在客戶不停要求壓低報價下，毛利率不斷遭到腰斬，最後形成品牌客戶吃肉，本地製造商只能啃骨頭的窘境。因此，如何能結合自身原本就有的製造優勢，以及後續投入的行銷和設計包裝，打造一個國際的品牌，一直都是台灣科技業夢寐以求的目標。而被李焜耀選定具有未來潛力，足以帶動整個明基集團從代工轉型為主要品牌的產品，就是當時正日益普及具有高成長性的產品——行動電話。

手機或行動式電話興起於 1990 年代，是人類史上最快普及的產品之一。由於急速和大量的需求所帶動的驚人成長，在手機發展初期即吸引了各國多個品牌的投入。到了 2000 年代，在手機日益普及後，消費者的要求也從原本只是通話，開始改變為對於機體外型和操作便利性為主要取向，因此品牌形象也變得日益重要，市場也逐步走向大者恆大的局面。以 2004 年而言，全球手機市場約有八成市場掌握在前六大品牌之中（如下表一），而其中除了前三名的 Nokia、Motorola 和三星外，第四名以後品牌都很難有獲利空間。以排名的第四的西門子來說，雖然占有全球近 7 ～ 8% 的市占率，卻每年虧損超過 5 億歐元，而且持續不斷擴大中，對於西門子這個以重工業為主的集團，反而成為財務上的絆腳石。這讓西門子新任總裁萌生了退出手機市場的想法。

〈表一〉全球手機市場市占率

	2002	2003	2004	2005	2006
Nokia	35.10%	34.70%	30.70%	32.50%	34.80%
Motorola	16.90%	14.50%	15.40%	17.70%	21.10%
Samsung	9.70%	10.50%	12.60%	12.70%	11.80%
Sony Ericsson	5.40%	5.10%	6.20%	6.30%	7.40%
LG	3.20%	5.00%	6.30%	6.70%	6.30%
Siemens	8.00%	8.40%	7.20%		
BenQ				4.90%	2.40%

BenQ-Siemens

不難想像，一個是全世界最大手機代工製造商，擁有良好的管理和製造技術，另一個則具有 7% 左右市占率和高品牌辨識度，以及坐擁歐、美、非三大洲的行銷通路和為數眾多的相關專利，如果二者可以結合彼此的優點，並補強彼此不足之處，勢必可以發揮 1 ＋ 1 大於 2 的綜效。

正因如此，雙方高層僅花了約六個月的時間即達成了協議，由明基公司投入 6 億歐元（約新台幣 240 億元）成立 BenQ Mobile Holding 公司承接西門子手機部門，並於 2005 年 6 月 7 日宣布雙方的聯姻。就這樣，2005 年營業額約 1,250 億元的明基公司以「蛇吞象」之姿購併了年營業額約折合新台幣 2,000 億元的西門子的手機部門。

然而，明基在這場看似占盡便宜的風光聯姻背後，卻有著一些被人忽略的數字，包括西門子手機部門高達近 6,000 名的員工和一年約 250 億元的虧損。這對當時資本額約 235 億元，2004 年稅後盈餘約 75 億元的明基而言，毫無疑問是相當大的負擔。更重要的是，由於明基改朝自有品牌之路前進，極有可能因而失去原本手機代工的訂單。因此，如何整合內部資源、縮減成本以及加快產品及通路整合綜效，即成為明基合併西門子手機部門後的當務之急。

難圓品牌大夢

對照於來自台灣明基的「急」，位處德國新成立 BenQ Mobile Holding 的員工卻是以「緩」來回應。在競爭激烈，必須要靠搶先上市和不斷推陳出新才能吸引客戶的手機市場中，主要負責研發設計的德國部門，由於員工均出身自西門子，再配合上德國人原本嚴謹的個性，要求所有設計都必須按部就班，再加上強悍的德國工會，員工不得任意加班，因此新手機推出的時程一直不盡台灣母公司期望。最終的結果，由於手機產品上市的速度遠不及市場快速淘汰的速度，再加上台灣製造部門與德國軟體設計部門整合不佳，造成手機系統不穩

定。新成立的 BenQ-Siemens 品牌手機全球市占率從合併前的 5%，合併一年後下降到 2.4%，不升反降。相對的，公司虧損更加擴大，對於明基形成了財務上沉重的壓力。

最終，在 2006 年 9 月 28 日，在先行切割代工部門確保明基利益後，明基董事長李焜耀召開記者會宣布，由於不堪承受德國子公司在過去一年虧損超過新台幣 300 億元，已向德國幕尼黑地方法院申請 BenQ Mobile Holding 無力清償保護（Insolvency Protection）。這也等同宣告 BenQ-Siemens 這場為時一年多的品牌大夢，就此畫下句點。

結論

依國際企業顧問公司麥肯錫研究，全球購併案中有超過五成效果遠不如預期，其中多與企業文化差異和後續人員職位的安排等因素有關，更遑論台灣與德國企業這種跨文化的合併。就財務上而言，明基資本額約新台幣 235 億元，本身盈餘日趨下降，卻要合併一個年虧損 250 億元的事業部門，再再都顯示這是個具有高度風險的合併案。然而明基高層卻只是看到快速取得手機品牌全球市占率的契機，卻忽略了潛在的巨大風險。最終合併失敗的苦果仍是由明基所有投資人共同承受。

而從公司治理的角度來看，這是個標準建構帝國（Building Empire）的案例，意指公司經營者把個人欲望擴大事業版圖擺在第一順位，而輕忽了潛在風險和小股東利益。這個情況，在明基董事會成員的高同質性下，更是助長了這樣決策的形成。最終，在主事者深怕錯過良機的心態下，「快速評估、快速決策」下通過此投資案。而最終的結果不如預期下，才赫然發現當初決策下輕忽了許多細節。

在台灣多數的企業仍屬於家族企業，董事會成員也多半是家族成員或是公司重臣所組成。因此，在討論公司重大議題時，往往著重

於氣氛和協與效率,最後由董事長「拍板定案」,反對的聲音往往被視為對公司最高經營者威權的挑戰。從明基的案例來看,或許正是少了反對的「烏鴉」,才讓整個案子在董事長個人的遠大理想中在董事會快速通過,而忽略本身公司體質是否有能力吃下一個這麼大事業部門。這對台灣許多企業主而言,應是一個值得深思的問題。

★公司治理意涵★

⊙決策過於急促

　　根據事後明基高層接受訪問時表示,明基決定合併西門子決策時間約為 6 個月,並只經過一次董事會討論。明基的決策均依據西門子提供書面資料,並未進行實地查核。同時明基也未依國際大型購併案慣例,委請財務顧問進行評估。明基高層之所以如此急促進行決策,主要基於這是個千載難逢的機會,「此次不併,將永無機會」。也就在這樣的思維下,才會造就這場合併案在其後續的發展遠不及原先的評估,僅能維持一年多的時間就宣告破局。以事後來看,明基至少犯下了三個評估上的錯誤:

（1）財務上的過度自信:明基以一家新台幣 235 億左右資本額公
　　　司以小吃大購併一間年虧損就達 250 億元的事業部門,原本
　　　就擔負著極大的風險,更何況明基在合併前一年的第四季和
　　　合併當年度的第二季都出現虧損情況,在本身體質已不佳的
　　　情況下,卻寄望體質更不好的公司合併後會出現奇蹟,無疑
　　　是相當大膽的投注。也自然,在奇蹟遲遲沒有出現下,最後
　　　只能「斷尾求生」,落得失敗收場。不僅傷害了企業形象,
　　　甚至等於繳了上百億的學費。
（2）低估了跨國合併文化間的差異:購併初期,明基董事長李焜

耀在接受德國《鏡報週刊》訪問時表示：「我們有信心說服他們，改變他們的經營模式。」然而一年過後卻只能承認「最大的差異來自對速度的認知和對人處理的差異」。仔細分析明基和西門子的不同：前者是一家五年左右的新獨立公司，從事消費型電子產品的製造，快速推出市場，從錯誤中改善，本來就是這個產業的特性；相對的，西門子是一家超過百年從事工業基礎建設的公司，產業特性原本就在追求穩定和不容許出錯。企業文化的不同，自然反映在員工行為表現上。而這項文化的差異卻在明基深怕錯過的心態下，並未被認真納入考量，反而認為台灣文化可以改變德國，而最終就敗在此處。

（3）未深入了解合併對手結構：在明基事後的檢討中，特別提到了德國工會很難搞。事實上，德國工會之所以難搞，不僅只是因為團結，也因為德國公司制度與台灣不同之故。在台灣的公司制度中，是以股東大會、董事會來分別代表公司所有權和經營權，台灣企業中的監察人制度，基本還是屬於董事會的架構之下進行監督工作。而在德國，則是由股東大會、董事會和監事會三方來代表所有權、經營權和監督權，甚至賦予監事會具有任免董事的權力。而依德國法律規定，超過2,000 人以上企業，監事會需有半數的勞工代表。這主要在體現德國式「產業民主」及「勞資雙方共同決議」的精神 ②。也因此，當明基購併後發現不如預期效果時，企圖以裁員、減薪或是縮減開支方式來度過危機時，自然會引發工會強烈的反彈。這或許也是明基在評估時未能深入了解的地方。

⊙董事與監事成員過於同質性

明基在 2005 年評估購併案時，我國尚未針對大型上市櫃公司強制要求設置獨立董事 ③。因而在明基的七席董事席次中，有三席來自

內部董事,分別為董事長兼執行長、總經理和執行副董。二席來自明基可控制轉投資子公司(達利投資及友達光電),剩下二席則是分割前母公司宏碁的法人代表。簡言之,這是個相當具有高度同質性的董事會。這樣的好處,當然有助於內部溝通的高效率以及和諧性,但自然也容易造成缺乏適度反對和監督的力量,造成公司決策容易傾向「一面倒」而忽略了應有的風險。

同樣的情況也發生在明基的二席監察人上,這二席分別由明基可控制的友達光電及達利投資出任。因此監察人在整個合併案中是否能獨立扮演好監督角色?自然是可能想像的。

⊙董監持股比例偏低,導致決策者容易進行高風險決策

在明基的股權結構中,主要是透過可控制公司 —— 友達光電和明基之間的交相持股以及原母公司宏碁持股來鞏固經營權。而明基董事會中的三位高階經理人,董事長李焜耀、總經理李錫華和全球營銷總經理王文燦三個人的持股都不到 1%,整體董監持股僅 13.5%,其中友達光電和宏碁電腦持股就分別占了 5% 和 6.88%(如表二)。

董監事公司持股比例低並不等於就不會用心經營公司。但從實務和人性角度來思索,公司經營層的持股愈高的確愈容易和公司形成命運共同體,讓雙方利益愈趨於一致。相對地,低持股則容易引發中飽私囊型舞弊或是讓決策者偏好進行高風險決策。理由是決策如果成功,經營者可由公司紅利或績效獎金中獲益,反之,如果失敗則損失由多數的股東來共同分擔。明基高層的低持股,或許也是本案引人爭議之處。

〈表二〉明基電通董監持股

姓 名	持股比率	
	2005年	2006年
李焜耀	0.56%	0.58%
施振榮	0.63%	0.65%
李錫華	0.29%	0.28%
王文璨	0.05%	0.05%
陳炫彬（友達）	5.00%	5.12%
莊人川（友達）		0.02%（注）
彭錦彬（宏碁）	6.88%（注）	
楊秉禾（達利投資）	0.09%	0.09%
洪星程（達利投資）		
合計	13.50%	6.79%

注：莊人川於2006年變更為非法人代表。宏碁於2006年退出董事會後，彭錦彬變更為友達
　　法人代表。

注釋

① 宏碁電腦時因在 1984 年承接美國國際電報電話公司（ITT）的電腦代工訂單，導致產能不足，且依當時法令要求，科技園區公司不得以分公司形態在園區外設廠。因此，施振榮先生與美國宏碁的合夥人，同時也是大陸工程創辦人——殷之浩先生合資成立明碁電腦。

② 德國勞工監事制度規範企業僱用超過 500 名員工，應實施勞工監事參與制度，由股東與員工共同選出監事，再由監事會選任董事。勞工監事與股東監事擁有相同的職權，包括組織與解散董事會、調閱文件、對財務業務具重大影響事項之同意權等。

③ 2006 年修訂之證券交易法第 14-2 條明定主管機關得視公司規模、股東結構、業務性質及其他必要情況，要求其設置獨立董事。金管會於 2011 年起要求資本額達 100 億元以上之上市櫃公司強制設置獨立董事。

台灣上市櫃公司董事長
會因為經營績效不佳而下台嗎？

2005 年，被譽為當代最偉大企業家的蘋果公司董事長兼執行長賈伯斯在對史丹福大學畢業生演講時，談及他在 30 歲的時候曾被當時董事會逐出公司的心得。雖然早已事過境遷，賈伯斯也早已重返董事會並把蘋果打造為近年來最成功的公司之一，但談及此事時，他仍不免感嘆：「你怎麼可能被你自己創立的公司給解雇了！」

事實上，創辦人被逐出董事會的例子在美國時有所聞，例如雅虎公司共同創辦人楊致遠就因決策錯誤，拒絕微軟的出價合併後，在 2008 年底被迫辭去董事長和執行長的職務。智慧型手機先驅——黑莓手機製造商，加拿大的 Black Berry 兩位共同創辦人及執行長 Mike Lazaridis 和 Jim Balsillie 則是因為業績不佳在 2012 年初被要求交出董事長及執行長的棒子。而根據統計在 2007 年到 2008 年金融風暴期間，美國 500 大企業（Fortune 500）中有高達三成的執行長或董事長因為業績不佳而下台。

那麼，讓我們回到最原始的問題：「台灣有上市櫃公司董事長因為經營績效不佳而下台的嗎？」

這個答案是 Yes，而且其實還不少！不過你也不用太高興，台灣上市櫃公司董事長會因為經營績效不佳而下台的，基本上只存在三種情況。第一，國營或政府具有控制力的企業，不過通常這種企業董事長的下台，經營績效問題多半只是個幌子。第二種情況，公司經營不善而接近破產或是董事長有明顯違法掏空。董事長因為被起訴、流亡海外，或是因為金援條件要求下，不得不被迫下台。第三種，公司被市場派「搶奪成功」，或是家族內兄弟鬩牆、父子反目等家族鬥爭下

喪失董事長頭銜。除此之外，很抱歉，台灣董事長被董事會趕下台的
例子，似乎是前所未聞。

　　這樣在美國相當普遍的情況，為什麼在台灣卻很少發生？難道
是因為台灣企業執行長或董事長的經營績效普遍要比美國企業好嗎？
若答案是否定的，就代表是台灣企業的經營或是法令規定上勢必有些
「獨到」之處。

　　首先，台灣企業經營者多半有強烈的家天下思想。也就是說「這
家公司就是我的」「是我（或我爸）辛苦打拚才有了這家公司」，也
因此讓經營者有了強烈的「使命感」，「誰敢要我的公司，我就和他
拚命！」

　　當然，要守住一家公司光靠豪情壯志是不夠，台灣在制度上的瑕
疵，反而造就了二項掌控企業的法寶：

　　第一個法寶是企業的交相持股。不少企業在上市前後最喜歡做
的一件事，就是用公司內部資金成立投資公司，再利用這些投資公司
回購母公司股票成為大股東，或是透過集團內各公司交叉持有彼此股
票，這些動作有一個很好聽的名稱，叫做「鞏固經營權」。但從現實
面來說，對經營者有一個更大的好處是，個人僅需持有一點點股份就
可以控制整個公司，形成了公司經營者的持份與公司權力極度不相當
的情況。

　　第二個法寶叫「法人代表制」。也就是既然子公司成為了公司
大股東，自然由子公司（法人）推派代表來參與公司董事會。這有什
麼問題呢？很簡單，因為董事長控制了公司，所以自然也控制了子公
司，自然也控制了這些子公司的法人代表。換言之，董事長一個人就
可以控制整個董事會成員，而且別忘了，法人董事和自然人董事最大
的不同在於，自然人董事有任期制不能隨便被更換，但是只要法人代
表不聽話，董事長可以隨時更換法人代表。所以，如果打開台灣上市
櫃企業董監事名單，除了獨立董監事外，幾乎超過八成以上都是法人

董事代表。在這種情況下，除非已經暗中串連好，否則董事長就算作錯什麼決策，董事會上也是一片「鞏固領導中心」，自然不可能會有董事成員傻到和自己過不去，作出要求董事長下台負責的聲音。

　　除了公司內部制度的問題外，台灣還有另一個天然的避風港，那就是股民的心態。在美國，除了董事長或執行長下台的消息時有所聞外，上市公司還常有一種新聞是台灣很少見的，那就是股東集體訴訟（class action lawsuit）。或許是美國人天性好訟，美國的上市公司舉凡發生管理階層舞弊、決策錯誤，甚至是沒理由地股價接連下挫，都會引發股東集體訴訟。這些訴訟或許會成功，或許不成功，但對公司經營階層而言，無異是一次又一次的信任投票，也無疑是一種隱形的監督。當公司決策者為了個人偏好作出危及公司的決策，或者是董事會不作為而使公司績效持下降時，經營者都有可能會因此需面對法律的訴訟。

　　但是在台灣，很遺憾地，由於這樣的集體訴訟風氣並不盛行，在面對類似情況時，股民多半只能選擇把股票賣掉，或頂多撐到一年一度的股東會上發發牢騷，然後再看看公司董事長鐵青著臉鞠躬道歉。等股東大會結束，董事長依然乘坐司機開的賓士車離開，小股民依然要排隊等公車，一切就像不曾發生過一樣。

　　台灣有類似美國的集體訴訟管道嗎？答案是有的，相關法規賦予股東可藉由股東代位訴訟、團體訴訟、歸入權等保障權益。然而，台灣受限於制度與法規，沒有律師事務所願意像美國律師般，把團體訴訟的案子當作一個投資標的來經營，期待在勝訴後可以拿到高額的報酬（contingent fee）。只能仰賴政府在2003年成立的半官方的「財團法人證券投資人及期貨交易人保護中心」來幫投資人主持公道，集結權益受損的投資人進行團體訴訟。然而，由於該組織的非營利型態與業務規則的限制下，受理的案件仍以財報不實或內線交易案件居多。

　　至此，台灣上市櫃公司老闆為何很少因為績效不佳而下台？我想

答案已經呼之欲出了！除了現行制度讓經營者很容易就用一點點股權掌控整個董事會外，其實缺乏外部監督的力量也是重要的原因。要改變這樣的情形，建議應該採取以下作法：

（1）降低禁止交叉持股行使表決權的門檻 ① 。
（2）提高獨立董監事席次。
（3）廢除法人代表制，全數改為自然人代表制。
（4）強化股東行動主義意識。

（本文 2012 年 9 月 12 日曾刊於《工商時報》的〈專家傳真〉）

注釋

① 公司法 179 條規範主體是「控制公司」與「從屬公司」，換言之，只要一公司持有他公司股份未達 50％ ，即可輕易規避本條的規範。實務上董事長可以透過手上股票質押成立投資公司，再由母公司奧援模式協助擔任董事或是以旗下持股不到 50% 公司來持有母公司股權等各種方式以規避法令限制。

從國巨案談台灣的管理層收購

2011 年 4 月 6 日，台灣被動元件大廠國巨股份有限公司（以下簡稱「國巨」）董事長陳泰銘宣布，將由個人和國際私募基金 KKR（Kohlberg Kravis Roberts）合組的遨睿股份有限公司（Orion Investment），以每股 16.1 元預計總金額 467.8 億元公開收購國巨 100% 股權，收購成功後國巨將下市進行重整。由於這是台灣較為少見的管理階層收購自家公司（Management Buy-Out，MBO）案例 ①，再加上國巨過去幾年由於接連購併造成股本膨脹，每股盈餘大幅下滑而使股價長期不振，直到 2010 年才因為日本大地震市場轉單而使業績開始大幅成長，董事長卻在此時提出私有化，是否有犧牲小股東而自肥之嫌？引發市場的議論紛紛。

透過購併擴大版圖

國巨成立於 1987 年，主要從事被動元件的製造與銷售，雖然被動元件的體積小且價格便宜，但卻是所有電器和資訊商品都不可或缺的元件。國巨自 1993 年股票上市後，挾著上市籌資的豐沛資金以及良好管理能力，透過一連串的購併和擴廠，逐步在國際間開始和主導市場的日本廠商分庭抗禮。其產品中的晶片電阻產量高居世界第一，約占全球市場三分之一，積層陶瓷電容（MLCC）亦為全球前三大，穩居國內被動元件龍頭地位。

國巨一連串的購併（如下表一）雖然推升了國巨在被動元件世界前三大供應商的地位，但是同時也讓國巨的股本快速膨脹，特別是在 2000 年以約 180 億元天價購併荷商飛利浦全球被動元件事業——飛元（Phycomp）與飛磁（Ferroxcube），卻碰上網路泡沫破裂及人員流失，

造成購併成效不如預期。再加上我國於 2005 年實施 35 號財務會計準
則公報，要求針對有減損跡象的資產（如設備、廠房、商譽等有形與
無形資產）進行測試，並認列減損損失 ② 。此舉讓財報獲利衰退的國
巨，更加雪上加霜。

〈表一〉國巨併購年表

年份	公司名稱	國家	國巨持股	金額	產品
1994	ASJ	新加坡	40%	-	晶片電阻器
1996	維特龍（Vitrohm）	德國	100%	-	傳統電阻器
	智寶	台灣	34%	3.30億元	電容器
1997	奇力新	台灣	40%	2.78億元	鐵氧體、電感器
1999	Steller/Paccom	美國	100%	-	經銷商
2000	飛元、飛磁	荷蘭	100%	180億元	積層陶瓷電容、晶片電阻
2005	華亞	台灣	52%	3.65億元	積層陶瓷電容
2008	宸遠科技	台灣	96%	-	積層陶瓷電容

　　除此之外，國巨曾多次利用現金增資高價向股東募得資金，卻被
公司投資於與本業不相干的產業或購置大樓，然而投資績效卻不佳。
再加上財務預測屢屢失準及董事長個人的行事作風，均讓國巨在市場
上備受批評。也讓這次的私有化收購行動在推出後，各界人士的評論
貶多於褒，批判聲甚囂塵上。

管理層收購原因

持平而論，何以公司管理者要選擇以 MBO 方式收購自家公司並引導公司下市？歸納起來，不外乎如下列幾個理由。

首先，公司所處產業不受投資市場青睞，造成公司真正的價值未能充分反應在股價上，因而使原本公司預期上市籌資或吸納人才的效果打折。因此，管理階層選擇下市重整體質或另外選擇他地證交所申請重新掛牌。例如早期不少台資企業在香港或新加坡證交所掛牌上市的電子公司，即因當地市場不偏好電子類股而下市後再重回台灣掛牌。

其次，上市後相關法令規範和資訊揭露形成對公司發展綁手綁腳或讓競爭對手獲悉公司資訊。

再者，上市公司需面對廣大小股東，而小股東追求的是短期股價上漲和主事者追求公司長期利益的目標衝突，讓經營者被迫追求短期績效而可能錯失長期效益。

最後，從公司治理角度來看，管理階層收購後，由於管理者持有股份增加，個人利益和公司績效習習相關，亦可以減少可能的舞弊或激勵經營者更努力地為公司打拚等優點。

以上的論點，基本上和國巨董事長前往證交所說明要求私有化並讓國巨下市的三大理由相去不遠，包括股本過大使得經營團隊努力未能展現在每股盈餘（EPS）上、讓員工分紅更具有彈性以凝聚員工向心力、可以讓公司聚焦長期策略而非短期利益。

管理層收購侵害股東權益

然而，對於 MBO 持反對態度者也不在少數，最主要包括下面論點：首先，相較於一般股民，公司管理階層具有早一步獲知公司及產業未來發展的不對稱訊息。可能刻意以策略壓低股價來降低收購成本，或在利多消息未發布前趁公司低價收購公司股份，有剝削小股東

權益之嫌。

其次，公司上市後之不利情況，是否非得要透過下市才能解決？例如國巨所言的股本過大，為何不採取減資模式？

最後，MBO 收購價多半是由過去數字來推算，並無法真實反映出公司未來價值，如何訂定合理的收購價避免小股東權益受到侵害？

收購國巨案有疑慮

綜合以上，很明顯普羅大眾對於這場合併案關注的焦題就在於遨睿公司所提的 16.1 元收購價究竟是否合理？

依遨睿的說法，這是國巨過去七年來股票最高的價格，並相較於宣布收購前一天的收盤價高出 14.2%，並無低估收購價。但由於過去幾年適逢國巨營運低潮期，在 2005 年到 2009 年之間平均每股盈餘只有 0.48 元。然而在 2010 年因逢日本大地震影響，國巨每股盈餘飆升至 1.89 元（詳表二），此時收購方刻意利用長期平均數來淡化公司的轉機，亦未將國巨未來盈餘成長前景納入考量，收購價格的合理性令人質疑。

〈表二〉國巨營運狀況

單位：新台幣百萬元

	2004	2005	2006	2007	2008	2009	2010
營業收入	10,398	9,122	10,892	11,183	11,112	9,070	11,997
營業毛利	2,120	1,741	2,469	2,313	1,714	1,578	2,545
本期損益	-10,228	301	1,978	2,199	573	674	4,148
每股盈餘	-4.51	0.13	0.82	0.58	0.25	0.31	1.89

注：每股盈餘以元為單位。

其次是投資人對融資收購可能導致資本弱化之疑慮。由於本案採取收購方式為槓桿式管理收購（Leveraged MBO），也就是由有意收購方（陳泰銘家族和 KKR）先成立一家特定目標公司（遨睿）出面收購標的公司（國巨），而遨睿再以國巨資產向銀行質押借款近 290 億元收購資金（約占總收購總額七成）來達到購併目的。這樣一來，收購方出資比率相對較低，等於把主要風險轉嫁到銀行端及國巨公司身上，讓原有國巨負債比率大幅上升，因而對國巨形成了「資本弱化」（Thin-Capitalization）的風險 ③ 。

再者，國巨董事會決策是否能確保公司和小股東權益？在這場合併案中，併購方主要的決策單位為國巨董事會。原本董事會應從公司長遠發展、關係人及股東利益等綜合因素進行討論並作出最適決策。然而，由於我國現行董事制度的不健全，董事會往往成為董事長的禁臠，無法充分發揮獨立決策的功效。在這場收購方也是被收購方第一大和第二大股東的合併案中，自然會讓人有球員兼裁判，不免有瓜田李下之嫌。

最終，主管本案的金管會在 6 月 12 日會同經濟部投審會討論後，決議要求遨睿針對資本弱化、股東權益保護及收購過程決策透明三項議題提出說明。在 6 月 13 日遨睿補件說明後，經濟部投審會隨即在 6 月 22 日決議駁回該項合併案申請，本案就此宣告破局（請參考表三遨睿收購國巨事件簿）。

〈表三〉遨睿收購國巨事件簿

日期	相關事件
4月6日	國巨董事長陳泰銘宣布，遨睿以每股16.1元，共467.8億元收購100%國巨股權。
4月8日	投保中心要求國巨成立客觀獨立審議委員會，對收購價格與計畫合理進行審議。
4月12日	國巨召開臨時董事會，做出16.1元收購價「尚屬合理」之結論。
5月23日	遨睿宣布，收購案展延一個月至法令規範最後期限6月24日。
6月12日	金管會會同經濟部投審會討論，決議要求遨睿針對：（1）資本弱化；（2）股東權益保護；（3）收購過程資訊透明度等三大要件提出說明。
6月13日	遨睿提供補充資料，再度函洽金管會意見。
6月22日	經濟部投審會宣布駁回遨睿收購國巨一案，公開收購宣告失敗。
6月24日	法定公開收購截止日，遨睿收購失敗，原向應賣人所為之要約全部撤銷。

結論

　　在國巨這場管理層收購的合併案中，由於當事公司董事長個人過去作風受人批評，再加上公司決策過程一直無法說服普羅大眾，最終即使收購方遨睿收購股份已超過法定 50%，仍因主管機關的否決而無法成案。看似我國主管機關以行政力量為小股民申張正義，但實質上卻曝露出我國對於企業合併，特別是自家人收購的管理層合併相關法令上諸多不合理及缺漏之處，以致國巨管理階層完全依循法律規則行事，卻落得主管機關以一紙行政命令否決的結果。

在整件事發生的過程中,台灣諸多財經媒體多以大老闆占小股東便宜的論點來評論此事。試想一下,若不是有利可圖,大股東又何需汲汲營營大費苦心?台灣要邁入更先進的經營的商業環境,應建立的是更為明確的法令,讓每個參與活動的個人或組織都可以依法行事,而不是逕由行政審查方式逐一審視每個個案。否則,同樣是原管理團隊加入新併購方,為何遨睿併國巨及凱雷併日月光不能過關,而勇德國際(私募基金橡樹資本針對購併案設立的公司)購併復盛工業、環球視景(私募基金 CVC 針對購併案設立的公司)購併億豐窗簾卻可以?

此外,現行的相關法令明顯地偏向大股東,而忽略了小股東的權益及自救申訴管道,以致面對類似合併案時,小股民除了忍痛接受外,根本無力抵抗。展望未來,政府需要做的,是更積極修法,保障小股東權益,建立合理公平的商業環境,才是長遠之道。

★公司治理意涵★

⊙合併下市,形成上市公司下市偏門

依我國證交法 145 條及「上市公司申請有價證券終止上市處理程序」規定,上市企業終止上市需經三分之二以上股權同意方能下市。然而在透過企業合併,依企業購併法第 18 條第 2 項,公司只要有過半數股數出席,出席三分之二股數同意即可通過合併。換言之,透過合併等同將企業下市門檻從原本三分之二股權同意大幅下降。對於企業而言,下市這種牽動少則幾千、多則數十萬股東的重大事件僅需半數股權出席,出席股數三分之二股權通過即可定案實屬不合理。如此一來,購併要約方需要討好小股東的誘因也大幅下降,等同剝削了小股東潛在的權益。

⊙大股東無需迴避，以致我國公開收購價格明顯偏低

　　依我國企業購併法第 18 條第 5 項，合併利害關係人仍可參與表決，無需利益迴避。該法令很明顯偏向收購方，特別是收購方本身就是被收購公司的大股東時，僅需再收購部分不足之股權即可跨過合併門檻。以國巨案來看，陳泰銘家族和 KKR 約計持有國巨 34.3% 的股權，僅需再透過市場收購 15.7% 以上股權即可順利召開股東會決議合併。進而因國巨法人地位消失而自然下市。也因上述條款，我國過去幾次類似的合併案都出現收購溢價率遠低於國際合併案水準 30% 到 40% 之溢價（如表四）。

〈表四〉我國公開收購溢價

私募基金	被收購公司	收購價格（元）	較前日收盤價溢價
凱雷	日月光	39.00	9.90%
橡樹資本	復盛工業	37.50	10.29%
CVC	億豐窗廉	41.28	13.56%
KKR	國巨	16.10	14.20%

　　類似情況，以鄰近的香港和新加坡來看，均要求公司大股東和關係人如行動與要約人（收購方）一致時，在利益衝突下需迴避表決權行使的法令規定，以避免大股東的結合而傷害小股東權益。甚至針對管理階層收購，小股東只需集結 10% 以上股權反對，合併案即失效。而我國卻無此項規定，造成收購方和大股東結合可以輕易跨過合併門檻，對於小股東並不公平。

⊙客觀之獨立審查委員會

　　依我國「上市上櫃公司治理實務守則」第 12 條規定，當管理階層欲收購自家公司時，「宜」組成客觀獨立審查委員會來審議收購價格和收購計畫的合理性。換言之，我國並未強制要求被合併公司組成客觀獨立審查委員會。在本案例中，投保中心於 4 月 8 日要求國巨應成立客觀獨立審查委員會對於收購價格及合理計畫進行審議時。國巨僅回覆已委託安侯國際財務顧問公司及中華無形資產鑑價公司評定收購價合理，並經董事會同意答覆，即為明顯一例。而接續而來收購價是否合理？是否有球員兼裁判之疑自然也就不意外了。

⊙小股東逐出與權益保障

　　當收購方採取現金收購而非股權交換收購，而被購併公司股東會或董事會又通過併入新公司時，原來持有被併公司股權的小股東就面臨了一個尷尬的局面，那就是手中股份何去何從的問題。依我國現行法令規定，當企業合併時，持有異議股東可以要求公司以「公平市價」收買其股份 ④。這個條文看似顧及小股東權益，但由於法律中未明定何謂「公平市價」？最終往往就是回歸到最初的現金收購價，以國巨案來說，如果邀睿最終達到了合併及終止上市門檻，原有國巨股東只能被迫接受原有 16.1 元現金收購，結果繞了一大圈依舊回到原點。簡單地說，不管國巨股東原始購入成本為何？是否願意出售國巨股票，一旦合併案通過，唯一的方法就是被迫接受 16.1 元出價，學理上被稱為「現金逐出」。小股東面對決議只能被迫接受，完全沒有申訴管道。實屬不合理。

⊙稅制不公平

　　依我國現行稅法規定，當收購方公開收購時，如果小股東接受收購價賣出，獲利部分屬於證券交易所得，目前為免稅。但是如果拖到公司決議下市，接受以「公平市價」買入，此時採個別認定，出售

價格如果有超過成本的部分會被視為「股利所得」，需併入個人綜合所得課稅 ⑤。簡單地說，同樣的股票，甚至是同樣的出售價格，賣給同樣的人，只因為股東不同意合併，出售時間點不同，贊同合併股東可以免稅，反對股東卻可能面臨課稅，明顯在稅制上也偏向贊成合併方，而不利於反對派，十分不合理。

注釋

① 所謂「管理層收購」是指公司的管理階層與私募基金或是策略性投資人合作，對公司控制股權進行收購，買下其餘股東所持股份，取得多數股權後將公司下市（或私有化）。

② 會計研究發展基金會於 2004 年發布第 35 號財務會計準則公報「資產減損之會計處理準則」，要求企業以資產之淨公允價值與使用價值較高者做為「可回收金額」。並於可回收金額小於資產帳面價值時，認列資產「減損損失」。國巨為因應 35 號公報實施，在 2004 年認列資產減損 120 億元，主要為 5 年前併購飛利浦全球被動元件部門，所產生商譽之減損認列。

③ 所謂「資本弱化」是指當企業對於所需資金之調度，不選擇要求股東出資之方式，而是選擇以負債之方式因應，因而導致槓桿比例過高，形成企業負債與所有者權益的比率不對等之現象，並達到租稅規避的作用。

④ 企業併購法 22 條開放存續公司得以股份以外之現金或財產作為合併對價之理由，在於確保消滅公司之股東在合併後仍取得與其持有公司股份相等價值之對價，且消滅公司股東不同意存續公司支付之對價時，還可依公司法第 317 條異議股東收買股份請求權之規定保障其投資權益。換言之，公司先以公開收購買進被併購公司股份，待持股達一定比例之後，再以董事會決議作成簡易合併，對於其餘的股東則以現金對價買回其所有股份。小股東縱有異議，也只能依公司法規定請求公司以公平市價買回他們手中的股份，這種手法，一般稱之為「現金逐出合併」。

⑤ 投資人出售未上市櫃公司股份，應申報財產交易所得。因轉讓之股份並非證券交易法及證券交易稅條例所稱之有價證券，故不發生課徵證券交易稅之問題，此屬財產交易，其有利得，應課徵綜合所得稅。

公司的監督力量

　　2010 年 10 月 20 日，上市公司勝華科技（以下簡稱「勝華」）
於公開資訊觀測站中發布重大訊息，針對外資券商摩根大通證券在前
一日發表建議客戶減碼勝華股票的研究報告提出抗議，並點名撰寫該
報告的分析師並無確切數據足以支撐其論點，揚言如果因該報告造成
勝華股價下跌、股東權益受損，勝華將對該分析師提出訴訟。此外，
勝華也同時宣布將終止與摩根大通其全球存托憑證（GDR）承銷的相
關業務。如此強烈威脅意味的宣告不僅讓原本 GDR 發行案中擔任主
辦券商的摩根大通，失去約當數億元新台幣唾手可得的佣金，也造成
金融投資圈的「白色恐怖」，不少分析師紛紛表示將減少拜訪與撰寫
有關勝華之研究報告。

減碼研究報告丟億元客戶

　　在摩根大通的研究報告中，主要認為勝華股價在過去三個月中漲
幅已大，而其主要客戶蘋果公司將於隔年第一季推出 iPad 2 將使客戶
端減少對於舊款 iPad 的需求，因而讓勝華在第四季盈餘不如預期。此
外再加上面板廠如友達、奇美電陸續投入觸控面板市場，相較之下這
些公司更具有上下游垂直整合能力，因此預估自隔年第二季起，觸控
面板將出現供過於求的隱憂，進而壓低勝華的毛利率。因而給予勝華
「劣於大盤」的投資評等，並調降目標價至 39 元（相當於股價下修
兩成）。

　　由於摩根大通研究報告發表之際，勝華股價約在 50 元上下的相
對歷史高價，正有利於準備發行的 GDR 承銷價格，但是承銷券商的
研究部門卻在此時建議客戶減碼，等於是打了自家人一個耳光。雖然

事後摩根大通極力解釋承銷部門與研究部門間設有「防火牆」機制 ① ，還是不禁令外界懷疑，是否承銷部門有想利用自家研究部門壓低認購價格的意圖。

建議賣出報告就出在準備發行 GDR 前夕，因此勝華董事長黃顯雄的憤怒及終止合作的決定自然可以理解。可是反過來說，如果這樣的威脅奏效，各家券商研究部門若因此風聲鶴唳不敢再說公司任何負面消息，甚至停止對公司的研究，難道對公司來說會是一件好事嗎？

證券分析師的治理功能

談到股票分析師，不少人直覺的聯想就是那些在財經媒體解析股市走向，或是在有線電視九十台以後大談「老師在說，你都沒在聽」的名嘴。的確，台灣分析師的素質一直良莠不齊，分析師利用媒體操弄，勾結上市櫃公司高層或是場外金主拉抬（或放空）公司股價坑殺散戶從中獲利更是時有所聞。然而，這並不足以抹殺分析師對於證券市場透明化的功能。對許多小股東來說，面對數以千計的上市櫃公司，由於資訊的不對稱與專業能力的不足，多數時間都只能單向接受公司傳遞的訊息。透過分析師的研究與分析，一般普羅投資人才能更清楚地理解公司資訊的內涵，再加上在多數情況下，分析師的利益常取決於對客戶的分析與建議是否精準，因此分析師通常會花很多的精神在所研究的產業與標的公司，包括以基本面、產業趨勢，甚至是股價歷史波動變化等面向來評估公司股價。甚至不少分析師本身就具有產業背景，可以透過自身經驗公開質疑標的公司發布之財務預測或訊息的合理性。因而形成對上市櫃公司經營階層的無形監督力量。

核心代理問題

除了公司大小股東間存在有資訊不對稱情況的問題外，另一個明顯的不均衡就是所謂的代理問題（Agency Problem）。傳統代理問題是指因為公司經營權與所有權分離下，專業經理人掌握公司資源但

相對股權不高，基於私利可能會作出不利於公司整體利益最大化的決策，進而損害股東之權益 ②。然而這樣的情況在台灣，由於經營權和所有權通常都由同一批人掌控，所以在台灣的情況更趨近於控制股東與小股東間的核心代理問題（Central Agency Problem）。這是指控制股東所擁有之經營控制權，常常超越其擁有之盈餘分配權（或現金流量權），使得其所需承擔之經營風險不對稱。簡單地說，在台灣法令規範不夠嚴密下，很多上市櫃公司的經營層明明才持有公司不到 20% 股權，卻可以透過交叉持股、金字塔型持股等方式輕鬆控制所有董事席次，取得控制公司的權力，在這種情況下大老闆就和專業經理人一樣，很容易發生犧牲其他股東權利來達到圖利自己的行為。例如透過自己成立的公司低價向其進貨或高價出貨、移轉訂單、高價要求收購資產或掠奪商業機會等，甚至從事高風險投資，成功了自己名利雙收，失敗了卻由所有股東承受。

對於這樣的情況，原本公司治理的設計是希望能透過各樣的內部與外部監督機制來降低可能風險，包括公司監察人、公司內部控制、政府法令規範，以及近年來成為討論焦點的獨立董事等，再加上公正獨立的外部監管機制，如會計師查核報告，來提高公司的資訊透明度及可信度，以保障股東權益。這些在理論上聽起來很合理，但在實務上卻常難以有效運作，主要原因還是前面所說的，在台灣多數公司經營權和所有權合一之下，往往董事會的成員也就是公司的經營者。在這種情況下，有權決定財會主管、內部稽核、獨立董事或會計師的聘任、監督與報告的都是相同的一批人，自然讓監督機制難以有效落實。畢竟，董事會沒有理由會去挑一個成天和自己唱反調的人，最終的結果往往是一種微弱的平衡，這些監督機制會在不明顯違反法令的情況下，盡可能配合經營者的需求。相對的，其他股東期待這些監督力量能發揮把關的功能也就不如預期了。

相形之下，從自身利益為出發點的外部監督力量此時反而凸顯其獨立和可靠性。對於不可能介入公司實際經營的多數股東而言，這些

外部資訊反而提供股東們另一種意見，也對公司經營層形成了一種制
衡。

外部監督力量

除了證券分析師，公司的外部監督力量還包括以下：

商業銀行：商業銀行由於負責貸款給公司，借方發生倒帳，銀行
放款將形成呆帳。因此在放款前通常會對公司的還款能力，包括公司
及產業前景、財務報表數字等進行詳實分析，甚至重大貸款還會與申
貸公司簽訂合約，約束公司或經營高層的商業、股利與融資決策，以
確保債權。

專業投資機構：這包括一般共同信託基金、退休基金及其他大型
投資公司等。由於投資金額龐大，這些投資機構經常雇用專業分析師
（Buy-side Analyst）從多面向分析投資標的公司未來前景和現有基本
面。一旦投資後，往往也足以成為公司具影響力的股權，可以推動公
司朝向更為透明化的正面發展。

信用評等公司：顧名思義，信用評等公司的工作就是以獨立第三
者的角色，透過自身專業的分析針對公司（甚至國家）基本面，未來
展望以及特定金融商品提出信用評等。以簡易代號（如 AAA、BB+）
方便投資者在投資前（後）了解該公司或該商品的潛在風險。由於受
到市場普遍認同，信評公司調降（升）評等，往往會影響公司的籌資
成本，進而造成該金融商品價格的大幅波動。因此，信評對於公司經
營決策有一定影響力。目前國際主要三大信評公司（S&P、Moody's
和 Fitch）多半只針對大型企業進行信評，本土信評公司則有中華信
評及台灣經濟新報（TEJ）。

市場機制：證券交易市場的特性就在透過公開，集中和標準化的
流程在每個交易日進行撮合。因此證券市場聚集了各式各樣大大小小
的投資人期待在每一分一秒的市場波動中獲利，也包括各式的分析師

和營業員緊盯著股價，希望能從對客戶建議買賣中獲益。因為市場的高度效率性，從總體經濟到公司尚未發生的潛在獲利（損失）都可能立即反映在公司股價當中。相較於只能提供歷史資訊的財務報表數字而言，公司股價可視為先行指標。但也同時對經營決策者形成一種無形壓力，迫使決策偏向市場喜好。

媒體：從公司自身的公安環保、勞工權益等，乃至老闆的個人私德。在台灣的八卦文化盛行下，往往成為眾人注目的焦點。特別當議題涉及公安、環保和勞工問題時，處理不佳的公司在媒體追打下，常常很容易成為民眾抵制的標的，進而影響到公司聲譽和實質業績。

就如同國家的運作一樣，除了法令的規範外，還需要有監管機制（國會與監察院）來時時確保行政部門不至於偏離正軌。即便如此，外在監督力量（媒體與公民團體等）在行政決策中仍舊扮演著重要的角色。公司的治理亦同如此，若缺乏完善監管機制，則容易造成公司內部的舞弊和決策的獨裁與偏執。不管是內部監管機制或是外在監督力量，都是引導公司朝向透明化和保護股東權益之重要的手段。

最後，事隔三年多，我們再回頭看看勝華的後續發展。圖一為勝華自摩根大通提出研究報告前後的股價表現，當年分析師的看法是對是錯，時間或許已經給了大家最好的答案。

〈圖一〉勝華科技股價變化

2010年10月19日摩根大通研究報告給予減碼建議

★公司治理意涵★

⊙內部稽核與審計委員會

　　金管會自 2002 年開始強制要求公開發行公司建立內部控制制度，並要求設置內部稽核單位，以協助董事會及經理人檢查及覆核內部控制制度之缺失及衡量營運之效果及效率。然而，上市櫃公司掏空舞弊事件仍時有所聞，且不少人仍對公司提供的資訊抱著質疑的態度。公司的內部控制之所以無法完全發揮預期功效，主要原因還是在於我國內部稽核的功能無法發揮。由於公司內部稽核隸屬於董事會，除了直接向董事會報告，其任免與考績也都掌控在董事會手中，當董事與監察人若遭到控制股東把持時，往往能避開內部控制制度，也使得內部稽核人員的獨立性受到質疑。

　　我國自 2001 年開始推動獨立董事制度，並於 2006 年修訂證券交易法鼓勵公司設置「審計委員會」，要求由 3 位以上之獨立董事組成，且至少一人應具備會計或財務專長。審計委員會扮演著監督財務報導、內部控制結構及審計功能的角色，包括確認公司內控制度有效性，並對內部稽核人員及其工作進行考核。然而，我國目前並未強制

要求設置獨立董事，因此只能以健全監督功能為名，鼓勵已設置獨立
董事的公司設置審計委員會。

⊙ 分析師的規範

我國對於證券分析師的規範主要於「證券投顧事業負責人及業務
人員管理規則」列舉之行為規範，包括不得於股票市場交易時間內及
前後一小時，利用媒體對不特定人就個別股票進行推介或勸誘，或在
缺乏合理研判分析依據的情形下，利用媒體對不特定人就產業或公司
財務、業務資訊提供分析意見，或對個別股票進行推介。

但事實上在台灣，不僅是交易前後一小時，甚至是股市交易盤中
打開電視都可以看見分析師解盤的畫面。尤有甚者，台灣有不少分析
師喜歡以投資顧問公司名義，招收會員再由分析師發動買進賣出訊號
號召會員共同買進（賣出）期望發揮螞蟻搬象的效果。雖然此舉規避
了上述「禁止向不特定人進行推介」的規範，然而實際上，不少分析
師在號召會員買進前，自己早就先用人頭戶建立部位，再利用會員買
進時逢高出清，或是對同一標的把會員分為不同族群，同時發出「買
進」與「賣出」訊號，屆時再於公開媒體誇耀自己預測精準造成不少
糾紛。

此問題存在許久，卻無法獲得有效解決，關鍵就在於我國相關
罰則過輕。依據「中華民國投資信託暨顧問商業同業公會會員自律公
約」，對於分析師違反規定行為，最高可以處以撤銷執照及新台幣 10
萬至 50 萬元之罰金」；而事實上我國最常見的罰則是「暫停執行業
務 1 至 6 個月」。不管是前者或後者，對應於數百萬到上億元的不法
獲利，自然是沒有什麼嚇阻效果。

⊙ 媒體的規範

由於台灣媒體的高度競爭與近年八卦文化盛行，讓許多媒體在獲
知相關訊息時常常抱持著「搶頭條、搶獨家，先衝了再說」的心態，

往往缺乏更進一步的確認，當然也常成為有心炒作股市人士利用的工具。例如 1995 年的「勁永禿鷹案」就發生過同屬聯合報系的《經濟日報》與《聯合報》記者分別對勁永發布完全相反意見的新聞稿，而時機恰好又好背後放空主力時程一致。記者從第三方管道取得外資報告後，未向當事人確認就直接發布公眾媒體上更是時有所聞，甚至發生過財經記者拿到外資過期報告在媒體公開而引發爭議的烏龍事件。

目前我國對於這類行為主要規範於證交法第 155 條第 6 項「意圖影響集中交易市場有價證券交易價格，而散布流言或不實資料」，看似有完整規範，然在實務判決上，如何舉證其「意圖」卻是造成實質起訴的困難。

台灣股市由於高達七成的散戶，因此大眾傳播媒體對於股市的影響力更為顯著。對於媒體，我國多期待其能自律，但實際上，台灣媒體喜歡打著言論自由的口號恣意妄為，甚至凌駕引導議題走向。自然也讓不少投機份子利用此一管道對股市進行操弄。欲建全我國金融市場機制與交易公平，除了加強要求媒體自律外，似應以更嚴格標準審視媒體。

注釋

①美國證券商協會（NASD）Rule 2711 及紐約證券交易所（NYSE）Rule 472 皆要求投資銀行必須與研究部門間設立「防火牆」機制，包括不可受制投資銀行的監督、不可將酬勞與投資銀行業務連結，以及不可承諾以有利的評等來吸引投資銀行業務。

②所有權與經營權之間的代理問題稱為權益代理問題（equity agency problem）。

買殼與借殼上市

2013 年 5 月 17 日證券櫃檯買賣中心（以下簡稱「櫃買中心」）在傍晚公告，經查核上櫃交易公司精威科技（以下簡稱「精威」）2012 年財報，因違反櫃買中心買賣有價證券業務規則，公司營業範圍有重大變更，認定不適於繼續交易 ①，因此要求精威自 6 月 27 日起終止所有 6 千萬普通股在櫃買中心交易。由於事前毫無預兆，當天精威的股票交易還以上漲作收，櫃買中心突如其來的公告，讓不少投資人大吃一驚，這也是台灣股市中相當罕見地因經營業務重大變更而被勒令下櫃的案例。

借殼精威遭勒令下櫃

精威成立於 1993 年，是一家以電腦周邊裝置與讀卡機製造銷售為主的公司，並於 2002 年 11 月獲准上櫃掛牌交易。但是後來因為電腦週邊產品競爭激烈再加上筆記型電腦內建讀卡機日益普遍，使得精威的營收快速下滑，股價也長期在面值 10 元左右波動。2008 年股東會中，原本從事電子廢棄物處理的欣偉科技入主精威而成為新的經營團隊，並將原本的電子廢棄物回收業務帶入精威，和原本的讀卡機產品成為精威的二大主力業務。然而新經營團隊的進駐與新業務加入並未能對精威的業績和股價帶來巨大的變化。此後，精威的公司業務又陸續新增清潔用品和節能、創能和儲能等產品線，但依舊未能帶給公司營收明顯的實質貢獻。精威在 2011 年財報中再次宣告，公司已於 6 月份退出讀卡機業務，並預定於 2012 年第一季開始從事租賃與葬儀相關服務，變化之大令人咋舌。2011 年 12 月 13 日精威以重大訊息公告，董事會決議以新台幣 1 億 2 千 6 百萬元參與以葬儀業為主的天品

國際股份有限公司現金增資,很明顯地,精威想透過投資天品國際從傳統的電子業轉型為葬儀業。

或許是公司經營團隊過於積極尋求業務轉型,在停掉公司原本主營的讀卡機業務後,沒有想到營業範圍變更造成精威達到櫃買中心認定之「不宜繼續上市買賣」標準②,因而讓櫃買中心有了勒令其下櫃的理由。簡單地說,從櫃買中心的角度來看,精威這家公司不管過去申請上櫃或是歷年的主要營業收入中,電子業務都占了五成以上,但是在其 2012 年財報中,電子業務營收劇降到一成以下,反而是租金收益超過了五成以上,因此依規定要停止交易。此後精威股價幾乎一路跌停,持有精威股票的股東也只能無語問蒼天。

借殼金尚昌股價飆漲

相對於精威股東們的求助無門,同樣是借殼上市的金尚昌開發(以下簡稱「金尚昌」),其過程則是讓人嘖嘖稱奇。和精威類似,金尚昌也是家一路被人借殼的公司,這家公司最早叫「泰瑞電子」,是由台灣國際電化集團家族成員洪敏泰在 1987 年成立,主要銷售自有品牌「泰瑞」(TERA)電視機,並以加盟模式持有「新瑞電器」通路連鎖門市。1995 年由於台灣大幅降低進口家電關稅,泰瑞電子難以和進口品牌競爭因而經營陷入困難,於是轉手賣給國內知名建設公司宏國集團,並改名為「林三號國際發展股份有限公司」,改行作建材買賣、不動產開發和大樓國宅營造。2000 年宏國集團由於營建業長期不景氣外加亞洲金融風暴時期過度護盤爆發財務問題,連帶拖累旗下的林三號國際。2005 年林三號國際更名為「金尚昌開發」,改名對公司營運並沒有帶來太大變化。此後隨著母公司宏國集團的沒落,金尚昌也成為一間近乎停擺的公司,每年營業額經常不到 100 萬元,資本額也一路減資為 0.7 億元。成為台灣股票上市公司中眾多的「殭屍」公司之一。

2013 年 4 月,金尚昌先是宣布以每股 5.4 元,完成私募 700 萬股,

募得資金新台幣 3,780 萬元，全數私募股權均由台灣房地產代銷業者甲山林廣告董事長祝文宇以個人持有的祝園實業取得。這項資訊也等同宣告祝文宇拿下了金尚昌五成股權，即將入主該公司。不久後，原金尚昌董事長和總經理同時宣布辭職，公司並於 4 月 22 日改選董監事，結果也一如預期，由祝文宇擔任金尚昌董事長兼總經理，金尚昌經營權正式再次易手。5 月 3 日金尚昌公告，大股東祝園實業將以每股 20 元收購金尚昌流通在外股數 450 萬股，等同金尚昌發行股數的 32.14%（或總流通在外股數的 64.28%）③。在祝文宇入主後的首次股東會上，董事長宣布金尚昌將改名為「愛山林」建設，除原本的營造外，並將新增不動產經紀和代銷業務，並計畫透過現金增資擴大營運規模。

　　金尚昌在祝文宇入主當年度前四月份的合併營收僅有 18.3 萬元，稅前虧損 546 萬元，長期股價都在 5 元左右，每日成交股數不到 5 千股，甚至經常連續數日都沒有成交。但是從 4 月 17 日公告甲山林董事長取得私募股權後，開始了長達一個多月連續 25 根漲停，股價從 4 月 16 日的 5.9 元，一路飆漲到 5 月 21 日的 33.5 元。圖一為金尚昌在祝文宇入主前後之股價。

〈圖一〉2013年金尚昌在祝文宇入主前後之股價

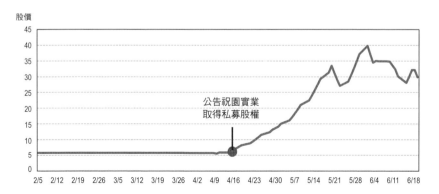

金尚昌股價的異常飆漲，逼得台灣證交所不得不出手警示，要求金尚昌改為 60 分鐘撮合一次，並要求投資者買賣金尚昌股票需預先收足款券，以及金尚昌必須在「股市公開資訊觀測站」中公告最新財務與業務狀況，並於媒體提出澄清。主管機關的出手的確稍稍扼住了金尚昌的狂飆，不過實質效果卻很有限，從 5 月 27 日起金尚昌股價再次飆升，最高到 6 月 4 日的 39.95 元後再逐步下挫。

為什麼一家資本額僅 1.4 億，營收未見起色仍屬虧損的公司卻可以得到投資人的青睞？從心理層面來說，入主金尚昌的甲山林廣告是台灣前二大的房地產代銷公司，2012 年代銷金額高達新台幣 495 億元。投資人或許預期新任董事長祝文宇可能仿效 1995 年的侯西峰把自家獲利良好的漢陽建設業績注入新殼（國揚建設）之中，或是採取反向購併模式，由金尚昌購併甲山林來挾帶甲山林上市。不論哪一項，結果都將進而帶動金尚昌業績和股價大幅成長。也因此，即便金尚昌在當下幾乎只是個空殼，但股價已預先反應預期心理。看起來原本金尚昌的股東們像是中了樂透，可以坐享甲山林入主後的股價高漲。但事實並非如此，透過私募和公開收購，甲山林的祝董事長早就將 82% 以上的籌碼握在手上，再加上原本金尚昌資本額小又長期交易量低，多數的投資者望著金尚昌每日漲停，卻多是看得到吃不到。

借殼上市規避監理

「借殼上市」又稱為反向購併（Reverse Merge 或 Reverse Take-Over，RTO），之所以被稱為反向，主要是就形式上而言，是由上市公司購併一家未上市公司，但實質上卻是一家未上市公司透過購併模式來取得上市公司的控制權（因為如果是未上市公司直接購併上市公司，那上市公司會因為被購併而消失，因而被迫下市，那就失去了買殼的意義了）。

為什麼要借殼上市？一般來說有二種原因：第一個原因是考量掛牌交易涉及廣大股東權益，包括台灣在內，世界各國對於公司申請上

市（櫃）都有一定的要求和規範④。這對不少有志於申請上市（櫃）的公司來說不但耗資甚鉅而且曠日廢時，甚至還有可能申請掛牌失敗。再加上立法院在 2012 年通過的證券交易所得稅，對投資首度公開募股（IPO）後的交易，將課徵 3.75% 到 15% 不等的證券交易所得稅⑤，因此對不少公司來說，用買賣的方式直接和上市（櫃）公司老闆談好經營權移轉就成為了一種又明確又簡單的方法。

第二種原因則是由於台灣很多公司因為產業變化或自身因素，早就失去了競爭力，股價也多在面額 10 元左右排徊。然而這些企業由於多半發展甚早，很多也持有為數不少的土地，因此每當台灣不動產市場狂飆時，這些「坐在黃金上的乞丐」就往往成為建設公司眼中的肥羊。相對的，建商由於產業特性，要達到上市櫃申請標準較為困難⑥，但營運上卻需要大量的資金周轉，透過股票上市，除了可以順利達到掛牌目的、提高建商知名度外，還有助於降低其資金取得成本。這個原因也解釋了為什麼台灣借殼上市的公司多數是建商，而發生借殼時機也多半在不動產飆漲時期。本篇篇末所附表二為 2003 年房市多頭以來，借殼上市櫃之營建公司。

具體來說，借殼上市常用的手法有以下二大類，現金購併和股權（資產）交換：

現金購併：現金購併模式是由有意入主上市（櫃）公司團隊透過現金購買方式取得上市（櫃）公司經營權。新入主團隊可能取得經營權後，再透過董事會決議購併自家公司，來挾帶原有公司取得上市資格。亦有可能不進行，僅是把部分業務或資產移到該上市公司，或僅是重新經營原有業務或開展全新業務。現金購併的模式主要有以下三種：

一、直接買下上市（櫃）公司董監事法人代表背後的投資公司，再以更換法人董（監）事代表模式取得經營權。這種手法最大的好處

是不必依證券交易法第 43-1 條第 1 項，取得公開發行公司 10% 股份需在 10 日內向主管機關申報，購併者可以等股權累積到一定程度或一切安排妥當後再向市場揭露，所以這是市場最常見的手法。

　　二、以協商方式取得經營權。這類的上市（櫃）公司多半是原經營者已無力經營，因此由原本控股直接更換法人代表指定新經營團隊人馬取得董監席次，屆時再以發布利多模式拉抬股價，好讓原本公司派人馬得以順利出脫股票。其中為了確保新經營團隊利益，多半會由原董事會通過私募讓新經營團隊取得公司相當程度股權。

　　三、直接於公開市場交易。由買賣方雙方約定好價格後直接於公開市場對敲交易，不過由於交易股數和金額龐大，因此多半採用盤後交易方式進行。買方取得足夠股權後，再以召開臨時股東會方式變更董監席次。

　　股權（資產）交換：買賣雙方透過協商後，由上市（櫃）公司召開董事會決議以議定比率或是發行新股模式合併未上市公司。透過合併，未上市公司經營團隊可以取得公司一定股權或過半股權，而成為新經營團隊。而該被購併的未上市公司則成為公司上市公司之子公司。之後，新舊經營團隊可能以合作模式共同經營，或是由新團隊設法拉高股價，幫助舊團隊人馬在公開市場賣出股權。

　　接下來，在新經營團隊取得經營權後多半採取相關措施來達到其目的，如下：

　　‧變更公司營業項目及解除董事競業規定：主要目的就在於讓合併後子公司業務或預定注入新業務得以順利成為公司營業項目，亦同時避免新經營者入主後和原來自有業務相衝突之處。

　　‧變更公司財會稽核主管與簽證會計師。

　　‧現金增資：不少公司之所以汲汲營營想讓公司上市，所求的不外就是所持股票可以從面值 10 元一躍成為數十元到數百元帶動的

財富倍增效應。另一方面則是公司可以透過現金增資、發行債券或是與銀行協商融資利率得以取得更為廉價的資金。特別是借殼上市過程，借殼公司常常要付出大筆資金，這些資金甚至很多時候還是從市場借貸而來，因此往往要仰賴拉高股價後的現金增資，好為公司帶來活水，也為自己借貸的資金解套。

・其他：包括如更改公司名稱、處分公司資產等。

結論

1995 年漢陽建設侯西峰入主上市公司「國揚實業」，並在二年內改造國揚實業轉身成為台灣上市營建業類股股王，而被譽為台灣借殼上市的始祖。事實上，國揚實業並不是台灣第一家被買殼的上市公司，只是在侯西峰之前，借殼公司多半是利用上市櫃公司便於融資的特性，在入主後大肆現金增資、炒股或變賣公司資產進而掏空公司。而侯西峰卻是採取反向操作，把自家獲利企業灌入上市公司中，透過上市公司每股盈餘的提高拉抬股價，從中獲得更高的財富回饋。

國揚的成功典範讓市場紛紛仿效，一時之間「聯成食品」「皇帝龍紡織」「順大裕食品」等一堆台股中原本不被看好的雞蛋水餃股陸續被營建公司入主。這些公司看似因為新經營團隊進入和新業務的注入而有了新生命，但好景不常，在 1998 年台灣本土型金融風暴中所引爆的「地雷股」中，絕大多數就是這些借殼上市的公司。探究其原因，除了受到大環境營建業的低迷外，另一個主要原因就在於借殼方要「買殼」時往往要先付出一大筆錢，因此一旦正式入主，無不急著利用上市櫃公司的融資優勢，大舉辦理現金增資或增加銀行借款，再以活化資產為名大力進行投資與開發，最終碰上景氣走緩，財務上的槓桿就成了引爆公司的地雷的導火線。

買殼上市或借殼上市不只在台灣，在世界各主要股市都是常見

的現象。就如同人生的生老病死，某些企業作不下去了就讓其他企業頂替上來，並沒有什麼不好。這也有助於股市成員的新陳代謝。對原有股東而言，被借殼的公司也原本多是些了無生趣的公司，透過新經營團隊和新業務的引入讓公司獲得新生也算是好事一樁。只是從另一個角度來想，公司申請上市櫃掛牌交易之所以需要重重審核，正是因為一旦公司掛牌後股東人數少則上百人多則數十萬人，主管機關有必要為廣大股東利益適度把關。而透過借殼上市的模式，上市（櫃）公司簡化為新舊經營團隊間的買賣，只要雙方談妥條件，經營權就易主了。小股東除了從頭到尾沒有發言的餘地外，原本持有的股權多半還會因為公司私募或增發新股而被稀釋。更重要的是，不管是主管機關還是該公司的關係人根本無從去判斷新入主的經營團隊到底是抱著改進公司，讓大小股東有福同享，或是只是想利用上市櫃公司優勢掏空公司資產。

　　因此，對於這類的掛牌公司主管機關絕對有必要針對其原本借殼公司財務狀況、新增營業項目，乃至後續現金增資及資產活化作更嚴格把關，以杜絕假入主真掏空的借殼模式。

★公司治理意涵★

⊙殭屍企業的退場機制

　　世界各主要證券交易所對於掛牌公司下市退場機制多有明確規範，例如股價一定期間內未能達到某價位（例如在美國 Nasdaq 掛牌的公司連續一個月股價未能到 1 美元）、成交量過低或市值未能達一定標準等，然而在台股由於散戶多，主管機關往往深怕冒然讓公司下市會影響小股東權益，所以一直不敢大膽執行及嚴格規範。以致有像金尚昌這樣年營收不多 1 百萬，資本額 7 千萬，常常數日沒有成交的股票依舊掛牌，成為殭屍股。

殭屍股的存在，看起來像是主管單位給留校察看的學生改過自新最後翻身的機會，但實際上這些公司除了營業額低、成交量低外，多半董監事持股也很低。老闆們之所以不肯下市，很多只是為了保有上市公司的頭銜或是擔心銀行融資會被斷頭，順便待價而沽看看有沒有賣殼的機會。但為了保留上市櫃資格，公司卻要為此付出每年上百萬元的掛牌費和會計師簽證費等相關費用，其實反而是加速公司的衰頹。

目前證交所和櫃買中心均已分別自 2013 年 7 月起修正營業細則，針對這類殭屍企業訂定強制退場機制，對流通性不足的個股進行監管（詳表一）。根據統計符合資格者，上市公司共有 4 家，上櫃有 5 家。這 9 家企業將先以取消信用交易、變更交易模式先行處分。如果 3 年內仍未獲改善則將處以停止交易。

〈表一〉上市（櫃）公司強制退場機制

證券交易所	本國上市公司	上市普通股股數未達已發行普通股股份總數25%且未達6000萬股。
	第一上市公司	上市普通股股數未達已發行普通股股份總數25%且未達6000萬股及淨值未達6億元者。
櫃買中心	本國上櫃公司	上櫃普通股股數未達已發行普通股股份總數25%且未達500萬股。
	第一上櫃公司	上櫃普通股股數未達已發行普通股股份總數25%且未達500萬股及淨值未達1億元者。

這樣的處置對證交所和櫃買中心而言或許是踏出了第一步。只是仔細思量，除了條件過於寬鬆，未能把上市櫃掛牌交易真正精神納入（成交量與市值）外，不難想像，給予 3 年的緩衝期，等同只是要求這些殭屍企業加速賣殼罷了。真正的解決之道，應當是快刀斬亂麻，以更明確的規則加速淘汰不適合掛牌企業，讓這些企業下市後，藉由

適用較為寬鬆法規和減少公司相關費用後，重新獲得新生。而不是拖延時間讓這些企業主還心存著僥倖的機會。透過明確快速的下市退場規範同時也能讓更多投資人心生警惕，減少對這些公司股票的參與，降低企業下市時對普羅投資者可能的損害。

⊙借殼掛牌公司的監理

　　若以資本效率及活絡市場經濟的角度來看，借殼上市可以汰舊換新，讓瀕死的企業重獲新生。但另一方面卻等同開了一道後門，讓原本高風險或不符合資格的企業換殼上市。也因此，如何對於將這類借殼上市企業進行更為嚴謹的監理就成為重要課題。

　　受金尚昌事件影響，目前櫃買中心已針對借殼上櫃公司訂出部分規範，包括：

- ・針對經營權異動後產生股價巨大變動，採取公布交易資訊和處置措施。
- ・採實質審查公司因合併、私募及取得和處分資產之財務狀況。
- ・對於新引進營業項目或重大業務變更，會加強查核其交易形態、交易對象和收付款情形，並針對重要事項要求以重大訊息向公眾揭露。必要時會採取終止上櫃交易。

　　上列的模式主要是以加強查核來規範借殼公司上市後可能的不軌行為，實為我國公司治理邁出一大步。但是對於原本大眾質疑的不符合上櫃資格公司藉由借殼來達到上櫃目的，卻未能加以規範。因此建議不妨可以考慮對於借殼上市（櫃）公司要求其先行下市（櫃），待其資本額、獲利能力等因素均符合上市櫃要求後，可以免去其券商輔導期再重新申請上市櫃⑦。如此一來，一方面可以確保借殼公司在重新掛牌後再次獲得政府認證，其獲利能力、財務情況和公司治理等因素均符合一般上市櫃標準外，此項規定也等同加重買殼者的成本和短

期獲利的期望，讓只有真正有心經營者獲得上市（櫃）資格。這也才
是我國資本市場健全化之道。

⊙浮濫的現金增資與關係人交易

　　在借殼公司掌控上市櫃公司經營權後必然以現金增資向大眾募集
資金，而且通常會在 1 至 2 年內增資一次以上，在過往台灣的借殼上
市案例中，幾乎是標準的作業模式。理由不外是被借殼公司多半只剩
空殼，要引進新的業務必然需要新的資金。然而回顧 1998 年台灣接
連引爆的借殼地雷中卻不難發現，許多借殼公司之所以發生後來的財
務問題也正因為現金增資。理由是現金增資是上市櫃最容易取得資金
的模式，但問題是當公司辦理現金增資時，大股東也要拿出一筆錢出
來認購，在之前因為借殼已經支付大筆金額的入主團隊，為了籌集資
金往往只好把手中持股拿去質押，最終的結果，為了維持股價在一定
價位以上，公司經營團隊只有不停護盤，資金不夠，只好再現金增資，
因而形成一種惡性循環。在這種情況下，透過現金增資取得的資金往
往被變更用途，透過成立子公司或孫公司或以企業借款模式流出，再
拿來買進主體公司股票護盤。或是有些公司以引進新業務為由，將公
司資金高價買下自家企業銷售不佳套牢的建案，或是以低於市價將借
殼公司資產出售給自家公司形成掏空。

　　鑑於過去的教訓，主管機關除了應對這類借殼公司現金增資頻率
以及取得資金後續變更用途更為嚴格控管外，對於公司重大資產買賣
交易方是否涉及與公司內部人士具有關係人交易，及對公司後續可能
影響等，均應要求更為詳實的揭露。

注釋

① 櫃買中心之買賣有價證券業務規則第 12-2 條第 6 款規定,若公司營業範圍有重大變更,被認定其有價證券不適於繼續櫃檯買賣者,櫃買中心得終止其有價證券櫃檯買賣。

② 櫃買中心之買賣有價證券業務規則第 12 條之 2 第一項之補充規定「公司營業範圍有重大變更本公司認為不宜繼續上市買賣者」認定標準,其中第三項要求公司於該年度將前一年度占營業收入達 50% 以上之經營業務變更,且該年度營業收入較前一年度減少達 50% 以上,或營業損失較前一年度增加者。

③ 依證券交易法第 43-8 條規定,私募股票三年內限制轉讓。

④ 股票上櫃與上市申請條件,詳見證券櫃檯買賣中心資訊:
http://www.otc.org.tw/ch/service/sotck_info/comparison/apply_comparison.php
此外,初次申請股票上櫃的相關費用包括承銷費用(上櫃輔導費用及包銷報酬等)、上櫃審查費、會計師、律師公費及公開說明書印刷等費用,一般需花費 800 萬到 1,000 萬元。

⑤ 依據證券交易所得稅施行細則,首度公開募股(IPO)後首次交易所得按單一稅率 15% 分離課稅,但持有一年以上股票減半課稅(等於稅率 7.5%),IPO 後繼續持有三年以上股票再減半課稅(等於稅率 3.75%)。

⑥ 有價證券上市審查準則第 16 條針對申請股票上市之營建公司之營建收入比例(達 2 成)、成立年數(超過 8 年)、資本額(達 6 億元以上)、淨值(達資產總額 30% 以上)、營業利益(均為正數,且最近 3 年無累積虧損)等皆訂出明確規範。

⑦ 有鑒於借殼上市股問題層出不窮,金管會於 2013 年 11 月 15 日公布借殼上市新監理原則,未來上市櫃公司如果發生經營權及營業範圍異動時,該檔股票將先暫停交易 6 個月,待符合相關資本額、獲利及公司治理條件,並取具承銷商評估報告後,便可恢復交易。

〈表二〉2003年後借殼上市櫃營建公司

被借殼公司	原產業	借殼公司	目前名稱
福益	紡織	華友聯建設	福益
名軒	紡織	麗寶機構	名軒
福纖	紡織	三圓建設	三圓建設
國賓大	玻陶	興富發齊裕營造	潤隆建設
春池	營建	聯上集團	聯上發
榮睿	生技	聯上集團	聯上
櫻花建	營建	寶佳機構	櫻花建
和旺	營建	城寶建設	和旺
宏都	營建	豐邑建設	宏都
大漢	營建	龍巖	龍巖
十全	電子通路	高雄建商	達麗
捷鴻	資訊	亞昕集團	亞昕國際
德士通	網通	國礎建設	德士通
駿億	IC設計	總太地產	總太地產
華昕	電晶體	士電集團	士開
金革	唱片	仁發建設	三發地產
晶磊	控制IC	新潤建設	新潤建設
經緯	電腦	聚合發建設	坤悅
弘如洋	生技	新東陽集團	昇陽
羅馬、凱聚	玻陶	家美集團	寶徠
理銘	零組件	新竹建商	理銘開發
長鴻	營造	幸福人壽	長鴻
正華	通訊	富宇建設	春雨開
亞銳士	資訊通路	大城建設	亞銳士
力廣	記憶體模組	海悅廣告	力廣
宏連科	記憶體模組	海灣建設	海灣建設
松崗	資訊	國寶集團	松崗
視達	面板	富旺國際	富旺國際
怡華	紡織	元邦集團	怡華
笙寶	機殼	文森建設	笙寶

從絢爛到隕落再到重生的故事
—— 東隆五金

如果要選一家台灣企業故事拍電影，毫無疑問東隆五金是台灣企業史上最傳奇的一頁。東隆五金是台灣傳統型家族企業，由家族成員胼手胝足共同創立，也由家族共治，在 1994 年成為嘉義地區第一家上市公司，掛牌當年每股盈餘高達 9 元，承銷價 82 元僅次於當年股王台積電。不過上市僅短短 4 年內陸續發生家族鬩牆、公司浮濫投資，公司資金被挪用護盤，進而爆發公司經營層以五鬼搬運手法掏空公司，變成高達 88 億元負債的地雷公司，公司亦被迫在 1998 年下市，進行重整。

重整期間債權銀行發現東隆五金公司雖然財務面問題重重，但公司營運部分仍保有核心競爭力，於是在引入新投資方及獨立經營團隊後，在法院裁定重整計畫後三年，公司奇蹟似轉虧為盈，並清償上百億負債，重新獲准上櫃交易，成為台灣第一家重整成功並重返股市交易的公司。其後並於 2006 年底以高價出售，成為特力集團旗下公司，更在 2012 年中被美商史丹利百得（Stanley Black & Decker）收購，成為國際企業的一員。

公司興起

如同台灣許多早期企業一樣，東隆五金是由范氏家族父親和五個兄弟共同胼手胝足而成，最早的產品是木製便當盒，後來隨著台灣經濟的發展，產品改為金屬製便當盒，最後進入門鎖的行業。

在 1950 年代，由於台灣經濟的快速發展，大量鄉村人口湧入城市，為了因應小家庭形成，造就了營建業的蓬勃發展，也連帶帶動了門鎖的大量需求。但由於製鎖業技術複雜，要求零組件精密度高，因

此市場多為進口商所壟斷。圖一為東隆五金范家之家族成員。

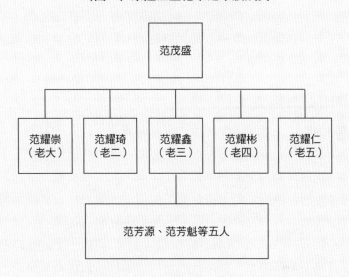

〈圖一〉東隆五金范家之家族成員

當時范家老三范耀鑫，看上了家庭用鎖的需求市場將會快速增長，幾經討論後，決定採行分工模式，切入家用喇叭鎖的製造。由老二范耀琦負責研發，老三范耀鑫負責技術和生產，老四范耀彬則負責行銷和業務。逐漸地，由於市場需求大，再加上自有品牌「幸福牌」（Lucky）的品質好，價格又只有進口品牌的一半，很快就打出口碑，也打開了市場。

隨著公司規模的擴大，范氏兄弟決定把工廠遷到嘉義後湖工業區，並正式更名為「東隆五金工業有限公司」，並由范耀彬擔任董事長，范耀鑫擔任總經理，而范氏其他兄弟，大哥范耀崇、二哥范耀琦和老五范耀仁也陸續加入公司，各司其職。

在 1994 年公司獲得證交所同意掛牌上市後，范氏兄弟中由於大哥熱忱於金融，在嘉義成立證券公司，老五則在公司上市前幾年選擇

修行，紛紛轉讓持股，因此公司股權集中於老二范耀琦（25%）、老三范耀鑫（37.5%）及老四范耀彬（37.5%）手中。

但就正當東隆五金公司慶賀邁向上市之路之際，在當年七月份總經理范耀鑫突然因腦溢血辭世。為了不影響十一月份的掛牌，董事長范耀彬在未與其他家族成員取得共識前，便自行決定兼任總經理，為日後家族內鬥埋下伏筆。

蘇比克灣投資案

1994 年間，台灣政府為避免企業過度西進，因此推動南進政策，由中華開發董事長劉泰英帶領 40 多家企業前往菲律賓考察。當時東隆五金代表范耀琦當下承諾要投資 1 千萬美元，但回國後卻遭到董事長兼總經理的范耀彬反對，讓范耀琦覺得面子掛不住，於是范耀琦開始聯合范耀鑫的兒子范芳源，范芳魁聯手向范耀彬攤牌。

由於范耀琦加上范耀鑫家族股權大於范耀彬，於是在 1995 年 5 月的董事會中決議由范芳源接任總經理，范耀琦擔任副董事長，於是開始了東隆五金叔姪共治的時代。范芳源接任後，立即宣布進行延宕的蘇比克灣投資計畫，也讓叔姪心結再次浮上檯面。

逼宮

范芳源兄弟掌權後，想更進一步趕走擔任董事長的范耀彬勢力，但苦於大家股權相當。於是負責操盤的范芳魁想辦法搭上了當時在股市上有呼風喚雨能耐的國民黨大掌櫃——劉泰英。雙方並達成共識，由劉泰英指示國民黨旗下企業買進東隆五金股票，分別於 1995 年 10 月及 12 月購入合計共 2 萬張的東隆五金股票（2 千萬股），范氏兄弟則以捐贈名義交給國民黨和旗下基金會約 9 千 6 百萬的政治獻金，並自 1996 年 6 月起，每月同樣以捐贈名義，支付劉泰英擔任院長的台經院 520 萬元，直到 1998 年 6 月止。

時任董事長的范耀彬對於姪子的動作並非完全不知情，但他認

為姪子的財力有限，於是逆向操作，大量申報轉讓，企圖讓范芳源兄弟在市場上知難而退，自己再逢低買回。而原本和范芳源同盟的范耀琦，也因為不滿姪子聯合外人，加入拋股的行列。於是兩派人馬就在市場上玩起了你丟我撿的遊戲，為了能有足夠的資金，范芳源兄弟紛紛將手上持股質押籌措資金，並聯合市場的主力不停吸納叔叔拋出的持股。預估一年之內，范芳源兄弟為取得東隆經營權，付出將近60億元的代價。

最後，在1996年五月的股東會中，范芳源一系大獲全勝，選出由范芳源擔任董事長，總經理則是范芳魁接任。外界喻為「王子復仇記」，為期一年多的經營權爭奪戰就此落幕。

〈表一〉東隆五金於1996-1998年部分業外投資情況

時間	投資項目
1996年9月	斥資12億元向南國建設公司購入淡水小坪頂土地，並推出建案「常玉」，但銷售不佳
1996年11月	斥資2,227萬元入主財務危機公司——正義食品旗下的維力科技
1996年12月	斥資1.56億元向國民黨營華夏投資購入300萬股中視股票
1997年3月	宣布和美商Klune Industries Inc.合作，進軍航太業。東隆斥資2億元興建廠房和生產設備。廠房在同年10月完工
1997年11月	斥資1.65億元成立生產LCD彩色濾光片的東賢科技
1997年12月	入主上櫃公司駿達建設
1997年12月	斥資2.5億元參與國民黨營事業主導籌設之環球國際商銀
1998年4月	以1.69億元入主景泰工業

財務槓桿操作和浮濫投資

范氏兄弟得以在不利情況下順利取得經營權,外圍金主和股市作手們自然功不可沒,他們也因此期待著范氏兄弟能懂得投桃報李。

於是范芳源在取得經營權後,修改公司章程中「投資有價證券之總額,不得逾公司淨值之 30% 及新台幣六億元」,放寬為「有價證券之總額,不得逾公司淨值之 60% 及新台幣十二億元」。

為了回應金友們的鼎力相助,東隆五金開始一改過去保守的財務模式,積極運用公司資金進行財務操作。例如以公司 20 億定存單為質押,發行商業本票,再利用當中利差和到期時間差進行短期操作。就這樣,東隆五金利用手上握有近 32 億元的資金,開始積極進出股市,並從事多項業外投資,如上表一。

以上部分還不包括股市短期投資,以及和順大裕、台硝、台鳳等公司大股東交叉持股,相互拉抬股價賺取價差。

對於東隆五金多角化的投資策略,董事會並非視而不見。在 1997 年中召開的董事會中,所有董事均同意成立「投資審查小組」,未來重要投資案均需經由小組評估後決行。金額在 5,000 萬以內短期投資,需送董事會備查;而長期投資則需由董事會同意後才能執行。但這樣的策略,似乎仍擋不了范氏兄弟對於投資的熱愛,最後,依東隆五金爆發財務問題前的財報,東隆五金長期投資了高達 26 家公司,投資金額超過 44 億元。

泡沫破裂

由於在短短數年內,東隆五金宣布多項投資案以及密集進出股市,自然引發主管機關和市場投資人的關注。首先引爆的是更換簽證會計師,長期以來東隆五金簽證會計師為致遠(更名為安永)會計師事務所的柯淵育。在 1998 年 7 月,原本應提出 1998 年上半年財報,柯淵育堅持必須揭露美國航太公司投資案,以及公司把短期投資轉為

長期投資等事項，遭公司拒絕。在半年報要求需在 8 月底前申報的壓力下，東隆五金決定更換簽證會計師，改為台灣立本會計師事務所，才化解了面臨暫停交易的困境。

在半年報出爐後，市場和媒體開始紛紛解讀東隆五金財報中可能的問題和疑點，不久後，東隆五金即爆發在股市違約交割。雖然東隆五金一再聲明此事純粹是投資人個人行為和公司經營無關，但自此東隆五金股價應聲暴跌，股價從 32 元跌至 2 元。連帶影響當時市場上和東隆五金相近的「新巨群集團」股價紛紛重挫，結果是台灣股市中的地雷股一一浮現，最後蔓延到相關金融機構，如豐銀證券、中央票券等，讓原本以為躲過 1997 年亞洲金融風暴的台灣，意外在 1998 年引發本土型金融風暴。

重整之路

東隆五金事件爆發後，檢調單位介入調查，分別於 1998 年 10 月 23 日及同月 26 日羈押了董事長范芳源和總經理范芳魁。在公司群龍無首、財務黑洞不清下，背負了上百億可能轉為呆帳的債權銀行在 10 月 28 日召開了第一次債權人會議，隨即做出以下決議：

（1）支持東隆五金繼續營運。
（2）凍結范芳源和范芳魁名下資產。
（3）目前借款展延一年，利息打折支付。
（4）由勤業會計師事務所進駐查核確切財務數字，並控管這段期間財務。

重整的目的，在於透過法律程序，暫停債權人對公司債務償還的要求，以延續企業的生命。事實上，在 1998 年底范氏兄弟以市場大環境不佳為由，向嘉義地方法院聲請重整，但隔年初即被法院以「聲請事項不具誠實性」為由，予以駁回。

在銀行團進駐後，經勤業會計師事務所實地查核後發現，即便公司風風雨雨，東隆五金生產線和訂單情況仍屬正常，並能固定帶進現金流，且處分部分轉投資後仍可回收部分現金，於是決議以銀行團名義，再次向法院聲請重整，並於 1999 年 4 月 29 日獲得法院同意重整，並裁定由中鋼董事長王鍾渝擔任重整監督人。

匯豐銀行入主

王鍾渝擔任重整監督人期間，一方面除繼續清查公司真正財務情況及出售不具核心本業的資產外，另一方面則是著力於和債權銀行談判償債計畫，並同時搭配以減資及同步增資方式，改善公司體質。

最後，債權銀行之一的匯豐銀行（HSBC），在評估東隆五金即便公司被掏空，但仍保有從模具廠到裝配一貫化製程和獨立研發中心，再加上製鎖相較於當時熱門的電子業，不但毛利更高（平均約 35%），亦不需要每年大量資本支出投資，決定由集團中匯豐直接投資公司以每股 17 元，總投資金額 5 千萬美元，取得東隆五金 72% 股權，正式入主東隆五金，並由匯豐銀行代表人陳伯昌先生擔任新任董事長兼總經理。

在陳伯昌入主這家仍背負超過 42 億元的負債，和資產總值約 36 億元的公司後，以金融投資出身的陳伯昌開始推動公司改革，包括：

（1）扁平化組織，推動績效導向。
（2）扭轉過去公司只重生產，不重行銷的策略。
（3）在保有公司自有品牌外，開始承接 OEM 及 ODM 訂單。
（4）處分資產，精減開支，努力打消負債。

從公司重整起，中鋼董事長王鍾渝就一直擔任公司經營策略、制度規畫最重要的「影武者」。原本匯豐亦屬意由王鍾渝接任董事長，但受限於中鋼規定董事長不得出任關係企業以外董事，因此只能以顧

問方式策畫東隆五金再生事宜。

　　2000 年政黨輪替後，王鍾渝在 2001 年 5 月卸任中鋼董事長後，經匯豐銀行再三遊說，以個人董事名義於 2002 年 1 月出任東隆五金董事長，自此東隆五金進入「王鍾渝時代」。其主要作為包括：

（1）引入中鋼管理制度及獨立董事制度，落實公司治理。
（2）合併廠區，開源節流。
（3）建購 ERP 系統，整合公司資源。
（4）重新定位公司產品和行銷策略，往高階和客製化產品前進。
（5）第二次減資與增資，以每股 48 元發行甲種特別股，募得資金 5 億多元。

　　經過二次的減資與增資，以及在陳伯昌與王鍾渝二任董事長的努力經營下，東隆五金的財務狀況，從 1999 年重整時負債 63 億，2002 年底降至 25.63 億，並於 2003 年底降至 17.7 億，2005 年降至 5 億餘元。並於 2003 年財務結算，出現 2.63 億獲利，EPS 達 4.3 元。而後各年仍保有高獲利 EPS，2006 年至 2009 年分別為 5.01 元、5.56 元、3.67 元及 2.47 元。並於 2006 年經台灣證券交易所同意，重新恢復一般股票交易，回櫃檯市場交易，並於同年 11 月由特力集團以 21.78 億元收購匯豐集團持有的 68% 股權。匯豐集團投資 6 年，以獲利約新台幣 5 億元出場。

　　2012 年 5 月，全球最大工具廠史丹利（Stanley）決定以 38.5 億買下包括特力持有之 68% 股權，及市場上其他股權，東隆五金正式成為國際企業的一員。

用你的錢來爭奪經營權

2003 年 2 月擔任中華開發金融控股公司兼中華開發工業銀行（以下分別簡稱「開發金控」和「開發工銀」）董事長長達十年之久的劉泰英因涉及新瑞都案及台鳳案等多起金融弊案遭收押禁見 ①，並在同年 6 月由財政部下令解除職位。開發金控及開發工銀因此隨即召開董事會選任陳敏薰及胡定吾分別擔任金控及工銀董事長。人事問題看似底定，但由於當時開發金控並無明顯持股比例較高的股東，一直以來都是透過國民黨黨營事業持股與官股的結合來鞏固經營權，在長期掌舵者被收押，再加上 2000 年台灣政壇剛完成第一次政黨輪替，國民黨下野頓失權力，坐擁龐大資源的開發金控立即引發各方人馬的覬覦。

中華開發的盛與衰

開發金控成立於 2001 年，是由開發工銀換股而成，並在 2002 年合併大華證券和菁英證券。開發工銀的前身則可追溯到 1959 年由行政院經濟安定基會和世界銀行合作成立的中華開發信託股份公司（以下簡稱「開發信託」），當時成立目的是希望透過「直接投資」和「企業融資」的模式，以中長期資金扶植我國新興及具有潛力的公司。開發信託在 1999 年改制為工業銀行，與交通銀行（現為兆豐銀行）為當時台灣唯二具有工業銀行執照的金融機構。

1980 和 1990 年代，受惠於歐美國家陸續大量將電腦及周邊產品的製造外包到台灣，引爆了台灣一波電子風潮，眾多電子公司紛紛挾著高獲利掛牌上市。原本單純配合政府政策大量投資於高科技公司的開發工銀也因此水漲船高，獲利倍數成長，成就了開發工銀的黃金年

代。在 1990 年 2 月開發股價甚至突破了每股 500 元創下波段新高。尤有甚者，開發工銀由於投資標的公司的時間點較早，多握有這些電子公司相當程度股權，進而對於這些電子公司具有一定的影響力，這對當時執政的國民黨而言，不啻是一項強而有力的資源。

1992 年國民黨指派台灣綜合研究院院長劉泰英出任開發信託董事長，並於隔年成為國民黨投資事業管理委員會主委，挾著當時總統兼國民黨主席李登輝的信任，劉泰英成為了台灣財經「國師」及「大掌櫃」。所有投資案爭相湧入開發信託以求能獲得「泰公」的青睞。在黨、政、經三方勢力的集合下，造就了開發信託的頂峰。從 1993到 1999 年開發信託每年股票配股都在 3 元以上（如下表一）。

在當時，台灣外資投資公司並未完全開放，本土券商仍專注在傳統自營經紀承銷業務之際，台灣少數從事投資銀行業務的開發信託成為了許多商學院畢業生的第一志願。

〈表一〉中華開發1993-1999年獲利及配股情況

單位: 新台幣元

年份	營業收入（千元）	營收成長率	每股盈餘	現金股利	盈餘配股	公積配股
1993	2,961,584	12.80%	2.33	0	1.56	1.59
1994	4,929,605	66.45%	3.89	0	2.34	3.00
1995	6,340,663	28.62%	3.01	1.50	0.55	1.95
1996	7,157,426	12.88%	2.91	0	2.00	1.00
1997	10,107,925	41.22%	3.13	0	1.88	1.62
1998	12,977,339	28.39%	2.65	0	1.83	1.17
1999	19,395,761	49.46%	2.43	0	1.57	1.43

　　黨政勢力的奧援造就了開發信託的黃金年代，但也埋下了日後未爆的地雷。在電子業的帶動下，台灣股市再次引發另一波的投機風潮。許多傳統產業公司紛紛宣布轉型電子業外，在市場一片榮景下，不少公司開始進行高槓桿投資，甚至是挪用公司資金進軍股市或房市。這些投資案往往也藉由在政治上的影響力，由國民黨高層指示開發信託配合投資與融資。

　　投資泡沫隨著 1997 年亞洲金融風暴開始嘎然破滅，亞洲國家不管是股市或不動產市場平均下修達二到三成，也讓這些高槓桿操作的財團出現了資金鏈斷裂的危機。亞洲金融風暴期間，台灣一方面由於外匯未全面開放，另一方面則受惠於資訊產品的出口暢旺，為亞洲國家中受傷最輕的地區之一。然而，為避免信心危機引發骨牌效應，台灣行政當局要求銀行不得隨意對企業抽銀根，為了配合政策，開發信託也對一些與國民黨友好財團進行紓困。

　　1998 年，當亞洲金融風暴的陰影逐步散去，台灣卻爆發了本土型金融風暴，包括台鳳、安鋒、國揚等多個財團紛紛因財務困難倒下，讓配合政策大力金援這些財團的開發信託蒙受鉅額損失，由盛轉衰。再加上全球高科技業的 .com「瘋」潮在 2000 年正式破裂，科技股票價格大幅下修，更是嚴重打擊開發工銀的獲利。此時的開發工銀由於過去年年的巨額增資造成股本大幅膨脹，獲利卻無法跟上，開發股價開始持續向下修正。

政治力介入，球員兼裁判

　　2000 年台灣首次政黨輪替，長期執政的國民黨下野，由民進黨執政。握有豐厚資源且一直扮演國民黨金脈的開發工銀自然成為新執政黨想「綠化」的對象。在 2001 年開發金控的董監選舉中，原本民進黨企圖由所掌控的公營行庫與政府基金，結合開發金控總經理胡定吾扳倒傳統國民黨勢力的劉泰英。但在最後一刻，當時已脫離國民黨的前總統李登輝與時任總統陳水扁達成妥協，維持「劉胡共治」，由

劉泰英續任董事長，胡定吾擔任總經理。因而官股將所持有委託書全數交由劉泰英支配，使他能因此跨過持股百分之十二門檻得以公開徵求委託書②。結果支持劉泰英一派大獲全勝，在 21 席董事中囊括 14 席。然而，劉泰英事後卻未依照約定，反而要求胡定吾辭職。此舉造成執政黨大大反彈，也埋下了執政黨對劉泰英除之而後快的種子。

利用保戶的資金爭奪經營權

2003 年 6 月開發金控與開發工銀在劉泰英遭收押後分別由陳敏薰和胡定吾出任金控和工銀董事長。由於隔年又是三年一次的董監選舉，因此雙方人馬檯面上和平共處，私底下卻無處不暗自較勁，紛紛向執政當局示好，希望能取得官股的支持扳倒對方。當陳胡二人表面合作檯下較勁的同時，市場上另一隻眼睛同時盯上了這個沒有明顯控制股權的開發金控。來自中信集團的辜仲瑩，透過旗下控制的上市公司中信證券（後改名為凱基證券）、中國人壽及國喬石化等企業於公開市場大量買下開發金控股票參與這場競賽，預估持有約 6% 的股權。

由於股權分散，開發金控當時單一最大股東即為自家旗下開發工銀，因轉換金控公司而持有開發金控約 7% 股權。依金控法第 36 條規定，金控旗下子公司持有母公司股權需在併入金控三年內處分或轉讓，處分前不受表決權限制。這等同是公司派的最大利器，其次是政府公股所持有合計約 8% 的股權。至於公司派陳敏薰家族持股則預計不到 2%。除此之外，並無任何一個股東持股超過 1%。

正因為股權的分散，決戰的重點就在於誰能夠取得散戶的委託書支持。依「公開發行公司出席股東會使用委託書規則」第 6 條的規定，金融控股公司之股東持股超過百分之十二才能委由信託業或股務代理機構進行「無限徵求」。換言之，除非勢力的結合，否則沒有一家能獨力進行無限徵求委託書。於是在 2004 年 2 月 22 日由財政部長林全出面召集中信集團與陳敏薰家族，希望能協調董監席次模式，共同聯合徵求委託書。但協商結果破局，陳敏薰退出聯合委託書徵求，自行

向小股東徵求委託書。

2004 年 4 月 5 日開發金控召開股東大會並改選董監事，在兩派人馬不停以議事程序技術干擾下，會議全程進行了 12 個小時後終於落幕。在 21 席改選的董監事中，政府持有的官股與中信集團聯合拿下 14 席，成為最大贏家，原任董事長陳敏薰家族則只取得 4 席，其他 3 席則由其他民股代表取得。在形勢比人強下，陳敏薰黯然離開董座，開發金控董事長由官股代表陳木在出任，辜仲瑩則擔任開發工銀董事長，形成官股與中信共治的局面。

結論

如同台灣絕大多數的經營權之爭，在這場被媒體戲稱為「王子與公主的戰爭」中，公司派和市場派煙硝味十足，除了傳統委託書爭奪戰，雙方各自透過背後支持通路徵求委託書，逼得各家券商不得不表態選邊站外，媒體上的相互的叫囂和質疑對方的經營誠信更是家常便飯。然而其中最特殊的莫過於政府持有的官股，一反過去市場股權之爭多採取中立或支持公司派的立場，跳下來聯合市場派逼宮公司派。表面上的理由是高舉公司治理大旗，支持擁有開發金控較多股權的一方取得經營權，但由於開發金控長期以來是下野的國民黨金脈，其中是否有政治考量卻是令人猜疑。除此之外，檯面上中信辜家的持股看起來遠高於代表公司派的理隆陳家，但實際上，辜家多數的持股卻是透過旗下上市公司中國人壽、國喬石化和中信證券大力購進所致。換言之，不管你是中國人壽的保戶或是上列公司的股東，也不管你願不願意，你所支付的保費和投資的股權都成了辜老闆入主開發金控的武器。也因為這樣的爭議，這一切原本應該隨著選舉結果底定而化為歷史，由於主管單位並未當下立即大刀闊斧的解決，反而引發了後續更多的爭議。

★公司治理意涵★

⊙保險資金運用

　　本案例從一開始最大爭議在於中信集團以旗下中國人壽可運用資金購入開發金控 2.67% 股權是否合理？在從法令面來看，現行保險法對於保險公司資金運用主要規範於 146 條，針對投資股票部分於 146-1 條；另在 146-6 條規範以控制目的轉投資保險相關事業股票。

　　在保險法 146-1 條下運用資金於投資股票視為一般投資，壽險公司角色和一般投資人並無不同，投資目的就在賺取資本利得和股息收益，因此法令上採取較為寬鬆的認定，僅要求投資標的需限定於公開發行公司以及投資金額不得超過公司可動用資金 35% 和投資上限（單一公司不得持股超過公司可投資資金 5% 和持有該公司股權 10%），目的主要就是希望不要因為過多的限制而讓公司失去市況不對時隨時處分的機會。

　　相對的，146-6 條則在規範以取得經營權或是欲建立某種策略聯盟關係的投資。這樣的投資，標的公司股價短期波動自然不是考量的目的，但也正因為這樣的投資不具有如 146-1 條規範的一般投資這樣可以隨時處分的彈性。持有時間長，可能涉入投資公司的經營風險，再加上多半金額較為龐大，因此保險法採取較為嚴格的認定，除了購入前需事先取得主管機關核准外，並限制投資金額不得超過保險業股本減去累積虧損的 40%。因此，如果從資金來源來看，第 146 條之 1 傾向規範保戶所繳付的保費資金運用，而第 146 條之 6 則傾向規範保險公司自有資本的運用。

　　你或許想，同樣是金融業，為什麼主管機關要對壽險公司訂立較銀行或證券公司更為嚴苛的投資限制？首先，和其他金融機構不同的是，保險公司（特別是壽險公司）具有對保戶未來支付的承諾，而且

這樣承諾多半發生在投保後的十年二十年或更長之後,如果沒有法令的嚴加規範,一旦壽險公司濫投資而發生財務問題,可能會波及數萬人的生活造成社會巨大的影響。其次,一家壽險公司可運用資金,少則數百億到數千億,多則到數兆元(國泰人壽可運用資金達 3 兆新台幣)。如果沒有良好規範,光國泰人壽一家就可以吃下台灣半數的上市公司,這自然不是政府機構和一般民眾所樂見的。

回到中壽的案例,中壽的爭議就在於採用了第 146-1 條一般投資的名義,卻行第 146-6 條達到控制目的之實。這個問題早在股東會召開前就由開發金公司派提出,但主管機關以中壽投資開發金僅占其可運用資金 3.4% 並未違法而未加以限制。而最終不意外地,中壽仍是把持有開發金控股份全數支持自家的中信集團,而中壽總經理王銘陽還以中信集團下基捷投資名義出任開發金法人董事,中壽以並未介入經營權為由,巧妙地閃過了第 146-6 條的規範。

簡單地說,保險法第 146-6 條規範的是壽險公司拿保戶的錢去挪作自己購併其他金融業之用。但中壽卻是把保戶的錢拿去幫老闆奪下經營權,從法令字面上來看,中壽以 146-1 名義購入開發金的確未違法。事後中壽高層也言之鑿鑿,支持王銘陽以中信集團旗下投資公司名義出任法人董事,是為了確保公司投資安全,並非取得經營權。然而從信賴原則的觀點,當股民投資一家公司開始,經營階層即負有誠信為每位股東謀求最大福利的責任,然而從中壽的例子可以明顯看出來,高層進行決策時優先考量並非所有股東利益,而是老闆個人利益,(當然也包括高層自己的利益)。這等行為主管機關居然可以視而不見,令人嘖嘖稱奇。

此案例也促成保險法於 2007 年修訂,明確禁止保險業擔任被投資公司董監事,亦不得行使表決權支持其關係人或關係人之董監事或職員擔任被投資金融機構董監事③。

⊙政治力介入

　　「成也政治，敗也政治」，這無疑是開發金從 90 年代的起落到 2004 年的公司派與市場派爭奪戰的最好寫照，代表官股勢力的財政部高舉公司治理大旗，罕見地加入市場派向公司派逼宮。最後，看似獲得了面子奪得八席董事，但其實卻為台灣公司治理埋下了惡果。官股之所以不應介入市場經營權紛爭，主要原因就在於政府本身就扮演著裁判的角色，特別是金融業這種政府具有高度影響力的管制產業，結果裁判居然跳下來參加其中一隊，這叫另一隊怎麼會心服？更有趣的是，不過短短三年後，官民股決裂，財政部長公開要求股民不要投給代表民股的中信辜家。裁判不但自己組一隊親自跳下場踢球，結果還輸給民股，這豈不是滑天下之大稽？

　　政府持股讓政府同時具有裁判和球員的雙重角色。確保投資利益固然重要，但維持中立的公信力才是政府真正應有的作為。未來對於再有類似經營權紛爭，政府持股應訂立一套更客觀且明確的中立標準。

⊙誠信原則

　　依據中壽 2012 年的財報，該公司帳上仍有高達 3.62 億股的開發金控股票，持有成本為 $49.47 億元。換算起來每股持有成本約為 13.65 元。如果以開發金控近年平均股價 8.5 元計算（約在 7 至 9 元區間內波動），中壽帳面損失超過 18.5 億。近十年來，中壽從未處分過所持有開發金控部位，除非解釋為中壽投資部門看好未來開發金有爆發性成長，否則只能合理推估是為辜仲瑩在開發金的經營權護航。再一次，中壽把大股東的利益擺在小股東之前，違背了對股東的誠信原則 ④。同樣的情況也出現更名為凱基證券的前中信證券之中，帳面上持有 3.03 億股的開發金，國喬石化則持有 2 千 1 百萬股，此外，中信集團旗下子公司緯來電視、必亨化學和國亨化學合計超過 6 千 7 百萬股（如下表二）。

〈表二〉中信集團持有開發金的股數和成本

	持有股數（百萬股）	估計持有成本（億元）
中國人壽	362	49.47
凱基證券	303	46.36
國喬石化	21	3,15
緯來電視、必亨化學、國亨化學	67	10.05

　　這些數字還未計入當時在媒體上放話要結合旗下所有企業力量幫助辜仲瑩入主開發金的中國信託集團相關企業。自己的錢無緣無故成了大股東爭奪其他公司經營權的武器，包括中壽的保戶及凱基證等這些企業的股東何其無辜？

⊙公司長短期投資認列

　　目前台灣企業依據《財務會計準則公報》第 34 號之金融資產後續評價，將公司投資之權益證券分為以下兩類：「以公平價值衡量且公平價值變動認列損益」及「備供出售」。如果該權益證券是以交易為目的，則視為短期投資，依市價評價後，未實現損失直接列入當期損益表，會影響到公司每股盈餘表現。至於「備供出售」則被視為長期投資，則是在期末按市價評價後，未實現損失部分列為股東權益的減項，待未來處分時再重分類調整至損益表。

　　由於「備供出售」讓未實現損失繞過損益表，先暫放於股東權益，這樣的作法，造成企業投機取巧，企業在投資時就直接把放入「備供出售」類別，若股價下跌便留著不出售，反正未實現損失不會反映在損益表；如果股價上漲，就直接出售認列實現利益。例如中壽把持有開發金控的股票放在「備供出售」，如此一方面讓公司經營層有操縱

損益的機會；另一方面，一般投資人在計算股東權益報酬率（ROE）時，由於股東權益的下降，反而會誤導投資人該公司的 ROE 升高了。

　　針對上述會計處理，《國際財務報導準則》第 9 號將於 2015 年開始適用，要求公司所有投資商品均應採公平市價認列未實現損益，未來此部分問題可望獲得改善 ⑤。

<hr />

注釋

① 劉泰英因涉嫌在擔任國民黨投管會主委、中華開發公司負責人期間在新瑞都開發案及橋頭寶案等多項投資案中牟取不法利益，並涉及侵占台鳳公司政治獻金以及外交金援結餘款，以及違法徵求中華開發股東委託書而遭到起訴。台灣高等法院於 2008 年依業務侵占、稅捐稽徵法、商業會計法、公司法等罪名，判處 5 年 10 個月徒刑。

② 依據「公開發行公司出席股東會使用委託書規則」第 6 條規定，金融控股公司、銀行法所規範之銀行及保險法所規範之保險公司，股東會有董監事選舉議案時，股東應持有公司已發行股份總數百分之十二以上。可以委由信託業或股務代理機構進行「無限徵求」。反之，持股千分之二或超過 80 萬股股東則僅能進行「有限徵求」，每一戶股東最多只能徵到股權的 3%。

③ 保險法 146-1 條於 2007 年修訂後，增訂保險業不得擔任被投資公司董監事或經理人，亦不得行使表決權支持其關係人或關係人之董監事或職員擔任被投資金融機構董監事。行政院於 2014 年 1 月通過保險法修正案，未來保險業者持有上市櫃公司股份於董監事改選議題上將不具有投票權。但本案仍需經立法院通過才能成為正式法案。

④ 保險法 146-9 條規定，保險業因持有有價證券行使股東權利時，不得有股權交換或利益輸送之情事，並不得損及要保人、被保險人或受益人之利益。

⑤ 《國際財務報導準則》在 2009 年新修訂金融工具之會計處理（IFRS 9）取消「備供出售」之分類，要求權益投資一律以公允價值變動列入損益衡量。而是國際會計準則理事會（IASB）在 2010 年宣布將 IFRS 9 生效日延後至 2015 年 1 月 1 日（原為 2013 年）。

是慈善公益還是在慷股東之慨？

　　2011 年 3 月 11 日日本發生大地震並引發後續海嘯。台灣多家電子媒體之後聯合舉辦「相信未來 Fight & Smile」電視募款晚會，在各界紛紛響應慷慨解囊下，四個多小時即募集了超過新台幣 8 億元的捐款，當晚節目的高潮是上市公司鴻海精密工業（以下簡稱「鴻海」）董事長夫人曾馨瑩親自到現場，宣布代表鴻海和永齡基金會各捐贈新台幣 1 億元，成為當日最高單筆捐款。出手大方的確為鴻海帶來了慈善的美名，但卻也同時招致了一些批評。知名作家張大春就以「表演逗慈悲」為題投稿蘋果日報，質疑鴻海是一家上市公司有數萬名股東，「一個董事長夫人憑什麼慷眾股東之慨，代表千萬人行善呢？」如果「代表公司」這麼方便，行善行惡我自由之，企業還有倫理和治理可言嗎？

誰能決定公司慈善捐贈？

　　張大春的論點引發了不少討論，除了針對曾馨瑩是否具資格代表鴻海宣布巨額捐款外，其實更多人在意的是鴻海捐 1 億元是不是太多？畢竟這 1 億元等同於是每位鴻海股東共同出錢作慈善。

　　曾馨瑩是否有權代表鴻海宣布捐贈的疑問，批評者主要的質疑是曾馨瑩雖然是鴻海董事長夫人，但實質上並未擔任鴻海任何職務，對鴻海眾多股東而言，一口氣捐這麼多錢卻事先完全不知情，大家都是和其他觀眾一樣從電視上才獲知巨額捐額之事，這樣的事情不由董事長或公司高層主管宣布，而由一個既非公司法定代表人又非公司正式員工的人來宣布是否允當？對此，金管會官員在後續接受訪問時作出解釋，公司經董事會授權，可以指定非董事人員代表公司捐款。換言

之，由董事長夫人代表公司宣布捐款事宜只要有董事會授權，並無問題。

至於更多股東關心的捐款金額是否過高，以鴻海當年度（2011年）稅後盈餘 819.3 億元來看，1 億元的捐款對股東權益似乎也並不構成什麼重大影響。

公益慈善之合理性

倘若該筆捐款確實經過鴻海內部作業程序與董事會的授權，此案例看來並沒有違反公司治理的問題，不過從中卻衍生兩個值得我們更進一步討論問題：

一、公司到底應不應該從事公益慈善事業或捐款？

二、公司從事公益慈善時是否應有一定的限制？

關於公司應不應該從事公益慈善事業或捐款，贊成與反對者各有其論點。贊成者主要認為公司也是整體社會的一份子，而且上市櫃公司對於周遭利害關係人的影響力更遠勝個人。因此基於企業社會責任的精神，公司應該更積極參與社會活動 ①。而反對者則是認為，企業的主要精神就在追求獲利極大化，當投資人買進某一上市櫃公司股票時，期望的是透過公司盈餘或股價的成長來獲利。股東在獲配股利或賺取資本利得後，可以自己決定進行公益慈善活動，並不需要由公司代所有股東為之 ②。特別是當公司捐款時，等同是原本可以分配給股東或是留作公司發展的錢就相對減少了，並不見得所有股東都同意這樣的事。也有其他反對者認為，當公司進行慈善捐款時，往往媒體都把所有美名都歸功在大老闆身上，最後等同是所有股東出錢成就老闆慈善的美名，對小股東並不公平。甚至有部分公司（尤其是形象不佳者）將公司大筆金錢捐作公益，企圖透過公益慈善行為來扭轉社會（或消費者）觀感，甚至掩飾其不法行為 ③，卻不從公司經營或產品品質著手，並不可取。

針對以上論點，我國主管機關採取的是認同企業應履行社會責任

與倫理，對於企業從事社會公益活動，除了給予租稅獎勵外，同時發布上市上櫃公司企業社會責任實務守則，並加強企業社會責任資訊揭露。等同一手蘿蔔一手鞭子驅策企業從事社會公益活動。

慈善捐贈衍生之代理問題

企業參與社會公益是件好事，但由於目前法規對於企業從捐贈對象到捐贈金額都僅要求經董事會通過即可進行，再加上台灣企業董事長往往足以控制董事會決策，因此原本美事一樁的企業捐款反而經常成為不受監督的灰色地帶，所產生的爭議亦不在少數，舉例如下：

政黨（宗教）捐款：董事長可能利用其對董事會影響力主導捐款給個人偏好的政黨或宗教團體。除了獲得捐款的特定政黨或宗教團體不可能為全體股東都支持外，事實上，如前所述，這些捐款往往最後也化為董事長或主導者個人的功績和影響力。台灣過去亦發生過有公司以「支持民主發展」為由，大筆捐款給主事者大力支持的某政黨，結果卻是相反的政黨當選了，最後公司反而要花更多的錢來討好原本未支持的政黨，完全失去了支持民主的原意。

個人及家族慈善基金會：在台灣，企業家不論以個人或家族成立慈善基金會已成為相當普遍的現象。董事長透過影響董事會決議捐款給自己或家族的基金會，結果等同公司的錢流入了私人主導的基金會，基金會以公益為名，但實質上卻是董事長個人或家族的小金庫。經常是大老闆以基金會名義購入房產名車供自家人使用，或是再利用基金會回頭購買自家公司股票，公益基金會反過頭來成為家族控股和逃避稅負的工具。

掏空工具：讓一些不肖份子有誘因利用企業捐贈政黨及公益團體一定金額免稅的條件，刻意成立「空頭政治團體」或「空頭公益基

金會」，再勾結上市櫃企業老闆以捐贈名義將公司資金輸出，再由該政黨和基金會回饋到老闆手中，公司捐贈變相成為大老闆掏空公司工具。

以上問題，由於我國相關法令目前僅有所得稅法訂定企業捐贈認列費用上限④，但並未對於企業捐款的上限訂出限制，因而將問題推向惡化。一個有意掏空公司的企業主，可以輕易透過對董事會的控制將公司資金源源不絕地輸往個人控制的基金會或公益團體。同樣地，也有不少政治人物刻意成立公益基金會，再以公益勸募名義脅迫上市櫃公司捐款個人所屬基金會來交換政策上的過關。原本立意良善的公益，卻由於我國對於公益基金會視同一般財團法人，遠較於對公開發行公司查核來得寬鬆，反而成為不少有心人士利用的漏洞。

結論

一家上市櫃公司股東少則上千多則數十萬，自然不可能凡事都由股東會討論通過後再進行，因而有了股東選任董事會代理股東監督公司的管理決策。而董事會制定的決策與授權，亦不可能冀望所有股東都能完全滿意。同樣地，金管會基於世界主流思維，認為企業應擔肩負更多社會責任，就道德倫理層面來說，這樣做並沒有錯也沒有人會反對。只是在執行面上，由於我國企業對於所謂的公益活動仍多停留在「捐錢了事」的概念。至於這些捐款是否得到良好的運用，一直都不是企業關心的焦點。尤有甚者，由於公益基金會主管機關為內政部，因此對於資金在捐款後的流向及用途，金管會也無法可管，形成了制度上的漏洞，也讓不少有心人有機可乘。目前我國法令對於企業捐款對象和捐款金額並未作出明確規範，如何兼顧企業社會責任和保障小股東利益，這或許是未來主管機關應思考解決的方向。

★公司治理意涵★

⊙公司相關捐款應編有預算，並經股東會通過

　　公司慈善捐款由於金額多半不具重大影響性，特別是天災性捐款具有不預測性，因此現行都是由董事會通過決議之。但著眼於捐款金額是由全體股東共同支付，而且公司從事公益事業應該是長遠工作而非偶一為之，建議公司可以採取預算制，並於股東會中表決。如遇有重大災害，亦可先由董事會通過再於次年股東會追認方式。如此除了能增加小股東的參與感外，有了預算限額的羈絆，也可以減少經營者或董事長信口開河亂捐款，慷小股東之慨，成就自己慈善美名。

⊙公司捐款應設限額

　　目前我國只有所得稅法針對企業捐款可認列費用之金額設定上限，並無法令針對企業捐款設限。換言之，一個控制董事會的企業主如果有意掏空公司，可以完全合法地把公司資金全數捐給自己控制的基金會中，不僅不合理，也為有心人士開了一扇便利之門。公司捐款固然是好事一件，但絕不應當占用公司資金過高比例。因此，如何在尊重董事會之裁量權（商業經營判斷）與避免企業主圖利自肥之間取得平衡，將是立法部門修補此漏洞所面對的挑戰。

⊙公司投入公益應建立績效評估

　　目前我國多數公司投入公益多以現金捐款，除了容易造成假公濟私、中飽私囊之外，其實並未能真正發揮公司對於社會服務的投入。建議公司應選定公益方向後，將公益目標納入公司中長期發展目標之中，並建立績效評估，以持續性、長期性目標模式推動公司公益計畫。這樣一來，除了有利於上述公司定期編列公益預算，讓更多股東信服外，也才能真正企業參與社會責任的精神落實。

⊙董事會應盡善良管理人之注意義務

目前銀行和金控業對於政黨、或公益團體的捐贈，均被要求應制定內部規範並都需送董事會決議，同時對外公開揭露捐贈的情況。自2012年開始金管會也要求公司對「關係人」捐贈，應提董事會討論 ⑤，並於年報進行揭露。此舉不但要求董事會發揮其應注意義務（duty of care）、督促企業履行社會責任外，並應定期檢討社會責任政策的實施成效及確保相關資訊的充分揭露。

注釋

① 利害關係人理論（stakeholder theory）強調企業依賴利害關係人（包括債權人、員工、社區、消費者與供應商等）而生存，兩者之間有著利益交換的關係，因此企業有責任滿足各方利害關係人之需求，並符合社會之期待。

② 股東理論（stockholder theory）認為企業的資源有限，應以謀求股東財富最大化為最優先考量，不應以其他利害關係人利益而犧牲股東利益。

③ 正當性理論（legitimacy theory）認為企業會設法使其行為合乎社會的標準與認知，以建立形象與聲譽，進而爭取公司之永續經營權利。

④ 所得稅法第 36 條規定，企業對於教育、文化、公益或慈善等公益團體之捐贈，在不超過所得額 10% 的範圍內，可列為當年度費用。此外，營利事業所得稅查核準則第 79 條限制企業對政黨、政治團體及擬參選人之捐贈，需在不超過所得額 10%，且其總額低於 50 萬元，方可列為當年度費用。

⑤ 為避免企業藉由捐贈「假慈善、真掏空」，金管會在 2012 年修訂公開發行公司董事會議事辦法第 7 條規定，要求公司對「關係人」捐贈，不論金額多寡，一律得提董事會討論；對「非關係人」之重大捐贈超過 1 億元（或營業收入 1% 或實收資本額 5%），也得提董事會討論（若天災之急難救助，得事後提董事會追認）。

怎麼樣可以掏空一家公司？

在台灣，幾乎所有重大公司弊案都必然伴隨著企業掏空。一個投資人或是一家公司的關係人要避免誤踩地雷，當然要了解常見的企業掏空手法。不過，在回答這個問題前，要先定義一下什麼叫「企業掏空」。過去的年代由於小股東意識未抬頭，法律也不完備，因此傳統上的掏空是指，握有公司控制權的人透過他的影響力，把公司的資產移轉到他個人或特定的人名下，弄到最後公司只剩下空殼子和一堆負債留給銀行和債權人去承受。不過近年來隨著知識的進步，愈來愈多老闆們了解殺雞取卵不見得是好主意，更高明的辦法應該是把雞養著，三不五時把雞蛋偷回家才是王道。所以現代對於掏空定義不再是要把公司「掏到空」，只要是公司的錢或資產移到私人口袋之中，就叫做掏空。

為什麼要掏空公司？很簡單，因為這是人之常情。台灣多數企業都起源於草創時期老闆一個人獨資或是少數股東合夥，在大家又是股東又是公司經營者的情況下，反正袋裡袋外都是自己的錢，自然很少也不太有必要把公司的錢放進自己口袋裡。等到公司成長到一定規模，這時就會有外部股東加入，這些投資者通常只出錢不參與公司經營。如此一來，原有老闆會因為新投資者的加入持股比例下降，而新投資者又不見得完全清楚公司內部的情況，這時誘惑就會開始在老闆身邊打轉。等到公司更大，甚至股票上市交易，這時候老闆持股比例更低，甚至經常是不到 30%，但公司相關的利益卻可能大上三倍都不只，這時「魔鬼」自然會對老闆招手：「你這麼努力工作，結果賺100 元真的進你口袋的只有 30 元，這些投資人什麼事都沒做卻要分到70 元真不合理。你為什麼不想辦法幫自己多賺一點，這是你應得的啊！」就是這樣的心態，往往開啟了老闆掏空自家公司的第一步。

　　話雖如此，也不是老闆自己想掏空就可以掏空的，畢竟公司還有其他董事、監察人以及代表外部監督的會計師等的存在。所以要掏空前的首要條件就是要取得絕對控制權。這件事在歐美上市公司並不容易，但拜台灣企業中常見的交叉持股和特有的「法人董事代表制」所賜，只要不是有外部董事或是市場派介入經營權，在台灣控制股東要取得絕對權力形成董事會的一言堂一點都不難，甚至是相當普遍現象。

　　順利取得絕對權力後，理論上接下來就可以盡情地掏空了。話雖如此，由於台灣掏空案例的層出不窮引起主管機關的注意、股東意識抬頭，再加上台灣企業的日益國際化和金融工具的不斷創新，這一切都讓掏空的手法愈益複雜化，還隨著時代變遷和法令規定與時俱進。以下就分別依不同等級掏空手法來進行介紹。

初級班

　　初級班階段的結構多半比較簡單，多由上市櫃公司（A 公司）和老闆自己成立或以老闆親友掛名的公司（B 或多家公司），以及真正交易對手 C 公司三方所組成。具體的手法如下：

　　· 要求公司訂單過一手給以自己親友名義成立的公司：也就是 A 公司原本接到一筆訂單可以賺 100 萬，要求對方改向自己控制的 B 公司採購，再由 B 公司向 A 公司下單。最後利潤變成 A 公司賺 30 萬，而把最大的利潤留在老闆自己控制的 B 公司。類似的情況，也包括老闆指示將公司產品以低於市價賣給自己控制的 B 公司，讓 B 公司價格在市場上具有高度競爭力，甚至回過頭來和 A 公司競爭。

　　· 指定進貨：針對公司重要原料，由老闆私人投資設廠和取得代理權，再以集團整合為由，指定 A 公司進料一定要向該公司進貨。

　　· 指定發包：舉凡 A 公司擴廠、購入資產，甚至公司大大小小用品都指定向 B 公司購買，再由 B 公司對外發包從中賺一手。

‧**成立投資部門**：以投資為名，把公司資金投資老闆個人設立的公司，再由老闆自家人擔任該投資公司主管，將公司投資資金化為私人花費。類似的情況還有以公益為名捐贈老闆家族實質控制的基金會。

‧**關係人交易**：以高於市價向老闆或其關係人購入土地或房屋等資產。

‧**擔保抵押**：由 A 公司出面擔保 B 公司向銀行借款。甚至是以 A 公司定存單或資產作為抵押擔保 B 公司借款。接下來掏空 B 公司資產，由 A 公司擔負賠償。

‧**移轉營業費用**：將老闆私人公司相關人事及費用均掛在 A 公司上，由 A 公司代養老闆私人公司。

‧**關係人承購債券**：由老闆私人成立的公司發行債券，再由 A 公司認購。

‧**庫藏股票**：透過公司庫藏股實施，運用公司資金從市場上買進自家股票，大股東再乘機賣出或出清手中持股。

‧**灌水資產價值進行超貸**：這類掏空者多半同時擁有金融業和實業控制權，以實業公司製造假訂單或是高估資產價格模式向自家金融機構借貸，再運用對該金融機構的控制力通過該項貸款，來掏空這家金融機構。

‧**賺取差價或傭金**：利用手中權力，將公司資金指定買進特定金融商品或資產，而買賣仲介費則進入私人口袋。或者反過來，將公司有價值資產低價賣給他方，中間價差再由買方支付公司決策者。

‧**關係人借貸**：當然，最簡單的方法，直接叫公司財務把公司帳上現金以業主往來（借貸）或根本不需任何理由直接轉入老闆海外帳戶。

中級班

和初級班不同的是，中級班手法多牽涉到多家公司，甚至是海外

公司。同時在金融操作手法上也更為專業，一般都要有專業人士在背後對上市櫃企業進行技術指導才做得到。我們同樣以 A 公司為主體上市公司，B、C、D 三家為以 A 公司資金所成立的子公司。

　　‧**虛增營收**：由 A 公司偽造訂單出貨給自家海外 B、C、D 公司，造就公司營收大增，甚至是獲利大增的假象。再透過威脅和利誘模式要求 A 公司上游供應商 E 和 F 買回 B、C、D 公司存貨，再由 E、F 將同批存貨以原料名義銷往 A 公司後，再次以出口名義銷往 B、C、D 形成循環性銷貨。公司老闆可能透過這樣的假營收來炒作股票、向銀行貸款，或是利用 B、C、D 未上市會計稽核相較寬鬆特性，將公司貨款轉入私人口袋。

　　‧**切割獲利部門**：切割 A 公司有價值部門獨立成為子公司，此後再透過不斷增資或員工認股模式稀釋原母公司股權，最後公司金雞母成為私人股權控制公司

　　‧**金融工具套利**：例如透過發行海外可轉換公司債（ECB），再把 ECB 切割為認股權（Warrant）和債券二部分，由公司大股東透過海外私人帳戶或親友帳戶認購較低價的認股權，屆時如果國內股價上漲，則轉換為普通股賣出。反之，如果低於轉換價，則藉由董事會決議調整換轉價格，犧牲公司權益而作出對自己有利的決定。

　　‧**海外子公司**：利用海外子公司不易查核特性，先透過三角貿易把利潤留在海外子公司，再以投資名義將該子公司現金購入不記名債券或特定金融資產，企業主再盜賣該項資產，將現金轉入個人帳戶。

高級班

　　高級班之所以高級，除了掏空手法承襲中級班的「國際化」之外，通常也結合了金融衍生商品或是國際投資銀行為客戶量身打造的金融商品。正因為這些金融商品具有高度「客製化」和「創新」，一般人包括專業人士都很難了解這些商品的價值和風險，甚至是背後隱含的

交易條件。往往都要等公司無法再隱藏下去出事了或是相關人士「窩裡反」，外部人才能得知這些商品的全貌。高級班的案例就直接以素有「台灣版恩龍案」的博達科技的操作實務作為說明。

‧**信用連結債券**（CLN，Credit Linked Notes）**虛增銀行存款：**
2002 年的博達科技因為大量虛假交易，造成應收帳款節節升高，讓財報數字看來不佳。於是博達董事長葉素菲先指示公司員工以個人名義在英屬維京群島設立一家紙上公司——北亞金融（North Asia Financial Limited）。由這家公司委託法國興業銀行發行 8,500 萬美元的 CLN。在此同時，博達科技則是和菲律賓首都銀行簽約，先由博達海外假代理商以支付貨款為名匯入 8,500 萬美元於博達首都銀行帳戶內。再由博達和首都銀行簽定合約，以這筆存款為擔保指示首都銀行購入這筆以連結北亞金融為標的 CLN。而北亞金融再依此和興業銀行取得 8,500 萬美元貸款。

在這個架構下，法國興業銀行和菲律賓首都銀行其實只是幫博達和北亞把錢轉來轉去，並收取高額手續費。但是從財報上看來卻是博達應收帳款的下降和現金存款部位的增加。殊不知其實這筆存款早就被凍結。等到博達後來申請重整時，首都銀行立即依原訂合約將購入的 CLN 轉給博達，並直接將帳款從博達帳面現金扣除。而另一頭北亞金融所獲得貸款的 8,500 萬美元則不知所蹤。

‧**應收帳款融資**（Factoring）**與零息債券**（Zero Coupon Bond）：2004 年博達由於應收帳款過高、帳齡過長，簽證會計師強烈要求增提備抵壞帳費用。這將不利於博達的盈餘數字。於是葉素菲指示公司邱姓經理人同樣於英屬維京群島設立紙上公司——AIM Global。

接下來葉素菲和澳洲 CBA 銀行香港分公司和澳洲子公司 CTB 簽定以 9 折出售博達五大人頭客戶的應收帳款，並約定出售所得金額 4,500 萬美元限定存入博達在 CBA 銀行開立的帳戶中。緊接著 AIM

Global 邱姓負責人再和 CTB 簽定合約買下這批應收帳款，並以這批應收帳款發行一年期的零息債券，這批債券全數再由博達以 CBA 帳戶中存款為擔保指示 CBA 購入。和上例一樣，透過類似的手法誤導博達關係人以為博達應收帳款下降和銀行存款增加的假象。以及不知情這筆存款早以被銀行限定使用，因此同樣地當博達發生信用違約和重整時，CBA 直接將這批零息債券交付博達，並從銀行帳戶內扣除原有的 4,500 萬美元。

·**海外可轉換公司債套利**：2003 年由於博達長期以假交易灌水營收，公司資金已出現不足的窘境，因此有意發行海外可轉換公司債 5,000 萬美元來籌措資金。但因在 2001 年博達發行國內可轉換公司債時已明定，日後發行的可轉債不得為有擔保發行，因此只好朝向無擔保可轉債發行。

由於當時博達財務不佳傳聞四起，深怕無擔保海外可轉債會發行失敗，於是葉素菲指示邱姓主管在英屬維京群島設立二家帳上公司——Best Focus 和 Fernvale，再由博達背書保證，由這二家公司分別向羅伯銀行（RaboBank）和菲律賓首都銀行各借款 4,000 萬和 1,000 萬美元。接下來再由這二家公司以借貸而來的 5,000 萬美元全數買下博達發行的海外可轉換公司債。

和前例相同，博達在擔保借款時即和這二家銀行在合約中簽定，未來博達發行可轉債成功後，取得的 5,000 萬美元需回存銀行並限制動用，倘若博達發生信用問題，這二家銀行有權把這二家公司債權交還博達，並直接從帳戶內扣除現金。

挾著海外可轉債的發行成功，博達並加碼在 2003 年 11 月宣布實施庫藏股。在二項利多加持下，博達股價上漲到 17.4 元，高於預設海外可轉債的轉換價 15.08 元。於是這二家子公司馬上在短時間把所有可轉債都轉換為普通股在股票市場上拋售，全部出售股權所得約 5,314 萬美元。取得資金之後，博達並未立即歸還借款，僅先歸還首都銀行借款的 1,000 萬美元，並將解凍金額匯回國內，做為取信國內金融機

構之用。1,580 萬美元則是匯進海外假代理商，再分批匯回博達來打銷過高的應收帳款。其餘金額部分透過首都銀行匯回博達做為前例購買 ELN 的利息費用，部分回流到葉素菲私人帳戶，甚至用以購買高盛證券針對博達的買進選擇權（Buy Call/Put Option），以此讓高盛買進博達股票避險，進而創造出外資看好博達前景的假象。至於原本向羅伯銀行借款的 4,000 萬美元卻未償還，這筆錢最後同樣隨著博達的重整而被羅伯銀行沒入。

·為海外人頭公司擔保借款：葉素菲先指示博達員工於英屬維京群島設立 Addie 公司，之後由博達和國內建華銀行（目前已併入永豐金控）簽定合約，由博達存入 1,000 萬美元做為擔保，由建華銀行海外子公司 Grand Capital 借款 1,000 萬美元給 Addie，並限定該筆存款在 Addie 清還借款前不得動用。博達並簽下承諾書及開立取款條，一旦 Addie 無法清還借款或博達發生財務問題時，建華銀行得直接扣取該筆存款作為償還 Grand Capital 借款之用。最後結果也如同上例，Addie 只是紙上公司，後來博達申請重整時，自然該筆存款被建華銀行取走，博達投資人帳面上看到的 1,000 萬美元定存只是名存實亡的現金。

企業掏空在台灣算是履見不鮮，如一開始所述，這和人性貪婪及台灣現有公司制度容易造成控制股東一人獨裁有密切關係。事實上還有一個重要關鍵，我國司法對於重大經濟犯罪判刑過輕。以博達案主角葉素菲為例，因涉及掏空公司超過 60 億資金，二審定讞判刑 14 年。看似不輕，但其實依現行假釋規定，只要服刑過半，獄中表現良好即可申請假釋。另遑論在定讞前，不少重大金融罪犯常被法官以不相稱的保證金保釋，最後棄保潛逃。利大罪輕，無疑是鼓勵金融犯罪。

博達案後的確讓主管單位訂立了很多公司監理的規範，但在當今國際化和金融創新腳步下，很多交易都發生在海外，很多的不法所得也都留在海外，甚至國際投資銀行隨時可以幫這些有錢客戶量身打造

所需產品，這讓不管是公司關係人或是主管單位及司法單位想要了解一家公司真正的情況難如登天。也讓傳統依賴分析公司財報進行決策依據的公司關係人很難確認公司財報的真實性。透過法律的規範和處罰的確可以減少企業主鋌而走險的機會和誘因，但所謂「道高一尺，魔高一丈」，再多的規則也管不了真的有心掏空的業者，真正的解決之道還是有賴於經營者自身的誠信和公司治理相關制度的建立。

企業的社會責任

2009 年 7 月行政院環保署至台塑仁武廠區進行「運作中工廠土壤及地下水含氯有機溶劑汙染潛勢調查及查證計畫」，經抽樣後確認該廠區內土壤和地下水遭受重度汙染，計有 1,2- 二氯乙烷、氯乙烯、苯等十一種有毒化合物都超出標準，其中會致癌的 1,2- 二氯乙烷超出管制標準高達三十萬倍，氯乙烯亦超標九七五倍，苯超出七十倍。本案經由行政院指定設立專案小組抽查台塑仁武廠區附近七個村落和地區後，證實這些有毒物質已經透過地下水擴散到周邊水源進而造成地區汙染。

環保署對仁武廠汙染祭重罰

對於仁武廠區的汙染源，台塑集團先是矢口否認，後來則是把問題推給 1999 年發生的 921 大地震造成地下廢水儲存槽破裂才造成廢液外漏。然而，在後續的專案會議中台塑代表最後鬆口承認，台塑管理階層早在 2002 年就知道有滲漏現象，但一直未向政府部門相關單位通報，以致在環保署發現汙染前，地下水汙染情況已長達 6 ～ 7 年之久。之後，台塑集團雖因汙染事件和知情不報被處以 8,000 萬元罰金，並提出為當地居民體檢和投入 7.4 億元針對汙染土壤和地下水進行整治。然而傷害已造成，受汙染的地下水預計要花 20 年才能整治完成，周遭居民也等同被迫生活在未知的高風險之中。

台塑柬埔寨汞汙泥事件

台塑仁武廠汙染事件並非台塑集團唯一受爭議的環保事件。1998年 12 月柬埔寨政府環保單位因為當地民眾在搬運及清理一批來自台

灣的廢棄物後出現身體不適，而且有二名居民死亡，因而開始針對該批廢棄物進行調查。經追查後，發現這批重達 3,000 噸的廢棄物中含有超高含量的汞。從帶回樣本檢驗後，這批汞汙泥溶出檢驗值為 284 ppm，遠高於台灣有毒物質溶出值標準 0.2 ppm。當時柬埔寨當局是由裝有廢棄物外包塑膠袋中的「南亞塑膠」字樣而追溯到台塑集團。一如前例，台塑集團先是矢口否認，而後再以依台灣法律，該廢棄物的處理已經外包給承包商，台塑無需對承包商行為所造成的損害負責來推卸責任。然而在國際輿論壓力下，台塑最終仍被迫將這批有毒汞汙泥運回台灣並放置在仁武廠內。

在柬埔寨汞汙泥事件爆發後，由於國內媒體的密集追蹤報導也引發了台灣民眾開始關心環境汙染的情況。1999 年屏東縣新園鄉赤山巖居民以附近磚窯廠二年前被傾倒廢棄物後常有家禽和魚類死亡為由，要求環保署查驗，結果證實同為汞汙泥，並清出了高達 8,200 多公噸。這批有毒廢棄物同樣是受台塑委託的廢棄物處理商未依規定處理，將其隨意掩埋才會造成這樣的結果。最終本案在 2003 年由屏東縣政府與台塑集團達成和解，由政府另付 4 千萬元再加台塑原本支付柬埔寨運用汞汙泥保證金 5 千萬元，共計 9 千萬元交由台塑仁武廠，以專案購置熱處理設備處置這批汞汙泥。

企業環保公義

台塑關係企業（本文通稱「台塑集團」）是由創辦人王永慶於 1954 年透過美援貸款成立福懋塑膠（後改名為台灣塑膠工業公司）以生產聚氯乙烯（PVC）粉而起家。而後陸續跨足塑膠加工、紡織和石油煉製等石油化學周邊產業，發展成為台灣最大的石化上下游一貫化整合集團。2013 年集團旗下共有台灣塑膠、南亞塑膠、台灣化學纖維和台塑石化等共十家上市櫃公司及台朔重工、南亞光電等 52 家未上市公司，除製造業外，集團版圖還包括台灣最大的長庚醫療體系以及長庚大學、明志科大、長庚科大三所大學，2012 年集團員工數為

78,076 人，總營收為新台幣 1.86 兆元，占台灣全年 GDP 的 13.2%，為台灣最大的製造業集團。

然而，在這些亮麗數字的背後卻是台塑集團層出不窮的爭議。除了環保議題外，台塑集團自 1994 年起於雲林縣麥寮鄉建立俗稱的「台塑麥寮六輕」廠區，透過台塑集團原本分散各地廠區的整合、新進製程和新加入的石油煉製事業，不但是全世界最大的石化一貫化廠區，也為台塑集團每年帶來豐沛的利潤。但由於麥寮六輕廠區位處海邊受海風腐蝕，再加上台塑集團過去引以為傲的集中採購模式，造成供應商為了能低價得標，往往以符合最低規格產品取代，最終的結果，麥寮廠區自 2010 年 7 月起一年內接連發生七起的火災與爆炸事故，不但造成附近生態的破壞、居民人心惶惶，更加深了麥寮當地居民對於台塑集團的反感。除此之外，台灣相關財金雜誌也揭露，台塑集團善用政府獎勵重大投資的租稅優惠，造成台塑集團營收驚人，但對政府稅收貢獻卻相對有限。但是每當台塑集團引發公眾安全議題時，政府卻必須出面收拾善後。讓人不禁質疑台塑集團高成長的數字光環下，到底有多少是歸因於外部成本的轉嫁給社會大眾？是否對台灣有善盡其企業社會責任？

企業社會責任

企業社會責任（Corporate Social Responsibility，CSR）雖然很早就被提出，但直到近十年才開始被重視。其主張是企業在追求獲利的同時，應該同時兼顧其企業公民的責任。簡單地說，一個良好的企業應該像一個良好的社會公民一樣，在經營時除了追求股東和經營者的最高利益外，也要兼顧遵守法令規範和道德誠信，甚至是對社會付出與貢獻，照顧利害關係人（stakeholders）的權益納入考量。

企業的社會責任最早的概念來自美國，最初和宗教中要求個人行有餘力後要分享和回饋社會，或是不要以傷害別人來成就自己有密切關連。到了 1950 年代，受惠於戰爭結束後的經濟蓬勃興起，企業

在社會扮演的角色開始愈來愈重要。然而，企業在擴張的過程中往往衍生如環境破壞、消費糾紛、勞資對立、貧富差距等社會問題。讓社會大眾開始質疑這些貪婪卻罔顧社會道德的企業，紛紛湧現抗議與抵制企業的示威活動，也間接促成了當時歐美政府開始著手訂定環境保護、性別工作權平等、工會成立等相關法規來規範企業行為。

不難理解，當時的這樣的概念多停留在一些社會團體的推動。除了法令的規範外，多數的企業並不是那麼地熱衷，甚至有些主張自由放任的經濟學者還提出，企業的首要目標在於生存，生存的關鍵就在獲利，如果一個企業主不致力追求成本的最低和利潤的最大化，或是企業主將過多資源投注於公益活動上，公司可能因此失去競爭力，進而要裁員或是倒閉以對，反而造成更多的社會成本。更何況，當股東投資一家企業時，期待的是公司能創造更高的獲利而不是公司代股東來從事社會公益。因此，一個企業的社會責任，並不在於進行公益活動或是對供應商慈悲，而是應該在不違反法令和社會普遍道德意識的競爭規則下追求最大利潤。

1990 年代是企業社會責任發展的高峰期，一方面由於全球化和自由化貿易的興盛，造就了大型跨國企業大者恆大的泰勢。全球前 100 大經濟體中有超過四成是企業（也就是一些企業的年營業額比多數國家年經濟產值還要大），因此對於大型企業要肩負更高的社會救助和社會責任的呼聲也隨之升高。另一方面，從 1997 年的亞洲金融風暴到 2000 年初期美國本土的恩隆（Enron）、世界通訊（MCI-WorldCom）等大型企業的會計舞弊，甚至終至投資人始料未及的倒閉，讓投資人開始思考，企業投資不應當只是看獲利數字，而是應該把公司財務透明度、經營者誠信，甚至是公司長期經營的能力一併納入考量。在這個前提下，除了讓各國政府和投資者開始要求企業應重視「公司治理」議題外，更多投資機構（人）也開始注重公司的永續發展能力。至此，企業社會責任不再單純只是企業自願性的道德意識，而是成為一家企業長期競爭力的指標。也有學者更進一步將

環保（Environment）、社會責任（Social Responsibility）和公司治理
（Governance）合併為 ESG，作來為檢視一家公司永續發展能力的指
標。

　　在台灣，推動企業社會責任主要有官方和民間二股動力。

　　在政府部門推動者主要是行政院旗下經濟部投資業務處和金融監
督管理委員會（金管會）及所屬的台灣證券交易所和櫃檯買賣中心。

　　經濟部投資業務處是台灣最早推動企業社會責任的單位，從
2002 年即以「OECD 多國企業指導綱領」為準則，鼓吹和推動我國相
關企業社會責任概念及訂定相關準則。不難想像，當時的時空背景是
因為台灣企業多數以承接歐美大廠代工單為主。為因應上游客戶開始
推動企業社會責任並要求供應商配合來爭取訂單，因此才會由政府單
位出面來輔導廠商認知、推動和符合相關規定。

　　而後，這股要求企業肩負社會責任風潮逐步從歐美吹進了亞洲。
2005 年起陸續有香港消費者委員會、深圳證交所和上海證交所等針對
上市公司推動上市公司社會責任指引，給予掛牌交易公開發行公司遵
行社會責任規範更明確定義，自此，社會責任不再是上市櫃公司自願
性行為，而是必須遵守的規則。

　　在台灣，台灣證交所則是分別於 2010 年 2 月發布「上市上櫃公
司企業社會責任守則」，2010 年 9 月發布「上市櫃公司誠信經營守則」
和 2011 年 8 月發布「誠信經營作業程序及行為指南參考規範」，同
樣用來作為上市櫃遵行公司治理和企業社會責任的規範。2012 年櫃買
中心要求自該年度起申請上櫃公司需檢附 CSR 報告書。

　　在民間部門部分，知名的有財團法人中華公司治理協會和台灣企
業社會責任協會針對相關議題進行宣導和企業輔導外，其他為人所知
的是《遠見雜誌》自 2005 年起以「OECD 多國企業指導網領」和其
他國際準則為依據，用 20 項企業社會責任指標針對是否重視股東權
益、勞動人權、供應商管理、消費者權益、環境保護、社區參與和資
訊揭露等項目進行查核與評比。

　　《天下雜誌》則是自2007年起分別針對「公司治理」「企業承諾」「社會參與」「環境保護」四大面向，對於台灣中大型企業進行綜合評鑑，並選出「天下企業公民獎」。《天下雜誌》並同時將每年得獎企業編製「天下CSR指數」作為投資人投資選股的參考。

結論

　　就如同大家在求學過程中，除了國英數這些科目外，必然要修一些「生活與倫理」和「公民與道德」這類課程一樣。不難理解，因為教育的目的在期望每個學生都能術德兼修，而不是有才無德。企業社會責任亦是如此。這個概念在近年來國民意識抬頭和一些團體及法令的不斷推動下，也愈來愈為企業所熟知和接受。只是到底要作到什麼程度才叫符合企業的社會責任？總不免讓企業界困惑也難以依循。從另一個角度想，當一家企業已經坐穩市場，每年獲利數十億到數百億時，要推動企業社會責任的各式標準自然不是難事。但如果一家企業還在面臨市場激烈競爭苦求生存時，到底還該不該投入成本或付出時間來追求企業的社會責任呢？

　　從政府的思維，推行企業社會責任最大目的其實就在和國際接軌，進而提升台灣資本市場的投資價值和企業接單能力。但由於台灣腹地狹小，多數企業都是以承接代工訂單或是製造上中游原料為主，在這樣前提下，一來產品本身無需直接面對終端客戶，努力塑造企業形象不見得對產品銷售有多大助益；二來，台灣企業的毛利偏低，多是仰賴極致化的成本控制和超高效率的客戶配合度而來，稍有價格偏高或是生產出問題，訂單就此流失。在這種情況下，政府推動的企業社會責任往往只會被企業視為增加額外成本和作業時間，或是因為法令規定而不得不的配合。心態上還遠遠不及因應客戶供應鏈要求所作的調整來得重要和有意義。也因此，打開我國上市櫃公司的企業社會責

任報告書，最常見的項目的就是「環境保護」和「社會公益」。前者盛行的原因是現今國際社會對環境保護和綠色產品的要求愈來愈高，迫使生產廠商不得不朝此方向前進。而後者則是因為這是最容易作到的事。最終的結果是台灣企業對於企業社會責任的態度，就如同國中小學相關的倫理課一樣，大家都說得一口好道理，但實際運作上卻不全然是如此。

要改變這樣的情況，首先政府部門應當了解，台灣與各國產業背景不盡相同，把國際主流標準加諸在台灣企業身上，除了少數如台積電這類大型企業外，對許多台灣中小型企業其實沒有太多真實感。如果台灣政府真的有心要落實企業社會責任，該做的不是開更多的國際研討會或說明會，或是硬把一些國際標準加諸在台灣企業身上，而是應該從國際諸多的不同標準中遴選適合台灣企業的指標，並針對該確實遵守的項目，如環境汙染、企業賄賂、企業掏空等訂定更嚴格而明確的罰則，讓企業能夠確實遵從。

從另一個角度來說，台灣企業和世界上多數企業並無太大不同，都是將本追利，追求成本效益的最大化。要說服企業主推行企業社會責任莫過於讓其了解遵行所帶來的不只是公司的額外成本，而會是無形資產的增加和經營風險的降低。例如改善勞動條件，可以減少公司招募或是員工再訓練成本、透過和供應商間的策略聯盟，可以在面臨缺料時獲得優先供應或是降低進貨原料價格波動，或是透過社區活動捐助，有利於公司一旦發生工安事件減低在地居民抗爭等。從成本的角度切入而不是道德勸說，會讓企業主更能接受企業社會責任所帶來的好處。

事實上對企業而言，企業社會責任制度的建立，也是一個彙整公司整體發展策略的好機會。因為完整的企業社會責任制度中牽涉到的不只是對客戶產品品質的保證（如不含特定化學成分），還包括了關係人管理（員工、供應鏈管理、社區居民、政府單位、股東、產業對手等），甚至更進一步到公司危機處理（如員工罷工、公司失火等）

一整套完整的規畫。公司可以從整個制度建立當中,思考和調整未來發展方向。而且也等同對公司的關係人宣告公司在追求利潤同時,也願意對勞動條件、環境保護、股東權益等作出承諾。這對提高員工對公司向心力、社區和諧及投資人投資公司意願都有很大幫助。因此,透過適當的制度和規畫,企業投入企業社會責任,不只是為了表面上工作或是公司形象公關,而是透過公司與關係人利益的協調,共同創造雙贏局面。

★公司治理意涵★

⊙責任投資原則與永續發展指數與

　　責任投資原則(Principles for Responsible Investment,PRI)是前聯合國祕書長安南在 2005 年的倡議。主要提議應該將 CSR 的認同更進一步推展到金融業的投資上。希望金融業在投資時,除了追求傳統的財務指標和企業前景外,也能一併將企業 ESG 指標納入考量,以此作為更進一步激勵企業追求企業社會責任的動力。目前全球有超過 1000 家管理超過 32 兆美元資產投資機構簽署這項原則。因而讓 PRI 成為這些大型投資機構的主要投資方針之一。

　　另一個和責任投資原則觀念相近的,還有以遵行企業社會責任為投資標的股票指數。包括道瓊永續發展指數(Dow Jones Sustainability Index,DJSI)和摩根史丹利 ESG 指數(MSCI ESG Index)和英國富時社會責任指數(FTSE4Good Index)等。在台灣則是有《天下雜誌》編定的「天下 CSR 指數」及富邦投信的台灣企業社會責任基金。這些指數與投資原則的主要意義,都在於希望能透過金融投資的力量鼓勵企業能積極地推動企業社會責任。而事實上,從績效上來看,不管是 DJSI 指數或是台灣的天下 CSR 指數其表現都高於同儕基金,這也再次證明企業社會責任對企業不只是成本的增加,還有助於企業形象

和銷售的提升。

目前台灣政府四大基金（公務人員退休撫恤基金、勞工保險基金、勞工退休基金和郵儲基金）僅有勞退基金將企業社會責任納入投資考量，勞退基金源自勞工，要求投資標的企業需重視勞工權益，不應有勞資爭議這是理所當然。只是反過來想，難道其他基金就沒有這樣的責任嗎？台灣四大基金合計投資股市部位超過新台幣 5 千億元，四大基金買進賣出決策對台灣股市其實有莫大影響力，除了四大基金之外，還有不少政府基金和國（公）營企業投資部位，更遑論台灣還有許多企業是接受政府的補助和獎勵計畫，政府如果真的有心要推動企業社會責任，應該要善用其對企業的影響力，逐步推動政府投資和資助企業社會責任並將 PRI 投資概念落實於之中。

⊙鄰避設施與地方回饋

鄰避設施（NIMBY，Not-In-My-Backyard）是一個社會學名詞，泛指一些可能對整個社會有貢獻但卻會對所在地區帶來負面效益的設施，例如變電所、焚化爐、垃圾場等。台灣由於地狹人稠，再加上近年來公民意識提高和媒體的推波助瀾，鄰避效應近來更加地明顯。傳統的解決方案是由政府或企業以補貼地方活動或直接支付金錢方式來化解民怨。這從早期高雄楠梓後勁五輕和本教案中的台塑雲林麥寮六輕廠區都可以看到相同範例。只是從過去經驗，這種模式雖然直接而且立即見效，但最終往往只是造成地方居民把政府／企業當肥羊宰的心態。解決之道，除了企業／政府本身就應該加強工安／環保要求和增進保護措施外，重點仍在於企業／工廠是否能融入當地社區，能讓地方居民能以朋友心態來看待這位「芳鄰」。以台塑麥寮六輕來看，台塑集團事後除了加強對工安相關預算外，對周邊鄉鎮居民採取了發放回饋金、道路綠化、流放魚苗、認養興建學校和孤兒院、醫療照顧（長庚雲林分院）、電費補助、代為處理垃圾、增加雇用當地員工、開發新市鎮等回饋地方措施來增進與在地社區的和諧，也希望能藉由

共存共榮的心理，化解地方對於廠區的不滿。台塑集團在密集工安事
件後對於地區發展的投入，雖然無法立即扭轉居民長期對該集團負面
印象，但已經成功將企業經營和在地經濟發展融為一體，讓在地居民
不再只是遙望台塑高聳煙囪而一肚子氣。

⊙勞動條件的改善

　　在台灣，由於政府租稅獎勵並有助於企業形象提升，不少企業
在推動企業社會責任時，往往偏好投入大筆金錢贊助活動或是捐助社
會公益。相形之下，反而是自家員工的工作薪資條件常被忽略。台灣
的勞動條件雖不像一些開發中國家有著童工或血汗工廠的問題，但在
「責任制」大旗下，台灣成為世界工時最長的地區之一，工作超時卻
常常領不到加班費。在企業追求競爭力要裁減成本的大前提下，薪資
凍漲、以派遣人力取代正職、寧可挖角而不願意花錢培訓員工等，成
為台灣企業普遍現象。尤有甚者，惡性關廠、以調職迫使員工自願離
職、未對員工提供應有勞健保、退休金提撥不足等更是時有所聞。引
發的效應為台灣長期薪資偏低，消費意願低落，年輕人高失業率和貧
富差距拉大帶動社會對立等。這些效應雖然不會馬上反映到個別企業
的營運，但長期來看必然影響整個社會的正常發展，企業最終亦不能
設身事外。造成這一切主要是企業主往往將員工視為經營成本而非資
產，在追求短期利益下，人事費用就成為了被壓縮的對象。人事成本
在多數企業中都是公司最大的成本，但其實也是最大資產，當公司對
員工斤斤計較，自然員工對公司也無忠誠可言，近年來不少台商企業
員工成為其他國家企業挖角的對象，反而造成原本企業競爭力受損，
部分原因也在於此。佛教故事中有一則「遠求佛不如拜現世佛」的寓
言。當企業花大錢請企管顧問公司努力推廣企業社會責任時，不妨多
想想對自家「現世佛」是不是可以多做些什麼。

⊙中小企業的企業社會責任

在台灣有九成以上的企業屬於中小型企業。這些企業是台灣雇用員工最多和經濟發展的最重要力量。事實上在台灣多次爆發的食品安全和環境汙染議題中,出問題的也是中小企業。如果在台灣推動企業社會責任卻忽略中小企業不啻是見樹而忘林。

雖然就規模和能力來看,中小企業不見得能像中大型企業全面性推動企業社會責任,但也正因為這些企業影響層面更廣,組織運作更為靈活,要推行企業社會責任事實上更為容易,也對社會更容易展現其具體成果。中小企業可以進行的社會責任包括:

- 遵守產品品質承諾,不添加違法或對人體生態有傷害成分。
- 不破壞環境生態。
- 善待員工,不違反法令規定。
- 在行有餘力下參與社會公益活動。

事實上,由於宗教力量的影響,在過去幾年中台灣中小企業投注於社會公益活動的貢獻一向不亞於中大型企業。只是這股力量多半是維繫老闆個人對於與人為善的信念。如果能將這份善念更進一步推廣成為企業文化,不但更能提升企業的競爭力,也才更是社會之福。

跋
如何增進台灣的公司治理

李華驎

　　美國一直是影響台灣最深的國家之一，台灣不少領導菁英都留學美國，不少制度也是沿襲美國。在全書的最後，我想從美國的角度來看台灣。

　　台灣過去號稱散戶王國。事實上美國人持有股票的比例比你想像的多很多，美國因為有 IRA 制度（個人退休金帳戶），政府對個人每年提撥一定金額進入 IRA 提供租稅優惠，因此絕大多數美國上班族都有一個以上的 IRA 帳戶，主要做為長期投資，供未來退休之用，這幾年因為利率過低，多數的 IRA 帳戶內不外就是股票和基金。

　　我曾經好奇地問過我的美國朋友，他們的 IRA 帳戶裡有哪些股票？只要是在大公司上班的，自家公司股票幾乎都是主要持股，會有這種情況，原因是多數美國上市公司都有員工購股計畫，讓員工可以用比市價低一點點的價格買進自家公司股票。不過有點意外的是，多數美國人在回答我的問題時，答案都是：「上市公司這麼多，我們公司是我最了解的一家！」你可以試試看，用同樣的問題問你的台灣朋友：「我想買你們公司股票，你覺得怎麼樣？」就我個人經驗，最常聽到的答案是：「站在朋友立場，我勸你最好不要！」

　　撇開內線交易不談，比較台灣和美國，你會發現一件有趣的事。美國人工作流動率很高，可是多數美國人卻相信自家公司，台灣人常在一家公司待上 5 ～ 10 年，但通常待愈久的人對自家公司愈沒有信

心！這是什麼狀況？

　　會有這種結果，我可以想到兩種可能：一種是美國人太傻太天真，老闆隨便說他就隨便信（不少美國人的確如此）；另一種可能是，美國人相信制度，相信現有制度會幫他們把關這一切。這個制度不只是現有規定，還包括後續的法律程序和建立在道德意識之上的輿論！

　　在台灣很多人都愛批評政府管太多，做這個不行，做那個還要一大堆申請和批准。相形之下，美國真的自由多了，在美國只要不是負面表列事項，只要有錢，你想開銀行都行。相形之下台灣政府較像是社會主義，可是在台灣政府管東管西下，人民真的生活得更好嗎？

　　在本書寫作將近完成時，台灣正被食品安全問題弄得人心惶惶。整件事最早始於，一個香港觀光客無心揭露了知名麵包店胖達人使用人工香料問題，而後另一家食用米大廠山水米被抓到混用進口米，欺騙消費者為本地米。最後胖達人被「重罰」18萬元，而山水米則是被「怒罰」了20萬元。而且見鬼的是，這時大家才知道，原來同樣的事山水米在過去兩年被抓了18次，更見鬼的是，原來台灣最大的包裝米公司中興米，過去兩年被抓了19次。這代表著什麼？我們的稽查人員非常認真？還是我們的罰則太輕？

　　讓我推敲一下，如果胖達人這件事發生在美國，會有什麼結果？首先，在衛生部門介入調查後如果確定屬實，會開出一張具有懲罰性金額的罰單，接下來就會在電視上看到一堆律師告訴你：只要你曾經買過這家公司產品而有身體不適現象，請與他們連絡，他們會免費幫你打官司。再接下來的結果不意外，這家公司會有打不完的官司，公司就算沒倒閉，也會因而要付出驚人的代價。這就是美國著名的消費者集體訴訟！很多人說美國人的亂訟造成了社會無謂的成本，可是我反問你，如果一家公司造假被抓包的結果是公司重傷或倒閉，連帶老闆身敗名裂，台灣還有幾家公司膽敢欺騙消費者？更不要講兩年被抓20次還是18次這種笑話！

　　這件事告訴大家的，不只是公司治理問題，而是今天台灣所有的問題都在此。

　　我們的法律刑責太輕，我們對於欺騙這種行為的寬容度太大，我們的政府自以為是萬能政府，事事掌握在手，在法治的招牌下，其實更像是人治，所有事情都有空間，最後的結果是：「有關係就沒關係，沒關係就有關係！」很難相信，這是一個四任十六年都由台大法律系出身的總統主政的國家。當我們總統一再迷信法律萬能，一切都要依法行政的同時，卻忽略了我們的法律其實解釋空間很大，更遑論再多的法律條文也不可能規範人民的所有行為。最後的結果是，所有公務員「只敢」依法行政，相對的，所有可以鑽過法律漏洞的行為，都被判定為合法。

　　所以要如何增進台灣公司治理？其實只有三項：

　　（1）加強罰則，改現行絕對數字的罰款（如 20 萬～ 50 萬）變為營業額的比例區間（如 5% ～ 20%），並由法官針對負責人誠信表現予以處罰性額外懲罰。

　　（2）加速司法審判效率，依刑罰輕重強制設定結案時間。這本書中其實談了不少司法輕放對於公司治理的妨礙。讓我舉一個實際的例子：前總統的女婿趙建銘的內線交易案。這個案子早在 2007 年底就二審判決確定有罪，但為什麼趙建銘還好好的在外面行醫？因為三審法官對於內線交易獲利金額認定有不同意見。依我國法律，三審法官不能改變二審判決，只能針對二審法官判決內容提出質疑，要求二審法官再重新清查。因此這個案子過去 6 年就在二審和三審法庭間不停來回。從法界人士的立場，違法金額認定牽涉到刑期的輕重，當然要慎重以對。可是請你想想看，這樣一個案子有沒有可能最後就這樣來來回回拖了幾十年？（台灣司法史上有過一個案子拖了 30 年才最終判決）。

再一次容我批評台灣的法律人士，你們太過於重視邏輯推理，太著重於規則性，結果反而忽略了事實，忽略了公民賦與你們罰惡警世的功能。強制要求相關案子必須在一定時間內終結，我知道必然招致法官批評過於輕率結案，但試問一下，目前台灣的司法審理情況，難道就讓人滿意嗎？

（3）開放並鼓勵律師成功報酬制，也就是律師只有打贏官司，從賠償金分紅，以及立法保護並鼓勵內部告密者（Whistle-Blower），讓告密者可以從政府罰金中分紅。簡單地說，就是由商業機制來帶領公民（小股東）進行集體訴訟賠償。台灣有各式的組織，號稱要幫消費者和小股東發動賠償訴訟，結果是什麼？大家心知肚明。或者，你根本不知道有這些組織。這種事坦白說，要靠公務人員還是近似公務員的基金會是不可行的，沒有金錢誘因，誰要拚命？這年頭大概只有高官們還深信公務員們都一心一意犧牲奉獻，當人民公僕吧？相對的，以我上面舉胖達人的例子，當一個地方的公民和小股東團結意識愈高，任何違反誠信的作為必然會遭到嚴重後果，手握權力的人愈不敢亂搞，國家治理和公司治理程度也就愈高。

如果要再寫，我當然可以再寫上十條，但如果連以上三條都做不到，其實再加一百條建議又有何用？

最後，出版社希望我能談談為什麼想出這本書。寫這本書的動機其實很簡單，我想寫屬於台灣的商學教案。我在大學時代唸過不少外國的教案，大抵的樣子如下：

小鹿兒公司（Little Fawn Corp.）是一家位於美國加州洛杉磯西湖村市的企業，執行長勞倫斯・斯沃波達（Laurence Svoboda）是一位來自捷克的移民後代，小鹿兒公司過去一向在業界以其切割邊緣（cutting-edge）競爭力著稱，但目前卻因為聯邦政府即將實施的「病患保護與可負擔照顧法案」（Patient Protection and Affordable Care Act）面臨成本上升問題……

　　這些東西有錯嗎？基本上沒有。只是如果整篇文章都是這樣，至少當年的我是讀得很痛苦，而且內容常讓我覺得無關痛癢。那難道台灣沒有自己的教案嗎？其實很多，每個學校或是很多期刊都鼓勵老師們自創教案。但相信我，沒有八成以上的功力不要輕易讀這些教案。台灣近年來為了衝刺大學的國際排名，所以常叫老師去投一些國際期刊。結果是老師寫出來的每個商學教案都像論文，教案文中充滿其他論文的引用，和令人眼花撩亂的數學公式和圖表，這些東西寫的人很痛苦，看的人更痛苦。當老師們投入大量心力研究前人未討論過的刁鑽題目，好能夠將創見發表在國外期刊時，請思考一下，如果一篇研究或是一篇論文最終的結果，只是讓老師賣弄自己的專業，或是讓特定的人不停引用，卻不能讓學習者充分了解並套用在工作或人生上，這豈不是捨本逐末？

　　這就是我後來想把這些教案整理成書的動機。我並不專業，但至少我寫的東西我 70 歲的老媽都可以看懂幾篇，大學生們更應該看得懂，而且應該能從中看出問題在哪裡。我希望讓更多人了解，公司治理並不是無聊的理論，而是多數投資人都應該了解的事。

　　最後的最後，在此要謝謝圓神出版事業機構。要感謝他們，不是因為給了我這麼一個不知名的作家一個出書的機會，而是他們尊重作者創作的態度，所以大家才能在這本書中看到我寫作的全貌，而不是個被改的亂七八糟的作品。我不知道其他作者是怎樣，但至少在我和其他出版社洽談過程中，深深感覺這是件很了不起的事。也謝謝他們提出了我想到但還沒提的事：「我們希望這本書能讓更多年輕人看到，所以書價不要訂太高。」我真的十分感激！

　　在洽談中我曾問過一個問題，「到底要賣多少本書，出版社才能損益兩平？」出版商回答：「你不要擔心銷量，基本上我們是抱持著理想，希望社會能有所進步才出這本書的。」言下之意，這本書似乎……坦白說，作為一個作者，我很不喜歡賠錢的感覺。這本書我前

後花了兩年寫作（中間有大半年因為沒有靈感都在鬼混），內容是不是真的能改變社會或是對讀者有什麼幫助我不知道，但我真的是花了很大的心力寫這本書。在寫這個跋時，我並不知道書的定價會是多少，如果對你的負擔不大，希望你可以認真考慮買一本，我不希望在台灣所謂的理想就一定要是賠錢的代名詞。

真的是最後，這本書的稿費有一半會捐給一個叫「台灣零時政府」（g0v.tw）的單位。我知道這聽起來很像台獨組織的名字。事實上他們是一群在網路上聚集的電腦工程師，他們的理想是用寫程式改變這個社會。舉例來說，他們正在做一套程式，建立全台灣所有馬路的履歷表，未來你上網就可以隨時查到你家附近的馬路，過去幾年挖了幾次和每一次挖的理由是什麼，他們相信或許這樣可以對政府喜歡亂挖馬路的壞習慣有點抑制效果。我不會寫程式，但我能做的就是鼓勵他們。當我們社會不少輿論領袖喜歡批評現在的年輕人缺乏目標、好逸惡勞的同時，其實台灣還是有不少年輕人是抱持著最簡單的理想，希望貢獻自己一點點專長讓國家前進，而在批評的當下，或許你們也該自己想想，相對你們前一輩留給你的，你們給了現在年輕人什麼環境？而你們又為這些年輕人做了什麼？

這本書終於到了結尾，回顧全文，其實還是有許多公司治理相關的議題未能寫入，如股東行動主義，或是公司利用減資再私募剝奪股東權益等等，這些未來有機會我希望能慢慢補上。一本書的完成要感謝的人太多，當你看到這一行，表示你應該看完大半部分而沒被內容激怒或嗤之以鼻。謝謝！您也是我感謝的人！

參考資料

個案 1　誰是接班人？──台積電的交棒難題

1. 李郁怡，「創辦人太完美 接班人無法錯中學 第二代不如第一代？」，商業周刊，1237 期，126 頁，2011 年 8 月 8 日。

2. 黃偉權，「家族企業要富過三代 須借重外部治理」，商業周刊，1086 期，126 頁，2008 年 10 月 13 日。

3. 王之杰、林宏達、王毓雯，「張忠謀沒說的真相」，商業周刊，1268 期，54 頁，2012 年 3 月 12 日。

4. 呂國禎，「90 歲王永慶的台塑接班布局」，商業周刊，953 期，38 頁，2006 年 2 月 27 日。

5. 張忠謀，「公司治理九問──張忠謀親筆解開百年企業之謎」，商業周刊，1011 期，115 頁，2007 年 4 月 9 日。

6. 曾仁凱，「看蘋果接班／施振榮：優先考量公司利益」，經濟日報，2011 年 2 月 25 日。

7. 「30 大集團接班大調查　四成集團接班不明」，天下雜誌，431 期，2012 年 3 月。

8. Fan, J.P.H. (2011), The great succession challenge of Asian business, FPD Chief Economist Talks, World Bank, Washington DC, USA, January 26, 2011.

個案 2　高階主管獎酬計畫是激勵還是誘惑？

1. 曾如瑩，「宏碁財務連三爆 戳破零庫存神話」，商業周刊，1129 期，46 頁，2011 年 6 月 13 日。

2. 曾如瑩、林易萱，「薄冰上的戰將」，商業周刊，1120 期，86 頁，2011 年 4 月 11 日。

3. 羅秀文，「宏碁強化高階主管薪酬管理機制」，中央社，2012 年 6 月 1 日。

4. 林俊劭,「戰將變敵人 12.8 億金手銬白花了」,1343 期,52 頁,2013 年 8 月 19 日。
5. 宏碁股份有限公司季報及年報。
6. 台灣經濟新報資料庫。

個案 3　企業分割,小股東任人宰割?

1. 陳姿利、張國楑,「英華達內線交易案起訴 10 人　董座張景嵩遭求刑 6 年半」,NOWnews 今日新聞網,2007 年 8 月 9 日。網址:http://legacy.nownews.com/2007/08/09/138-2138934.htm#ixzz2lTdMVMgQ
2. 李書齊、陳東豪,「李張黨爭 英華達品牌愈整愈慘」,今周刊,539 期,2007 年 4 月 18 日。
3. 李立達、黃晶琳,「代工只限 iPod 英華達成也蘋果敗也蘋果」,經濟日報,2011 年 3 月 23 日。
4. 萬年生,「大股東如何玩私募 吃定小股東?」,商業周刊,1176 期,66 頁,2010 年 6 月 7 日。
5. 王淑以,「風光不在!英華達分割 10 年再併入英業達」,時報資訊,2011 年 3 月 22 日。
6. 李立達,「葉國一『魔術秀』問號一大堆」,經濟日報,2011 年 3 月 22 日。
7. 英華達及英業達股份有限公司季報及年報。
8. 台灣證券交易所公開資訊觀測站。

個案 4　誰才是真正的老大?

1. 趙梅君,「法人股東代表 公司治理絆腳石」,經濟日報,2008 年 11 月 17 日。
2.「讓影子董事現形」,經濟日報,2010 年 9 月 29 日。
3. 李智仁,「影子董事實質認定 有助公司治理」,經濟日報,2012 年 1 月 9 日。
4. 黃帥升、陳文智,「影子董事現形──立法規範『影子董事』之動向與省思」,會計研究月刊,306 期,118 頁,2011 年 5 月。

個案 5　一場荒謬的股東會──中石化經營權之爭

1. 劉俞青,「中石化 治理危機」,今周刊,782 期,46 頁,2011 年 12 月

15 日。

2. 劉俞青，「史上最荒謬的一場股東會」，今周刊，811 期，46 頁，2012 年 7 月 5 日。

3. 萬年生，「中石化股東會三大『合法』奇觀 史上首見」，商業周刊，1285 期，76 頁，2012 年 7 月 9 日。

4. 柯玥寧、邱展光，「力麗、中石化互嗆不正當」，經濟日報，2012 年 5 月 17 日。

5. 張靜文，「兩大王牌律師 決戰中石化經營權」，今周刊，809 期，2012 年 6 月 21 日。

6. 王耀武，「中石化紛爭不斷 主管機關在哪裡？」，今周刊，805 期，2012 年 5 月 24 日。

7. 中國石油化學工業開發股份有限公司年報。

個案 6　另類台灣奇蹟──台灣股東會亂象

1. 趙德樞，2007，「由當前股東會委託書徵求亂象談委託書之管理」，國政研究報告，網址：http://www.npf.org.tw/post/2/2527

2. 夏樹清，「爭奪開發金控委託書演成『諜對諜』」，商業周刊，852 期，66 頁，2004 年 3 月 22 日。

3. 張靜文，「大股東搶奪經營權大戲 今年繼續！」，今周刊，786 期，38 頁，2012 年 1 月 12 日。

4.「公司法新修正 新治理新課題」，會計研究月刊，315 期，52 頁，2012 年 1 月。

5. 賀先蕙，「電子投票上路　委託書大戰沒戲唱」，商業周刊，1284 期，44 頁，2012 年 7 月 2 日。

6. 王文宇，2007，「董事選舉制度之研究」，台灣集中保管結算所股份有限公司。

7. 蕭志忠、呂郁青，「爭經營權 公司派市場派角力」，經濟日報，2009 年 6 月 15 日。

個案 7　什麼是合理的董監酬勞？──以力晶科技為例

1. 胡釗維，「小百姓納稅供養肥貓執行長？」，商業周刊，1101 期，136頁，2008 年 12 月 29 日。

2. 李伶珠、劉毅馨，「他山之石──借鏡美國薪酬委員會運作與薪酬資訊

透明化」，會計研究月刊，3061 期，110 頁，2011 年 5 月。

3. 黃日燦，「力晶從叱吒風雲到黯然落幕」，經濟日報，2013 年 5 月 2 日。
4. 力晶科技季報及年報。
5. 台灣證券交易所公開資訊觀測站。

鄉民提問　台灣政府四大基金持股這麼多，為什麼不以股東名義要求上市公司推行公司治理？

· 鄧學修（2008），美國退休基金機構參與公司治理之探討，經濟研究，第 8 卷，273-297 頁。

個案 8　績優生也犯錯——從中華電信避險案看內部控制

1. 林宏達，「專訪中華電信財務長談四十億匯損始末」，商業周刊，1063 期，69 頁，2008 年 4 月 7 日。
2. 「中華電信與高勝簽約操作匯兌賠 40 億　檢方認為過程疑點多」，NOWnews 今日新聞網，2008 年 5 月 24 日。　網址：http://legacy.nownews.com/2008/05/24/138-2279639.htm
3. 傅嬿，「央行外銀大鬥法，中華電信先遭殃 央行嚴設匯率防線　企業缺風險意識」，財訊雜誌，313 期，2008 年 11 月 28 日。
4. 費家琪，「中華電的 40 億，進了誰的口袋？」，經濟日報，2008 年 3 月 10 日。
5. 中華電信季報及年報。

個案 9　全額連記法與累積投票制——從大毅科技事件談董監事選舉方式

1. 曾如瑩、王茜穎，「一條法條讓購併天王踢到鐵板」，商業周刊，1032 期，52 頁，2007 年 9 月 3 日。
2. 楊伶雯，「大毅董監改選 國巨全軍覆沒」，蘋果日報，2007 年 8 月 22 日。
3. 「公司法新修正 新治理新課題」，會計研究月刊，315 期，52 頁，2012 年 2 月。
4. 楊紹華，「國巨購併衍生公司治理話題」，今周刊，563 期，2007 年 10 月 3 日。
5. 台灣經濟新報資料庫。

鄉民提問　為什麼台灣的內線交易很少被定罪？

· 莊嘉蕙（2009），內線交易之實證研究，國立交通大學管理學院科技法律組碩士論文。

個案 10　犧牲「小我」完成「大我」？──談大股東背信

1. 曾如瑩，「怕國巨被吃掉　陳泰銘自己買自己」，商業周刊，1221 期，64 頁，2011 年 4 月 18 日。
2. 劉俞青、林宏文、賴筱凡，「大老闆的野蠻金錢遊戲」，今周刊，747 期，2011 年 4 月 14 日。
3. 黃帥升、陳文智，「影子董事現形」，會計研究月刊，306 期，118 頁，2011 年 5 月。
4. 「公司法新修正 新治理新課題」，會計研究月刊，315 期，52 頁，2012 年 2 月。
5. 黃曉雯，「遨睿收購國巨，為何破局收場？」，會計研究月刊，308 期，68 頁，2011 年 7 月。

個案 11　砸大錢保股價──庫藏股面面觀

1. 鄧麗萍，「大老闆買庫藏股　三大算盤現形」，商業周刊，1241 期，60 頁，2011 年 9 月 5 日。
2. 蔡靚萱，「跟著大老闆買庫藏股 是對還是錯？」，財訊雙週刊，414 期，46 頁，2012 年 12 月 20 日。
3. 「巴菲特教你聰明買庫藏股」，財訊雙週刊，414 期，46 頁，2012 年 12 月 20 日。
4. Murphy, Maxwell. "The Pros and Cons of Stock Buybacks", The Wall Street Journal, February 27, 2012.
5. 「庫藏股疑義問答彙整版」，行政院金融監督管理委員會。
6. 宏達國際電子 2011 年季報及年報。
7. 台灣經濟新報資料庫。
8. 台灣證券交易所公開資訊觀測站。

個案 12　禿鷹與狼的鬧劇──亞洲化學

1. 衣復恩，2011 年，「我的回憶」，財團法人立青文教基金會。
2. 顏瓊真，「亞化經營權再現危機 炎洲李志賢志在必得」，理財周刊，

453 期，66 頁，2009 年 4 月 30 日。

3. 蕭志忠、呂郁青，「爭經營權 公司派市場派角力」，經濟日報，2009
   年 6 月 15 日。

4. 羅佳仁，「四派系操控亞化　對抗大股東炎洲」，商業周刊，1143 期，
   66 頁，2009 年 10 月 19 日。

5. 齊聿利，「炎洲入主亞化創敵意購併先例」，商業周刊，1151 期，58 頁，
   2009 年 12 月 14 日。

6. 王榮章、黃玉禎，「亞化註銷退票紀錄 化解下市危機」，今周刊，678
   期，58 頁，2009 年 12 月 16 日。

7. 張宏業，「亞化前老董葉斯應 涉占公款起訴」，聯合報，2009 年 12 月
   4 日。

8. 亞洲化學股份有限公司董事會決議報告。

個案 13　高獲利低配股的迷思——從 TPK 宸鴻談起

1. 李郁怡，「TPK 宸鴻快、趕、搶抓住蘋果」，天下雜誌，471 期，2011
   年 5 月 5 日。

2. 曾如瑩，「擺脫追兵太燒錢 宸鴻小氣配股」，商業周刊，1223 期，62 頁，
   2011 年 5 月 2 日。

3. 蕭志忠，「宸鴻新舊股東待遇差很大」，聯合報，2011 年 4 月 20 日。

4. 馬瑞璿，「高獲利低股利鴻海、宸鴻、安恩挨轟」，聯合晚報，2011
   年 4 月 28 日。

5. 林沂鋒，「宸鴻低配股 立委批欺負人」，中央社，2011 年 4 月 20 日。

6. 曾仁凱，「IML 庫藏股來不及進場」，經濟日報，2011 年 6 月 21 日。

7. Gordon, M. J. (1963), Optimal investment and financing policy，Journal of
   Finance, 18(2), 264-272.

8. Miller, M.H. and Modigliani F. (1961), Dividend policy, growth and the
   valuation of shares, Journal of Business, 34 (4), 411-433.

9. Claessens, S., Djankov, S., Fan. J.P.H. and Lang L.H.P. (2002), Disentangling
   the incentive and entrenchment effects of large shareholders, Journal of
   Finance, 57(6), 2741-2771.

10. 台灣證券交易所公開資訊觀測站。

11. 宸鴻科技現金增資發行新股公開說明書。

個案 14　餐桌上的董事會──莊頭北工業啟示錄

1. 「莊頭北投資大陸失利」，蘋果日報，2006 年 7 月 9 日。
2. 黃祖綺、陳華彥，「大陸投資失利＋不重行銷　莊頭北沒落」，NOWnews 今日新聞網，2007 年 3 月 14 日。網址：http://legacy.nownews.com/2007/03/14/10844-2067055.htm#ixzz2l0GftJM3
3. 「櫻花 7850 萬奪莊頭北商標」，蘋果日報，2008 年 11 月 27 日。
4. 林育嫻，「用人唯親──讓莊頭北商標一夕易主」，商業周刊，1099 期，106 頁，2008 年 12 月 15 日。
5. 商業周刊，「家族企業要富過三代　須借重外部治理」，1090 期，36 頁，2008 年 10 月 13 日。

個案 15　政治利益與股東利益，孰者為重？

1. 王憶紅，「中華電入股華航 成第 3 大股東」，自由時報，2012 年 1 月 17 日。
2. 洪鈺琇，「卡位雲端　中華電信推觀光服務」，電子商務時報，2012 年 1 月 18 日。
3. 沈明川，「國營事業利鬼入侵 部次長不敢惹」，聯合報，2012 年 7 月 4 日。
4. 丁萬鳴，「認賠 57 億 中鋼投資高鐵喊停」，聯合報，2008 年 12 月 8 日。
5. 吳美慧，「中鋼董座：再不追會輸掉國際賽」，商業周刊，1276 期，118 頁，2012 年 5 月 7 日。
6. 吳美慧，「中鋼『繞路』撒錢　養肥子公司？賣渣鐵轉三個彎，利潤被別人吃光光」，商業周刊，1337 期，94 頁，2013 年 7 月 8 日。
7. 中華電信季報及年報。
8. 中華航空公司季報及年報。
9. 中鋼公司季報及年報。

個案 16　帝國夢碎，股東買單──明基併購啟示錄

1. 沈勤譽、鄭棠君，「嫁妝 3 億歐元！明基娶西門子手機事業合併營收突破 100 億美元，躍居全球第四大手機品牌」，DigiTimes 科技網，2005 年 6 月 8 日。
2. 林宏達，「李焜耀改造明基 就靠西門子 搶先布局通訊業下一波高潮」，

商業周刊，921 期，62 頁，2005 年 7 月 18 日。

3. 沈勤譽，「李焜耀：這是不得不的決定」，電子時報 A2 版，2006 年 6 月 29 日。

4. 鍾惠玲，「明基斷尾 施振榮：這是面對現實的決定」，電子時報 A2 版，2006 年 10 月 5 日。

5. 吳修辰、胡釗維，「太習慣『成功』李焜耀誤吞苦藥 一年虧掉二百五十億，棄守德國子公司」，商業周刊，985 期，44 頁，2006 年 10 月 19 日。

6. 張毅君、韓斌，「李焜耀：購併接手時，該把管理層全換掉 首次自剖明基西門子失敗學」，商業周刊，995 期，84 頁，2006 年 12 月 18 日。

7. 葉銀華，2008，《實踐公司治理》，聯經出版。

8. 明基電通季報及年報。

9. IC Insights 及 Gartner 研究報告。

個案 17　從國巨案談台灣的管理層收購

1. 劉俞青、林宏文、賴筱凡，「大老闆的野蠻金錢遊戲」，今周刊，747 期，2011 年 4 月 14 日。

2. 曾如瑩，「怕國巨被吃掉陳泰銘自己買自己」，商業周刊，1221 期，64 頁，2011 年 4 月 18 日。

3. 賴英照，2005，「公開收購的法律規範」，金融風險管理季刊，1 卷，2 期，75-95 頁。

4. 黃曉雯，「遨睿收購國巨為何破局收場」，會計研究月刊，308 期，68 頁，2011 年 7 月。

5. 國巨季報及年報。

個案 18　公司的監督力量

1. 李珣瑛，「小摩喊賣 勝華終止 GDR 合作」，經濟日報，2010 年 10 月 21 日。

2. 蘇芷萱，「勝華與小摩撕破臉 外資慨嘆部分廠商不尊重專業」，鉅亨網，2010 年 10 月 21 日。網址：http://news.cnyes.com/Content/20101021/KCCAG5IM6L3LE.shtml

3. 陳逸凡，「勝華百億合約 巴克萊漁翁得利？」，商業周刊，1197 期，54 頁，2010 年 11 月 1 日。

4. 莊月清，2008，我國上市公司重大資訊揭露管理之研究期末報告，台灣
證券交易所股份有限公司委託研究計畫案。
5. 台灣經濟新報資料庫。

個案 19　買殼與借殼上市

1. 吳克昌，1999，「集中交易市場『借殼上市』之探討」，證交資料，
452，9-17 頁。　網　址：http://www.twse.com.tw/ch/products/publication/
download/0001000034.htm
2. 林詩茵，2013，「建商 10 年借殼 30 家！何不走 IPO 大路？」，
MoneyDJ 財 經 知 識 庫，2013 年 1 月 30 日。 網 址：http://www.
moneydj.com/kmdj/news/NewsViewer.aspx?a=432afaea-5d3e-4146-8be6-
3fd2f8ceaf95
3. 鄭淑芳，「精威將下櫃 成交量急凍」，工商時報，2013 年 5 月 21 日。
4. 蔡惠芳，「甲山林出手 金尚昌易主 」，工商時報，2013 年 4 月 20 日。
5. 蔡惠芳，「建商借殼潮 演出台股大驚奇」，工商時報，2013 年 5 月 13 日。
6. 「祝文字：金尚昌將更名愛山林，且不和甲山林合併」，MoneyDJ
財 經 知 識 庫，2013 年 6 月 24 日。 網 址：http://www.moneydj.
com/KMDJ/News/NewsViewer.aspx?a=b17a0698-dc2c-492d-8247-
0153bde2f998#ixzz2l0yMdbHl
7. 台灣經濟新報資料庫。

經典案例　從絢爛到隕落再到重生的故事——東隆五金

· 吳美慧，2007，《再造東隆五金》，財信出版。

個案 20　用你的錢來爭奪經營權

1. 「動用保險費收入搞購併，應嚴加限制！」，銀行員工會聯合會訊，40
期，2004 年 4 月 15 日。
2. 陳春霖，「辜濂松質借十億元 力挺辜仲瑩 辜家金融版圖將朝中信金與
開發金發展」，商業周刊，855 期，56 頁，2004 年 4 月 12 日。
3. 宋繐瑢，「辜家三兄弟聯手『開發』新版圖」，遠見雜誌，40 期，
2004 年 5 月。
4. 李美惠，「保護開發金 是官股退出的時候了！全面檢視開發金控未來
經營問題」，商業周刊，856 期，50 頁，2004 年 4 月 19 日。

5. 葉銀華，「保險公司轉投資應有的監理機制」，會計研究月刊，221 期，118 頁，2004 年 3 月。
6. 葉銀華，「保險業轉投資自律規範不適當」，經濟日報，2004 年 8 月 27 日。
7. 彭金隆，「金控子公司可以轉投資嗎？」，經濟日報，2006 年 4 月 23 日。
8. 中華開發金融控股年報。
9. 中國人壽年報。
10. 台灣經濟新報資料庫。
11. 台灣證券交易所公開資訊觀測站。

個案 21　是慈善公益還是在慷股東之慨？

1. 曾如瑩，「宏碁財務連三爆 戳破零庫存神話」，商業周刊，1129 期，46 頁，2011 年 6 月 13 日。
2. 「董事長夫人有權代表公司捐款行善？」，華誠法訊，65-3 期，2011 年 9 月 27 日。
3. 張大春，「表演逗慈悲」，蘋果日報，2011 年 3 月 22 日。
4. 陳永吉，「上市櫃捐贈自家基金會 台塑、長榮手筆最大」，自由時報，2013 年 1 月 28 日。
5. 莊永丞，2007，「從公司治理觀點論我國上市上櫃公司之慈善捐贈行為」，台灣本土法學雜誌，94 期，110-125 頁。

鄉民提問　怎麼樣可以掏空一家公司？

1. 葉銀華，2005，《蒸發的股王》，商智文化。
2. 黃培琳、陳惠玲，2005，「虛偽交易第一好手——博達」，貨幣觀測與信用評等，56 期，88-99 頁。

個案 22　企業的社會責任

1. 方志賢、郭芳綺、劉力仁、林嘉琪，「台塑仁武廠滲漏 始自 91 年」，自由時報，2010 年 3 月 23 日。
2. 王威雄，「麥寮人領台塑回饋金 每人 7200 元」，公視新聞網，2012 年 1 月 16 日。網址：http://news.pts.org.tw/detail.php?NEENO=200817
3. 謝雯凱，「六輕 18 天內兩場大火 雲林鄉親圍廠抗議」，環境資訊中心，2011 年 1 月 7 日。網址：http://121.50.176.24/node/62640

4. 陳建豪,「拜耳的CSR作法 從6200億採購中推動」,遠見雜誌,264期,
2008 年 6 月。

5. 高宜凡,「 政府台塑共業 回饋金變贖罪券？」 ,遠見雜誌,294 期,
2010 年 12 月。

6. 高宜凡,「 實踐 CSR 也能差異化」 ,遠見雜誌,285 期,2010 年 3 月。

7. 官如玉,「社會責任 最 in 的企業 DNA」,經濟日報,2006 年 2 月 8 日。

國家圖書館出版品預行編目資料

公司的品格：22個案例，了解公司治理和上市櫃公司的財務陷阱 /
李華驎，鄭佳綾 著. -- 初版. -- 臺北市：先覺, 2014.03
320面；14.8×21.8公分. --（財經系列；46）
ISBN 978-986-134-161-3（平裝）

1.組織管理

494.2   102027824

http://www.booklife.com.tw   reader@mail.eurasian.com.tw

財經系列 046

公司的品格──22個案例，了解公司治理和上市櫃公司的財務陷阱

作　　者／李華驎、鄭佳綾
發 行 人／簡志忠
出 版 者／先覺出版股份有限公司
地　　址／台北市南京東路四段50號6樓之1
電　　話／（02）2579-6600 · 2579-8800 · 2570-3939
傳　　真／（02）2579-0338 · 2577-3220 · 2570-3636
郵撥帳號／ 19268298　先覺出版股份有限公司
總 編 輯／陳秋月
專案企畫／賴真真
責任編輯／王妙玉
美術編輯／李家宜
行銷企畫／吳幸芳 · 荊晟庭
印務統籌／林永潔
監　　印／高榮祥
校　　對／李華驎 · 鄭佳綾 · 劉珈盈
排　　版／陳采淇
經 銷 商／叩應股份有限公司
法律顧問／圓神出版事業機構法律顧問　蕭雄淋律師
印　　刷／祥峯印刷廠
2014年3月　初版
2023年9月　20刷